さまよえる「共存」とマサイ

ケニアの野生動物保全の現場から

目黒紀夫

新泉社

まえがき

本書はアフリカの野生動物保全について、とりわけ一九九〇年代以降に世界的に主流となった「コミュニティ主体の保全」(CBC:community-based conservation)の現場で何が起きているのかについて論じる本である。CBCについてのくわしい説明は本文でするとして、とりあえず、それは「コミュニティ(地域社会/共同体)が主体となって人間と野生動物の共存をめざす保護活動」と考えてもらいたい。そのCBCの発祥の地とされるケニア南部でわたしが調べ、そして考えてきたことをまとめたものがこの本である。

ところで、ここでわたしが「ケニアは『野生の王国』である」といったら、どう思われるだろうか? きっと多くの人は、「そのとおり」とか「何を当たり前のことをいっているんだ」と思うだろう。わたしがケニアを調査地として選んだのも、まさに「野生の王国」ケニアの実態を知りたいと思ったからである。ただ、ケニアのなかでも観光地としてひときわ有名で人気のアンボセリ国立公園、その周辺でフィールド調査を始めたときのわたしの頭のなかには、そんな一般的なイメージとはちょっと違った考えがあった。それはつまり、「わたしたちにとっての『野生の王国』は、地域に暮らす人びとにとっては『緑の失楽園』なのではないのか?」というものである。

そう思う理由は、ケニアの野生動物保全の歴史にあった。ケニアでCBCが国家政策として推し進められるようになったのは、一九九〇年以降である。逆にいえば、それまで野生動物保全は「コミュニティ主体」ではなかったのである。それ以前の保全アプローチを指して、「柵と罰金アプローチ」と呼ぶ研究者もいる。つまり、住民は柵を立てて排除すべき存在、罰金を科していうことを聞かせないといけない邪魔者とされてきたのである。そして、そんな「柵と罰金アプローチ」の典型とされるのが、「野生の王国」を満喫するために観光客がかならずといっていいほどに訪れる国立公園なのである。有名どころの国立公園に行けば、そこではさまざまな野生動物を飽きるまで眺めることができる。そのなかでも、ケニア南部のアンボセリは文豪アーネスト・ヘミングウェイが猟場として愛し、「キリマンジャロの雪」を執筆した場所であり、現在でも「野生の王国」として絶賛される土地である。二〇〇四年に初めてアンボセリ国立公園を訪れたわたしも、その雄大な眺めを見て「まさに野生の王国だ」と思った。

けれども、国立公園は大昔から「野生の王国」であったわけではない。その多くの土地は、もともと人間が生活を営んできた場所であった。今では世界各地にいくつもの国立公園があるが、その多くは、水が豊富であったり植生が豊かであったりして、野生動物が生活していくうえでとても良い環境の土地である。しかし、それは同時に、人間が生きていくうえで非常に便利で有用な土地であることを意味している。たくさんの果実や動物が手に入る森林、家畜が好む牧草が広がる平原、いつでも水が溢れている川や泉。多くの場合、国立公園とは、そうした豊かな土地から住民を追放することでつくられた「野生の王国」なのである。だから、それは地元の人びとからすれば「緑の失楽園」と呼ぶべき代物なのではないのかと、わたしは思っていたのである。

アンボセリ生態系の中心に位置するアンボセリ国立公園は、地域社会の強い反対を無視して一九七四年につくられた。まさに「緑の失楽園」の典型例である。だからこそ、いかにアンボセリがCBCの発祥の地であり、一九九〇年代以降に数多くのCBCプロジェクトが実施されてきたとはいっても、住民は野生動物保全を嫌っているであろうとわたしは予想していた。ところが、実際に調査をしてみると、(三週間ほどの滞在のなかで数十人に聞き取りをしただけとはいえ)大多数の住民が「野生動物保全は重要だ」というのである。

ところで、このときわたしは、国際的な支援を受けて実施された先駆的なCBCプロジェクトとして一九九六年に大々的にオープンした、コミュニティ野生動物サンクチュアリ(聖域=保護区)を調査するつもりでいた。コミュニティ野生動物サンクチュアリというと、何かすごい代物を思い浮かべるかもしれないが、それは基本的には国立公園と同様の保護区であり、観光施設である。つまり、そのなかで住民が生活したり資源を利用したりすることが禁止されるいっぽうで、観光客はゲートで入場料を支払って自動車でなかに入れば数多くの野生動物を眺めて写真を撮って楽しむことができる。いわば「リアル・サファリパーク」である。

ただし、国立公園が官有・官営の保護区(および観光施設)であり、住民の侵入を一方的に禁止しているのにたいして、コミュニティ野生動物サンクチュアリは、地域社会みずからの土地のうえに設立された動物保護区である。CBCでは、住民参加とともに保全と開発を両立させることが重要と考えられている。アンボセリのコミュニティ野生動物サンクチュアリでは、地域社会の土地において、野生動物保全のための保護区の管理と地域開発のための観光業が住民自身によって担われていたことになる。それはまさにCBCの理想どおりである。しかし、実際に訪れて知ったのは、期待されたほどの観光収入を稼げなかったという理由で、オープンから四年後の二〇〇〇年には外部の観光会社に貸し出されるようになり、住民参加は放棄されていたという事実であった。

外部支援者が掲げる目標が、地域社会にとって本当に喜ばしいものであるとはかぎらないことは、わかっていたつもりである。とはいえ、目当てのコミュニティ野生動物サンクチュアリが「失敗」している現実を知ったあとで、とりあえず住民の話を聞いてみようと考え、聞き取りをした。その結果、まえに書いたように、「野生動物保全は重要だ」と多くの人にいわれたのである。これまで野生動物保全を名目に大切な土地を奪われ、「コミュニティ主体」を掲げた新しい試みも挫折したはずなのに、それでも多くの住民が保全を支持するという状況をわたしは理解できなかった。これまで野生動物保全をつうじて何ひとつとして良い目に遭うことができていないはずなのに、なぜ、多くの人が「野生動物保全は重要だ」というのだろうか？

今になって思えば、最初の調査で遭遇したこの困惑が、わたしのその後の調査・研究においてとても大切なものであった。なぜなら、この疑問があったからこそ、CBCの成功や失敗はどのように判断すればよいのかをあらためて考えることになったし、また、これまでCBCをめぐって議論されてきた内容を勉強したところで、そこでいわれている理論を現実に当てはめるだけでは、自分が目の当たりにしている状況をきちんと理解し説明したことにはならないと思えるようになったからである。

また、そうして調査を進めていくなかで、国立公園は「野生の王国」ではなく「緑の失楽園」なのではないかという当初のわたしの大きな関心が、じつは住民の関心から大きく外れているのではないかということに気づかされもした。ケニアにかぎらず、アフリカの多くの保護区には柵などの境界物が設けられておらず、野生動物は自由に出入りをしている。つまり、野生動物は日常的に保護区の周囲、住民の生活圏に現れていて、人間と野生動物とが文字どおりに同じ大地のうえで共存しているのである。

地域社会の土地を奪ってつくられた国立公園にたいして否定的な感情をもつ住民は多い。その意味では、国立公園は確かに「緑の失楽園」ということができる。とはいえ、聞き取りをするために徒歩で集落を訪ねる途中で野生動物にばったり遭遇することをくり返すなかで、しだいに違う考えを持つようになった。つまり、CBCが「人間と野生動物の共存」をめざしているとき、住民が入ることの許されない国立公園のなか（だけ）でなく、そのそとで住民が野生動物とどんなふうに共存しているのかをきちんと理解しなくてはいけないのではないだろうかと思うようになったのである。

じつをいえば、本書の重要なキーワードである「共存」について、調査を始めた当初のわたしはまったく考えていなかった。あくまでわたしは、「住民参加」や「保全と開発の両立」といった言葉からばかりCBCを考えようとしていた。しかし、たんにそれがCBCの目標とされているからではなく、現実に野生動物と「共存」している人たちと寝食をともにしながら調査を進めるなかで、「人間と野生動物の共存」とはどのようなものなのか、本当に「共存」は現地の人たちにとって素晴らしいものなのかと考えるようになったのである。

そして、ある日ふと気づいたのは、「野生動物保全は重要だ」と住民がいう理由がわたしにはわからないのは、じつは「共存」という言葉と同じように「保全」という言葉の意味をわたしがきちんと考えていないからではないかということであった。住民が「重要」だという「野生動物保全」とは何を指すのだろうか？　今から振り返って考えてみるに、このことに気がついたときこそ、わたしが「現場から考える」ということを意識し始めた瞬間だったのかもしれない。

初めてケニアを訪れ、アンボセリ国立公園でサファリをしてから一〇年。フィールドを訪れるたびに新たな事件が発生しては、そのときどきの事態の推移を把握することに腐心することが多かった。ただ、そんなふうに現地の様子を必死に追いかけてきたからこそ、アフリカの野生動物保全の現場で実際にどんなことが起こり得るのか、これまでのCBCの議論には何が欠けているのかを考えることができたのだとも思う。「現場を理解した」と自信をもっていえるかというと心許ない。フィールドに暮らす人びとは一人ひとりが違うし、野生動物保全をめぐってわたしの見えないところできっといろいろなことが起きている（きた）はずである。とはいえ、「野生の王国」の傍らで野生動物と共存している人びとについて、そして、そこで共存をめざして取り組まれているCBCが具体的にどのようなものであり、いかなる問題を引き起こしているのかを、ひととおり説明できるまでにはなったと思っている。

野生動物を守ろうとすること、人間と野生動物が共存できる環境をつくっていこうとすることを否定する気はまったくない。けれども、「野生の王国」というイメージばかりが喧伝されるケニアの大地で、いかに地域の人たちが嘆き、怒り、悲しみながら野生動物と「共存」しているのかを知らずに、保全や共存を理想として掲げることには首をかしげざるを得ない。日本においても、多くの人びとが野生動物と日常的なかかわりを持ちながら（持たざるを得ない環境で）暮らしている。そうしたなかにあって、それぞれの現場を知らないままに人間と野生動物の共存をめざすことがどれほど危険なものであるのか、本書をとおして考えていただけたらと願っている。

目次

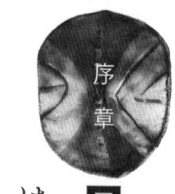

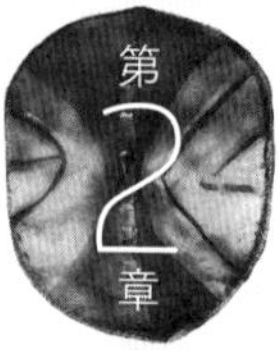

第3章 保全を裏切る便益

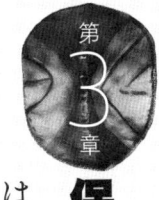

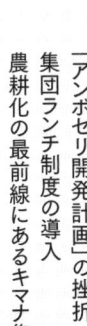

第5章 現場で何が話し合われているのか?
——民間企業との交渉、保全主義者との衝突……263

終章

ブックデザイン：藤田美咲

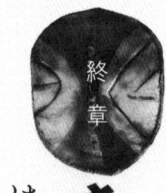

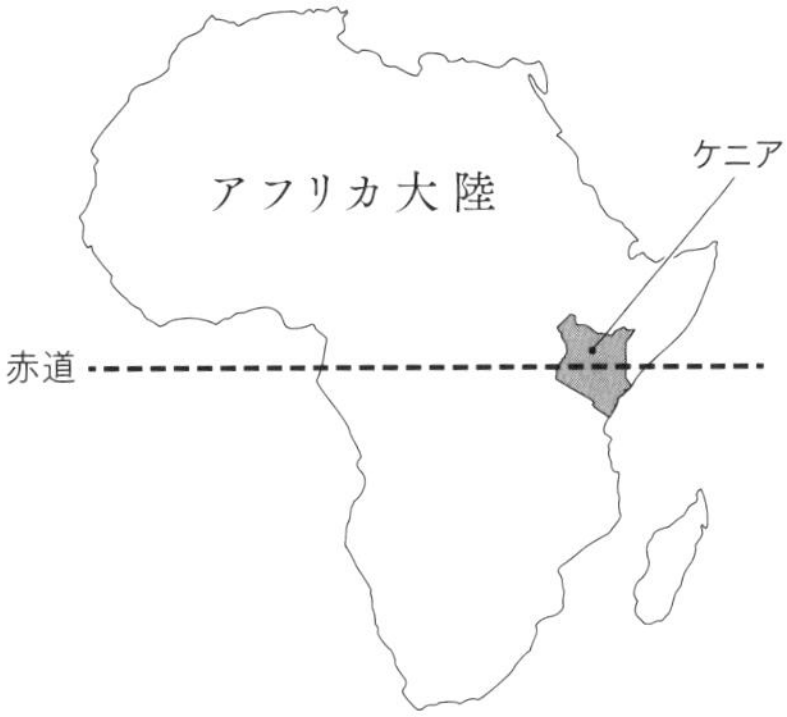
アフリカ大陸
ケニア
赤道

ケニア全国地図

南スーダン
エチオピア
トゥルカナ湖
ウガンダ
ケニア
Republic of Kenya
ソマリア
キスム
ヴィクトリア湖
ロイトキトク地域
（南カジァド・
コンスティテューエンシー）
ナイロビ
エマリ
カジァド・カウンティー
キマナ
N
インド洋
タンザニア
モンバサ
0
100km

序章

見失われた共存を求めて

バッファローを食べるライオンの家族（タンザニア，セレンゲティ国立公園，2013年8月）．

はじめに

タンザニアのマサイ社会をフィールドとする文化人類学者のジム・イゴーは、二〇〇四年に出版した『保全とグローバリゼーション――国立公園と先住民コミュニティの研究、東アフリカから南ダコタへ』のなかで、次のように書いている。

「あなたは、タンザニアが地球上のどこにあるのか、すぐには見つけられないかもしれません。けれども、きっとアフリカで行われている野生動物保全に慣れ親しんでいるでしょう。もしかしたら、あなたはディスカバリー・チャンネルで、〔タンザニア北部の――筆者註、以下同じ〕セレンゲティ平原でライオンの群れがシマウマを食べている場面を見たことがあるかもしれません。あるいは、タンザニアとケニアのあいだ、東アフリカ大地溝帯にそってヌーが毎年行っている季節移動の映像を見たことがあるでしょうか。……

西洋人にとって、マサイはセレンゲティのライオンと同じぐらい慣れ親しんだ存在です。実際にマサイについて正しい知識を持っていないとしても、あなたはマサイがどんな人たちなのか想像できるのではないでしょうか。槍を手にして赤い布を風になびかせているマサイの戦士。それは消えゆくアフリカを象徴する典型的なイメージです。ディスカバリー・チャンネルのなかで、彼らは溢れんばかりの活力をみなぎらせて空に向かって踊る姿を見せることもあれば、(もっと平穏なときであれば)槍にもたれかかって草が波打つアフリカの広大なサバンナを見わたす姿を示してくれます。……

アフリカの人びとと野生動物は、どちらも西洋にはもはや存在しない完璧で美しい世界に暮らすエキゾチックな存在として描かれています。ここで重要なのは、この両者がたがいに切り離されて描かれていることです。……視聴者はディスカバリー・チャンネルでライオンを見ることもあれば、マサイを見ることもあるでしょう。けれども、ライオンとマサイの両方を、同時にディスカバリー・チャンネルで見ることは決してありません。多くの西洋人にとって、人間と野生動物が同時に存在しないこの状態こそが『自然』なのです。……

しかし、もし、マサイが野生動物と一緒に自然のなかで暮らしていないとしたら、いったいどこで彼ら彼女らは生きているのでしょうか?」[Igoe 2004:13-14]

二〇〇四年といえば、学部四年生だったわたしが初めてケニアを訪れた年である。野生動物保全の新しいパラダイム(規範、考え方)であり、人間と野生動物の共存をめざす「コミュニティ主体の保全」(CBC)。その実態を知りたくてケニアに向かったわたしは、マサイも野生動物もアフリカのサバンナに多く暮らしていることを知っていた。しかし、まさにイゴーが指摘しているように、ライオンやゾウのような「野生」の肉食動物・大型動物と、マサイのような「伝統的」な人びとがどのように共存しているのか、それがCBCの目標であることをいちおうわかってはいたけれど、具体的な様子をまったく想像できないでいた(本章の章扉写真参照)。そうしたとき、どういう手順でマサイと野生動物の共存を考えていけばよいのだろうか?

1 「コミュニティ主体の保全」をつうじて共存を考える

アフリカの野生動物保全にわたしが興味を持つようになったとき、その根本には、「人間と野生動物が共存するとはどういうことなのか?」という疑問があった。ただ、アフリカの野生動物保全について、とりわけCBCという国家や国際援助機関、それに国内外のNGOや民間企業がかかわって進められるアプローチに興味があったわたしの場合、まず考えてみたかったのは、「CBCはどうやって共存を実現しようとしているのか?」「CBCによって実現されている共存をどのように考えるべきなのか?」といった問いであった。そして、それらの問いを考えるうえで避けられないそもそもの問いとして、「CBCとはいったい何なのか?」というものがあった。こうした本書の問いが浮かんでくる事情を説明していくことにする。

◎姿の見えない共存

今日、地球環境問題の一つとして生物多様性の保全がいわれるとき、野生動物も保全すべき対象に含まれる。そして、これからの人間と野生動物の関係を考えるなかでは、いかに利用するのか、いかに保護するのかということとならんで、いかに同じ地球に暮らす生き物として、かぎられた空間のなかで共存／共生していくのかということが重要な問題となっている［池谷 2010；池谷ほか 2008；牧野 2010a；丸山 2008］。そうしたときに、本書で考えたいと思うのは、人間と野生動物の共存をめざす取り組みがグローバルに広まっているとして、そこで実際にめざされている共存とはどのようなものか、そのために具体的にどのような活動が取り組まれ、そうした取り組みを地域の人びとがどのように受けとめているのかということである。

多くの人は、人間が原因となって野生動物が絶滅してしまうよりも、人間と野生動物が共存できたほうがよいと思うだろう。とはいえ、そうした人びとの多くは、じつは野生動物と共存するということがどういうことなのか、具体的なイメージを持てていないのではないだろうか？　たしかに、今日ではＣＢＣのようなかたちで「コミュニティ主体」をめざす野生動物保全の取り組みが珍しいものではなくなっている。そこでは地域社会の文化や権利を尊重することであったり、地域の発展を損なわないかたちで野生動物を保全していくことが求められたりしている。けれども、わたしたちは絶滅が危惧される野生動物がいかに守られているのかという話は耳にしても、地域の人たちが野生動物とどのように共存しているのか、彼ら彼女らが野生動物との共存をどのように受けとめているのかということについて、意外に何も知らないのではないだろうか？

写真0-1 草を食むシマウマとヌー(タンザニア，セレンゲティ国立公園，2011年2月).

ここで、**写真0-1〜0-4**は、わたしがこれまでに訪れたアフリカの国立公園で撮影したものである(写真0-3と0-4はほんの数メートルの距離で撮影)。とはいえ、こういった野生動物の写真であれば、どこかで見たことがあるという人が多いだろう。それでは**写真0-5**はどうだろう？　これは、わたしが調査地で、ある日ふと見つけて撮った地面の写真である。人の靴跡に自転車の轍、家畜の足跡に交じって、それらより大きな楕円形のゾウの足跡が残されている。たくさんの人や家畜が普段に歩く道を、ゾウも歩いているのである。あるいは、**写真0-6**も調査中にたまたま遭遇して撮影したものであるが、集落の近くに現れているのがシマウマなのでのどかな風景に見えるかもしれない。とはいえ、奥に見える家が

写真0-2
大草原を駆けるヌーとシマウマ
（タンザニア，ンゴロンゴロ保全地域，
2008年8月）．

写真0-3
道路脇に出てきたシロサイ
（南アフリカ，
クルーガー国立公園，
2013年2月）．

写真0-4　チーターの親子
（ケニア，マサイ・マラ国立リザーブ，
2008年9月）．

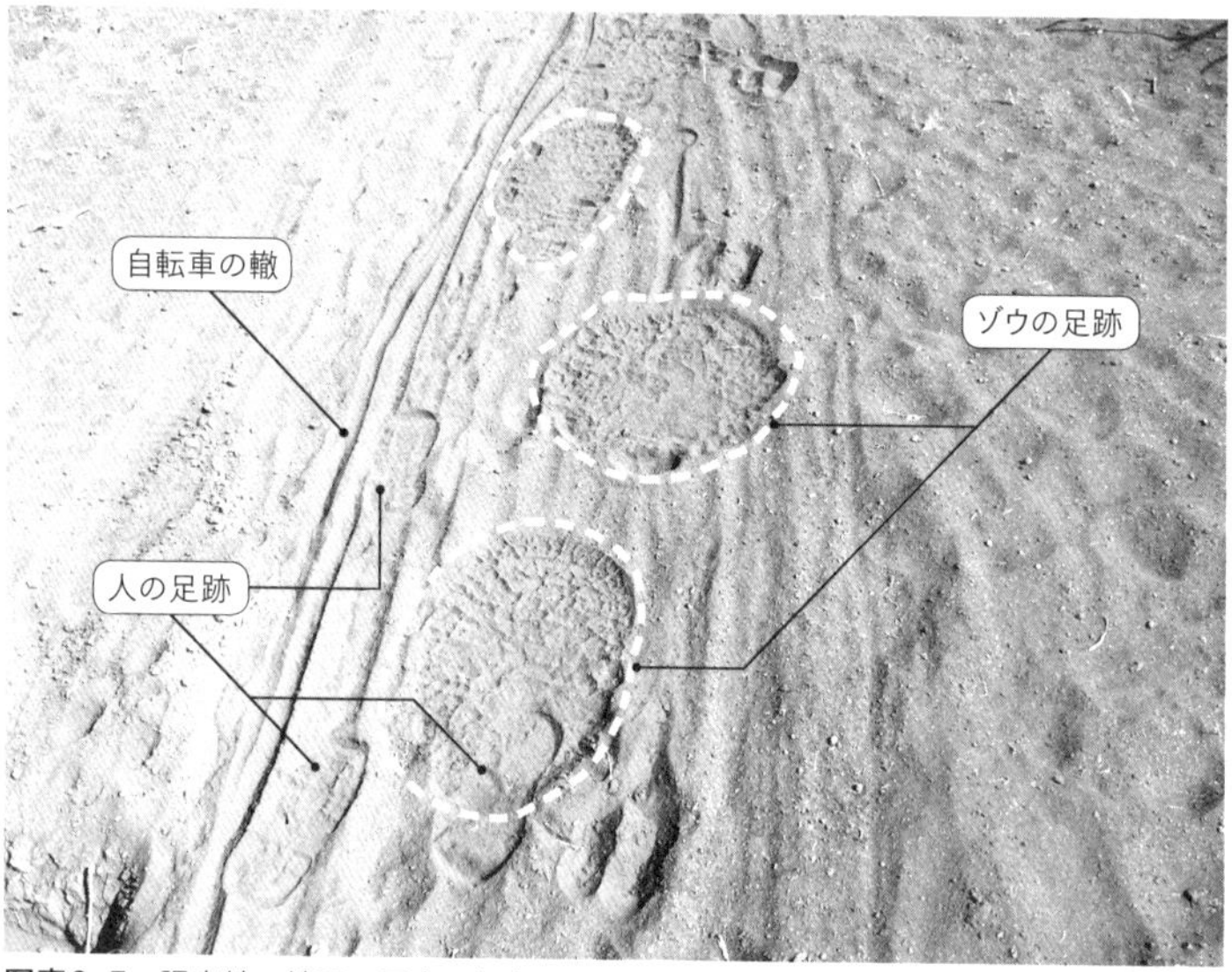

写真0-5　調査地の地面の写真．中央に見えるのがゾウの足跡．

写真0-6　マサイの集落のすぐ近くに現れたシマウマ（2008年3月）．

自分の家で、その近くに現れているのがライオンやチーター、サイ、もしくはゾウだとしたら、こんなふうに野生動物と共存したいと思えるだろうか？

環境社会学者の丸山康司は、学会誌『環境社会学研究』で「『野生生物』との共存を考える」（二〇〇八年）という特集が組まれたとき、以下のように書いている。

「ここで問題となるのは、そもそも野生とは何かという定義と、なぜ野生生物と共存する必要があるのかという価値をめぐる議論である。結論からいうと、野生を定義する基準は複数存在し、しかも個々の判断基準には曖昧な点がある。この曖昧さは、価値の問題についても存在する。つまり、どのような生物の状態を〈野生〉と判断するかは困難であり、また仮に〈野生〉を判別できたとしても、もはやそのことが何らかの自明な価値をもたらすわけではない」［丸山 2008:8］。

「野生に客観的な基準があると想定したうえで普遍的な価値を付与してしまうことは、現実に存在する野生生物と人間との多様なかかわり方と、そこから生まれてくる価値との齟齬をきたしてしまう。場合によっては、社会的な同調圧力をともなう〈自然との共存〉として一部の人に対する抑圧になる場合があるし、これが原因となって却って野生生物との共存を妨げてしまうこともある」［丸山 2008:10］。

この本で議論したいのは、〈野生〉概念それ自体というよりも、人間と野生動物の共存をめざしてアフリカで展開されている「コミュニティ主体」の野生動物保全の実態である。とはいえ、ここで丸山が述べていることをいいかえると、その具体的な姿を多くの人が想像できないにもかかわらず、「人間と野生動物との共存」という概念が普遍的な理想として広まり、それを実現することを目標とする取り組み（＝CBC）がアフリカの各地でさまざまな主体によって実施されるようになったとき、じつはそれは地域社会が求める野生動物とのかかわり方を無視したり、外部者が一方的に定めた目標に向けて住民に圧力や抑圧がかけられたりする可能性があるということである。今日、CBCが野生動物保全のグローバル・スタンダードになったという研究者もいる。だが、どのようにCBCが取り組まれ、いかに住民が野生動物と共存しているのか、その具体的な姿をわたしたちはイメージできているだろうか？　あるいは、そのイメージは正しいものなのだろうか？　そうした状況にたいして、「CBCはどうやって共存を実現しようとしているのか？」「CBCによって実現されている共存をどのように考えるべきなのか？」ということをあらためて考える必要があるのではないだろうか？

◎新パラダイムが多すぎる？

ここで挙げた「CBCはどうやって共存を実現しようとしているのか？」と「CBCによって実現されている共存をどのように考えるべきなのか？」という問いこそが、この本で考えていきたい課題である。とはいえ、こうした問いを考えようとするときに避けて通れないのが「CBCとは何なのか？」という問いである。

くわしくは第1章で説明するが、CBCの考えが体系的に示されたのは一九九四年である。その後、さまざまな調査や議論が積み重ねられてきたのであるが、それによって人間と野生動物の共存についての理解が深まってきたかというと、かならずしもそうとはいえない。というのも、野生動物の個体数が増えているかどうか、地域社会が経済的な利益や法的な権利を獲得し保全に乗り気になっているかどうかといった点が、数多くの地域で調べられてきた。しかしながら、住民と野生動物がどのようなかかわりを持って共存しているのかという点はあまりきちんと議論されてこなかった。また、CBC以外にも「野生動物保全の新パラダイム」と呼ばれる概念がいくつもあるとき、結局のところ「野生動物保全の新パラダイム」が何なのかわからないような状況になってしまっているからである。

例えば、「コミュニティ主体の保全」(CBC)とは別に一九八〇〜九〇年代以降に広まってきた野生動物保全の新パラダイムとして、「統合的保全開発プロジェクト」(ICDPs)という一見してまったく違う名前のものもあれば、「コミュニティ主体の自然資源管理」(CBNRM)や「コミュニティ保全」(CC)など、似たような名前のものもある。そして、名称も定義も大きく違うCBCとICDPsを同じアプローチとして扱う研究者もいれば、名前としてはICDPsを使っていないながら中身(定義)はCBCになっている論文もある。あるいは、CBNRMという言葉で野生動物を市場経済のなかで積極的に利用することを推奨する研究者の多くは、それよりも保護や共存を重視するCBCをまったく取り上げないでおいて、CBNRMを野生動物保全の新パラダイムと説明したりもする。

一九八〇〜九〇年代に野生動物保全の考えが大きく変わったという点では一致しているものの、新パラダイムと呼ばれるアプローチがいくつも提起されては混同されたり別個に議論が進められたりしているのである。なかにはさまざまなアプローチをまとめるような、より大きな枠組みを考案する研究者もいないわけではない。しかし、そうした議論のなかで、個別の概念のあいだの差異や対立が充分に整理されてきたとはいいがたい。というのも、CBCが目標として掲げている「共存」という視点が、まさにそうした整理のなかでまったく見落とされたりしているからである。

◎「コミュニティ主体の保全」を分析する方法

この本では、「CBCとは何なのか?」という問いにたいして、「CBCとは〇〇という目標を達成するために、△△という手段を採用する保全アプローチ」といったようなかたちで、確固たる答え(定義)を出そうとは思わない。なぜなら、CBCも含めて野生動物保全の新パラダイムとして議論されてきた内容は多岐にわたっており、そのすべてが含まれるような定義を考えようとすると、「新パラダイムとは、旧パラダイムと呼ばれるものを批判するアプローチである」といったようなものにしかならないからである。それでは結局のところ、「CBCとは何なのか?」という問いを具体的な事例にもとづいて考えるときの手がかりが得られず、「CBCをどういう視点から分析するべきなのか?」という問いへの答えが出てこないからである。

その代わりに本書では、最初にCBCがどのように共存をめざすアプローチとして定義されたのかを確認したうえで、それ以外の主要な野生動物保全の新パラダイム(先に挙げたICDPsやCBNRM、CCなど)のオリジナルな理論であったり最新の議論であったりを検討する。そして、野生動物保全の新パラダイムのなかで、意見が一致するにせよ対立するにせよ議論が盛んに行われてきた論点として何があるのかを整理して、その主要な論点からケニアのCBCを分析していきたいと思う。また、CBCの概念についてことさらに新しく厳密な定義を設けて、現実のプロジェクトがそれに合致するかどうかを検討したりしないのは、一九九四年から現在までの二〇年間に、現場で取り組まれるCBCプロジェクトのアプローチは変化しているからである。わたしの関心としては、絶対的・普遍的に正しいCBC(あるいは野生動物保全の新パラダイム)を定義して現実の取り組みがその名に値するかどうかを考えることよりも、いくつもの取り組みが現場で見られるとき、そうした試みがどの点で共通していてどこから違っているのかを整理することをつうじて、今日のケニアにおけるCBCプロジェクトの総体的な幅広さと問題点を明らかにしたいのである。

なお、先にも書いたように、新パラダイムの議論が積み重ねられるなかでは、共存は中心的な論点から外れてきた。また、CBCをはじめとした新パラダイムでは「コミュニティの主体性」が重視されているのだが、最近では、この「コミュニティの主体性」にかんする従来の議論にたいして批判的な考えが出されてもいる。そのため、「CBCによって実現されている共存をどのように考えるべきなのか?」という問いにかんしては、「人間と野生動物の関係をどう考えるべきなのか?」という点に加えて、「コミュニティの主体性をどう考えるべきなのか?」という点を考えてみたい。この二つの問いについては、これまでの新パラダイムの議論のなかで有効な分析視点が考えられてきたとはいいがたい面があるので、関連する領域の議論をもとに分析の視座を固めたいと思う。

2 本書の課題

◎課題と構成

この本では、ケニア南部のアンボセリ生態系に暮らすロイトキトク・マサイを事例として、「CBCはどうやって共存を実現しようとしているのか?」を明らかにしながら、「CBCによって実現されている共存をどのように考えるべきなのか?」という問いへの答えを考えていきたい。最初の問いについては、「CBCとは何なのか?」と「CBCをどういう視点から分析するべきなのか？」という二つの問いを、また、第二の問いについては、「マサイと野生動物の関係をどう考えるべきなのか？」「コミュニティの主体性をどう考えるべきなのか？」という二つの問いを足がかりに考えていきたい。

こうした問いをあらためて位置づけるのが、本章につづく第1章の目的である。まず、野生動物保全の新パラダイムと呼ばれるおもな概念とそれに関連する議論を取り上げることで、「CBCとは何なのか？」を明らかにする。そのうえで、具体的な意見は違うとしても、多くの研究者が今日の野生動物保全において注意を払うべきと考えている論点として便益、権利、対話の三つが考えられることを説明する。そして、それらを分析視点とするときの具体的な検討項目を確認する。これによって「CBCをどういう視点から分析するべきなのか？」という問いへの答えとしたい。また、「マサイと野生動物の関係をどう考えるべきなのか？」という問いについては、これまでの新パラダイムの議論では充分に「共存」や「コミュニティの主体性」について議論されてきたとはいえないので、関連する学問領域の先行研究を参照することで、それらを考察するさいの分析の視点を絞りこんでいく。

第2章では、具体的な事例に入るまえの情報整理として、対象民族であるマサイの社会の概要、対象国であるケニアにおける野生動物保全の歴史、そして、フィールドであるアンボセリ生態系あるいはロイトキトク地域に暮らすロイトキトク地域集団のマサイ(ロイトキトク・マサイ)の説明を行う。マサイ社会については、事例を理解するうえで重要になってくる地域集団のまとまりや年齢体系を中心に説明する。ケニアの野生動物保全の歴史にかんしては、イギリスによる植民地支配が始まってから現在まで、複数の利害関心のあいだで政策と実践が変化してきた様子を説明する。また、ロイトキトク・マサイについては、CBCの先駆けとなる一九六〇年代末からの取り組み、一九八〇年代までのマサイと保全政策・活動との関係、そして、集団ランチ（牧場）制度のもとでの地域社会の変化を中心に確認する。

第3章から第6章にかけては、一九九〇年代から現在までにロイトキトク地域で起きた事例を、時系列にそって取り上げていく。まず第3章では、ケニアの公的なCBCプロジェクトの先駆例として、国際的な支援と注目を受けて一九九六年にオープンしたキマナ・コミュニティ野生動物サンクチュアリを取り上げる。オープン当初、保全（保護区管理）と開発（観光業経営）の両面で住民参加を達成していたサンクチュアリであったが、やがて住民自ら参加を放棄して、外資系の民間企業にサンクチュアリを賃貸するようになった。その結果として地域社会はより多くの便益を獲得するようになるのであるが、そうした便益還元のあとで、はたして住民はCBCが求めるように野生動物との共存を受けいれるようになったのかを検討する。

第4章の事例は、二〇〇〇年代にグローバル保全NGOが主導して設立したオスプコ・コンサーバンシー（民間保護区）である。共有地のうえに設立されたサンクチュアリとは違って、コンサーバンシーはいくつもの隣り合った私有地の所有者を組織化することで設立されていた。そして、メンバーは自分たちが土地の私的所有者であることを自覚してNGOと交渉するようになっていたが、全体としてメンバーがNGOにたいしてとる態度は受動的なものであり、観光開発についてはNGOに依存的な態度を示していた。章の前半では、具体的な集会の様子に加えて契約の前後に起きたトラブルを説明する。それにたいして章の後半では、集団ランチの共有地が分割されたあとで住民がどのような生計活動を営んでいるのかを説明する。そこで住民が観光業も含めた主要な生計活動をどのように評価しているのかを検討することから、コンサーバンシーのプロジェクトにたいして住民が消極的な態度を見せる理由を考える。また最後に、個人の権利を強調するNGOのアプローチが住民にどのように受けとめられているのかを検討する。

第5章では、ふたたびキマナ・サンクチュアリを事例として取り上げる。前半では、地域社会と民間企業との関係に焦点を当てる。まず、一九九九年に契約した観光会社とのあいだで生じたトラブルの内容を確認する。そして、それに代わる契約相手として、複数の候補企業のなかから一社がどのようなプロセスで選出されたのかについて、地域社会内における合意形成と民間企業との交渉の内容を第4章の事例との比較も交えて考える。そして後半では、共存をめざして活動する政府機関や保全NGOとの対話を分析する。そこでは野生動物といかに共存するかが論点として浮上していたが、何が具体的に論争となっていたのかということに加えて、それがほかの場面では争点となってこなかった理由を考えてみたい。そして最後に、住民と外部者とのあいだの対話というとき、さまざまな野生動物との関係がいかに単純化され一面的に議論が進められているのかを示し、さまざまな利害関係者のあいだで対話が行われているとはいっても、実質的な中身をともなっているとはいえないことを説明する。

第6章の事例である「アンボセリ危機」とは、野生動物に青年が殺されたことを契機として起きた大規模な狩猟、政府機関による住民への暴力、マサイと政府とのあいだの対話集会の一連の出来事を指す。悪化の一途をたどる関係を修復するため、政府機関の長が直接に地域社会と話し合うこととなったが、そこではマサイの表象がそれまでのものから変化していた。その表象の転換の内容と理由を、コミュニティの代表という観点から分析する。そして、今日の野生動物保全において、コミュニティの代表＝表象の問題がメディアや利害関係者によってどのように理解されているのかを分析する。そして最後に、そうしてさまざまな主体が参加する対話の場面で議論されているマサイと野生動物の共存というものが、はたしてどこまで歴史的な裏づけを持つものなのかを検討する。

終章では、まず、これまでの各章における事例の議論を整理する。そのうえで、本書の課題である二つの問いについて答えたい。すなわち、「CBCはどうやって共存を実現しようとしているのか？」については、野生動物保全（CBC）のアプローチが具体的にどのように変化してきたのかを整理したうえで、現在のアプローチにどのような特徴があるのかを考える。そして、「CBCによって実現されている共存をどのように考えるべきなのか？」については、共存をめざす一連の取り組みにたいする地域社会の対応と、住民の最近の生計・保全にかんする考えを整理したうえで、それまでの各章における議論も踏まえて、住民にとって現在の野生動物との共存がどのようなものであるのかについて、最終的な答えを出したい。

◎調査方法

わたしが初めてケニアを訪れたのは二〇〇四年の八月であった。その後、二〇〇五年八月から二〇一四年二月にかけて、断続的ながら合計およそ二年弱のあいだ、ケニア南部カジァド・カウンティのロイトキトク地域(南カジァド・コンスティテューエンシー)に位置するキマナ集団ランチでフィールド調査を行ってきた。調査滞在中は、キマナ集団ランチに暮らすマサイ男性を通訳および道案内をかねた調査助手として雇い、おもにはその家に住まわせてもらった。具体的な調査内容としては、地域のマサイ社会や野生動物保全についてくわしい情報を持っていると思われる住民への半構造的な聞き取り(インタビュー)が中心である。そのときどきで起きた出来事の関係者への聞き取りのほかに、地域の生計を理解するうえで参考になると思われる人物であったり長老のなかでも特定の役職をこなしている人物であったりには、継続的に聞き取りを行ってもきた。二〇〇七年からは、第3章以降で取り上げる事例にかんする地域の集会に参加し、そこにおける議論の様子を観察してきた。マー語(マサイの母語)のやりとりについては調査助手に記録と通訳をしてもらったが、外部の政府・NGO職員などが参加していてスワヒリ語や英語による同時通訳が行われていた場合は、わたし自身がそれを記録したのち調査助手に内容を確認した。また、無作為抽出した世帯を対象とする質問票調査(質問者が回答を記入する形式)を二〇〇八年一〇~一一月、二〇一〇年七～八月、それに二〇一二年八～九月の三回行った。また、政府機関やNGOあるいは弁護士への聞き取りおよび資料収集は、ロイトキトク地域にかぎらず首都のナイロビをはじめとして国内各地で行ってきた。

第1章 「コミュニティ主体」の野生動物保全とは何なのか？

保全の必要性を訴えて寄付を募る看板（ケニア，ナイロビ国立公園，2014年2月）．

はじめに

二〇〇四年、アフリカの野生動物保全について卒業論文を書くことを決めたわたしは、研究室の図書室で関係しそうな本を探した。そして見つけたのが、ディヴィッド・ウェスタンとミカエル・ライトが編集した『自然なつながり——コミュニティ主体の保全の展望』[Western and Wright eds. 1994]であった。また、それと一緒に見つけて読んだのが、ヘルベルト・プリンズたちが編集した『持続可能な利用による野生動物保全』[Prins et al. eds. 2000]であった。

どちらの本も政府によるトップ・ダウンの保全政策を批判し、「コミュニティ主体」のアプローチを支持している。しかし、『自然なつながり』が伝統的なコミュニティを基盤としたローカルな活動に着目するのにたいして、『持続可能な利用による野生動物保全』では市場経済のなかで野生動物が商品として売買されることが重要とされていた。どちらも「コミュニティ主体」ということをいっているはずなのにその内容があまりに違っていて、わたしはとても驚き、戸惑った。この章の前半で明らかにしたいのは、野生動物保全の新パラダイムといわれるものの中身が、人によってどれだけ違う意味で使われてきたのか、その議論がいろいろな論点のあいだでいかにさまよってきたのかということである。後半では、そうしたさまざまな議論も取り上げながら、ケニアのCBCプロジェクトを具体的に分析していくさいに留意するべき点を整理する。

アフリカの野生動物保全の現場のことが知りたい読者には、もしかしたら、この章の議論は理屈っぽくてまわりくどく思われるかもしれない。しかし、前章で説明したように、「CBCはどうやって共存を実現しようとしているのか?」とか「CBCによって実現されている共存をどのように考えるべきなのか?」ということをきちんと考えるためには、そもそも野生動物保全の新パラダイムとしてどんなことが議論されてきたのか、「人間と野生動物の共存」や「コミュニティ主体の保全」を考えるためにはどのような点に注意する必要があるのかを確認しておくことは大切なはずである。

1 野生動物保全の新旧パラダイム

わたしはここまでに何回も「保全」(conservation)という言葉を使ってきた。これに似た言葉として、「保護」(protection)や「保存」(preservation)、「管理」(management)といったものもある。野生動物保全の新旧パラダイムの話に入るまえに、まずはこうした言葉の違いと本書での使い方を説明しておきたい。

「保全」と「保存」はどちらも「保護」に含まれる。そして、この本のなかで使われる機会はかぎられているが、「保護」は広く何かを「守る」ことを意味する一般的な言葉として使う。それにたいして、「保全」は「人間のための自然保護（あるいは野生動物保全）」「人間の（消費的な）利用を前提とする保護」を、「保存」は「自然のための保護」「人間の利用を前提としない保護」を意味するものとする。[1]いっぽう、「管理」も対象がなくならないように考慮して使うという点で「保全」と似ている言葉である。ただし、「管理」という場合は「守る」こと以上に「使う」ことに、さらにいえば、より大きな成果をあげられるように効率的に「使う」ことが意識されている。単純化していうと、「保存」が「利用をまったく認めない保護」、「保全」が「利用を認めるけれども、あくまで保護をそれ以上に重視するアプローチ」、そして、「管理」は「保護よりも（効率的で持続的な）利用を重視するアプローチ」ということになる。野生動物との共存をめざすアプローチ（CBC）が「保全」を名乗っているのにたいして、市場経済のなかで商業的に利用することを重視するアプローチ（CBNRM）が「管理」を名乗っている点に、「保全」と「管理」の違いは端的には現れているといえるだろう。

ただ、こうした定義にもとづけば、このあとに説明する野生動物保全の旧パラダイムは「保全」ではなく「保存」となる。また、すでに述べているように、新パラダイムのなかには「管理」を名乗るアプローチもある。とはいえ、先行研究では、実態として「保存」である旧パラダイムも、「管理」を名乗る新パラダイムも、野生動物保全（wildlife conservation）の一つのアプローチとして位置づけられてきた。それゆえ、この本ではここで説明した意味で「保存」や「管理」の語を用いるものの、「保全」はそれらを含む広い意味で（「保存」に対置される概念としてではなく）使っていきたいと思う。また、本書では“protectionism(t)”という英語を「原生自然保護主義（者）」と訳す。それを直訳すれば

「保護主義（者）」となるが、実際のところとしては、人間の手が直接には入っていない「原生自然＝野生」（wilderness／wild）の「保存」を主張する立場なので、「原生自然保護主義（者）」と訳すこととにする。

◎住民の排除と権利の剝奪——旧パラダイム：「要塞型保全」

野生動物保全の旧パラダイムには、いくつかの呼び名がある。そのなかで最も一般的なのは「要塞型保全」（fortress conservation）という呼び名であるが、そのほかに「柵と罰金アプローチ」（fences and fines approach）［Adams and Hulme 2001:10; Wells et al. 1992:1］や「強制的で威圧的な保全」（coercing conservation）［Peluso 1993］といった呼称もある。

ウィリアム・アダムスとディヴィッド・ヒュームによれば、「要塞型保全」の基本的な戦略は、守るべき「野生」（the wild）が存在する区域から人間を排除することである［Adams and Hulme 2001:10–11］。そのための典型的な手段とされるのが国立公園なのだが、それが「要塞」にたとえられるのは、たんに住民がその敷地から追い出されているからではなく、そこにおいては人間活動の影響をできるかぎり遮断して「野生」を厳重に守ることが意識されているからである（写真1‐1）。この国立公園制度の根本にある理念、すなわち、人間社会から隔絶されていて何の影響もこうむっていない「原生自然」（wilderness）こそ価値があるという考えが、原生自然保護主義と呼ばれるものである。

この原生自然保護主義の立場からすると、国立公園の周辺に暮らす住民は「自然の破壊者」と

写真1-1　ナイロビ国立公園の入園ゲート（2014年2月）.

なる［Hulme and Murphree 2001a:1］。だからこそ、「自然の破壊者」である住民にたいして「要塞」を堅持していくために、「柵」や「罰」が設けられることになる。そして、「要塞型保全＝原生自然保護主義」がトップ・ダウンで中央集権的な政策として実施されるとき、それは地域社会にたいして「強制的で威圧的」なかたちで実施されることになる［Hulme and Murphree 2001a:2; Peluso 1993:199; Western and Wright 1994:7］。つまり、野生動物保全のために「自然の破壊者」である住民から土地や資源、権利を奪うことが、何も問題とされないのである。ウェスタンとライトの言葉を借りれば、住民は野生動物が生み出す便益を何も享受できないだけでなく、「保全の費用」（costs of conservation）を負わされてきたのである(2)［Western and Wright 1994:7］。

◎住民参加と地域開発の提起——「統合的保全開発プロジェクト」（ICDPs）

一九八〇年代から一九九〇年代にかけて野生動物保全のパラダイムが転換したといわれるが、

それ以前から、新パラダイムにつながる先駆的な取り組みは世界各地で試みられていた。それらをもとに、ミカエル・ウェルズたちが『人びとと公園――保護区管理と地域コミュニティを結びつける』[Wells et al. 1992]のなかで一九九二年に提起したのが、「統合的保全開発プロジェクト」(ICDPs:Integrated Conservation and Development Projects)である。

ICDPsがいわれる背景には、大規模な開発プロジェクトや農地の拡大、住民による違法な狩猟や木材伐採が横行するなかで、国立公園を含めた多くの自然保護区が危機的な状況に陥っているという認識があった[Wells et al. 1992:1]。そうした状況と持続可能な開発(sustainable development)の議論を踏まえて、周辺住民の支援や協力を受けて保護区が将来にわたって存続できるような環境をつくることが必要であると考えられ、住民参加のもとで保全と開発の両方に取り組むアプローチとしてICDPsが考案されたのである。

そうしたICDPsの具体的な手法としてウェルズたちは、保護区の管理、保護区周辺へのバッファー・ゾーン(緩衝帯)の設置、地域の社会的・経済的な開発の三つを想定していた[Wells et al. 1992:25–30]。それぞれの具体的な内容としては、保護区内における住民の違法な資源利用を厳しく取り締まるいっぽうで環境教育を強化すること、「伝統的」な手法で行われる生業活動(狩猟や漁撈)にかぎって資源利用を認めるバッファー・ゾーンを保護区の周囲に設置すること、そして、代替的な資源を用意することも含めて保護区の設立にともない住民がこうむった経済的な損失を補償することが想定されていた。

写真1–2
「要塞」の守護者であるケニア野生動物公社のゲーム・レンジャー.

「要塞型保全」が支配的であった一九九〇年代初頭に住民参加と地域開発を打ち出した点で、たしかにＩＣＤＰｓは画期的であった。ただし、ＩＣＤＰｓはいくつもの点で、旧パラダイムと同じ前提に立っていた。つまり、ＩＣＤＰｓにとっての緊要な問題は、保護区内の自然資源が周辺住民によってさらに収奪されることであり［Wells et al. 1992:2–3］、そこでは住民は依然として「自然の破壊者」とみなされていた。だからこそ、ＩＣＤＰｓは住民参加を掲げていたものの、住民が保護区内の資源を管理することも利用することも認めていなかった（写真1–2）。また、ＩＣＤＰｓにおける開発とは、保護区の設立にたいする補償であり、「保全の費用」の問題を認めている点で進展があるとはいえ、「費用」を相殺する以上の便益を提供する必要性はとくには言及されていなかった。そもそも、ＩＣＤＰｓの目的は保護区内の生物多様性の保全であって、地域開発はそれを達成するための手段にすぎないことが明記されてもいた［Wells et al. 1992:29］。ＩＣＤＰｓが地域社会への配慮をともなうアプローチであることは間違いないが、当初の概念定義においては、地域社会が主体的に保全活動に取り組むという筋道は考えられていなかった。

分断から共存への転換――「コミュニティ主体の保全」（CBC）

ＩＣＤＰｓが定式化された二年後の一九九四年に、ウェスタンとライトの編集のもとで出版された『自然なつながり』[Western and Wright eds. 1994]において、「コミュニティ主体の保全」（CBC: community-based conservation）の理論は打ち立てられた。ＣＢＣの背景としては、冷戦終結にともなう地球環境問題への国際的な関心の高まりや、一九六〇年代後半から一九九〇年代にかけてグローバルな広がりを見せるようになった草の根の開発志向、人権・先住民運動が挙げられている[Western and Wright 1994:4–6]。ＣＢＣの関心がＩＣＤＰｓよりも幅広いことは、こうした背景の説明の違いからも見て取れるだろう。

ＣＢＣは、「地域コミュニティによる、地域コミュニティのための、そして、地域コミュニティとともに行う自然資源や生物多様性の保護」をめざす[Western and Wright 1994:7]。そこでは、住民は保全活動の担い手として想定されており、「自然の破壊者」のイメージで捉えられてはいない。というのも、地域社会は「保全の費用」を一方的に負担させられてきたために保全に強い敵意を持つようになっているが、保全にかんする意思決定であったり野生動物が生み出す便益にかかわったりするようになれば、保全に協力的になると想定されていたからである[Western and Wright 1994:

7]。

さらに、そうした想定が持たれる前提として、「伝統的なコミュニティ」においては自然にたいする権利とそれを保全することへの責任感、また、実際に保全する能力が結びついており［Western and Wright 1994:9］、人びとの必要性を満たすために自然資源が適切に保全されてきたと考えられてもいた［Western and Wright 1994:1］。だからこそ、CBCにおいては保全と開発はたがいに矛盾するものではなく補い合うものであるとされ［Western 1994c:550］、人間と野生動物の共存が「中心的な指針」（central precept）として掲げられたのである［Western and Wright 1994:8］。旧パラダイムやICDPsのように住民を「自然の破壊者」とみなすかぎり、人間と野生動物が同じ土地で暮らすことの結末は前者による後者の「破壊」であり、共存しながら保全と開発を両立させることなど思いもつかないはずである。それにたいして、地域社会を肯定的に理解するCBCであればこそ、住民のイニシアティブと技能によって達成されるべき／できる目標として保全＝共存が考えられていたことになる［Western 1994c:553］。

ただし、CBCは「伝統的なコミュニティ」という「過去」への回帰をめざしているわけではない。『自然なつながり』のなかでは、「今日、〔外部の世界から〕孤立して存在するコミュニティなどあり得ない」と書かれていて、地域社会が今でも「伝統」を保持していると期待することや、そうした希望的な観測のもとに住民の権利を安易に認めることは戒められてもいた［Western and Wright 1994:9-10］。あくまでCBCがめざすのは、地域社会が自然資源を管理する力を取り戻し自分たちで保全を行うこと、それによって自らの福祉状況を改善することであった[Western and Wright 1994:7]。そして、その目的を達成するために科学的(=非「伝統的」)な手法を用いたり外部者が主導して活動を開始したりすることも、それが最終的に地域社会の便益となっているのであればCBCと認められることが書かれていたし、そうして便益を還元することこそがCBCの要件として強調されてもいた[Western and Wright 1994:7]。

また、これまでの保全活動が失敗してきたのは、利害関係者のあいだで協力関係が構築できなかったからだとして、地域社会の便益や福祉だけでなく、地域外の利害関係者とのあいだのバランスについて考えることの大切さも指摘していた[Western 1994b:500]。つまり、CBCにおいて地域社会が保全活動の主体となることがめざされるときには、外部の主体と協力することが当然のもの・避けられないこととして考えられていた。ただし、さまざまな利害関係者のあいだで意見や利害を調整する役割が政府に期待されるいっぽうで、あとに出てくる新自由主義的な議論で強調される自由貿易はCBCにとって脅威であるとして、市場を利用した保全アプローチには否定的であった[Western 1994c:553]。

なお、CBCを評価する基準は「実際に保全が向上すること」である。それをより具体的に説明すると、「どれだけコミュニティが保全を強く望んでいて、その構成員の努力によってどれほど実際にその熱望が支えられているのか」ということである[Western 1994b:509–510]。CBCは保全と開発が両立可能であると考えていたし、地域社会に便益が提供されることを条件として重視していた。しかし、活動としての最終的な評価においては、あくまで野生動物が適切に保全されていること、人間と野生動物の共存が成り立っていることが求められていた。

要塞の復活？――原生自然保護主義者からの反論

一九九〇年代の前半にICDPsやCBCの理論が体系的に提示されると、それは多くの国や国際援助機関の政策に影響を与えるようになった。そして一九九〇年代の後半には、それへの批判が明確に主張されるようにもなった。ここではそうした新パラダイム批判の内容とその妥当性について、ピーター・ウィルシューセンたちが二〇〇二年の論文「四角い輪の再発明――国際的な生物多様性保全における『保護主義パラダイム』復活の論評」[Wilshusen et al. 2002]で展開した議論を紹介したい。

ウィルシューセンたちによれば、一九九〇年代の後半、原生自然保護主義者[3]が新パラダイム（ICDPs・CBC）を批判するときの主張は以

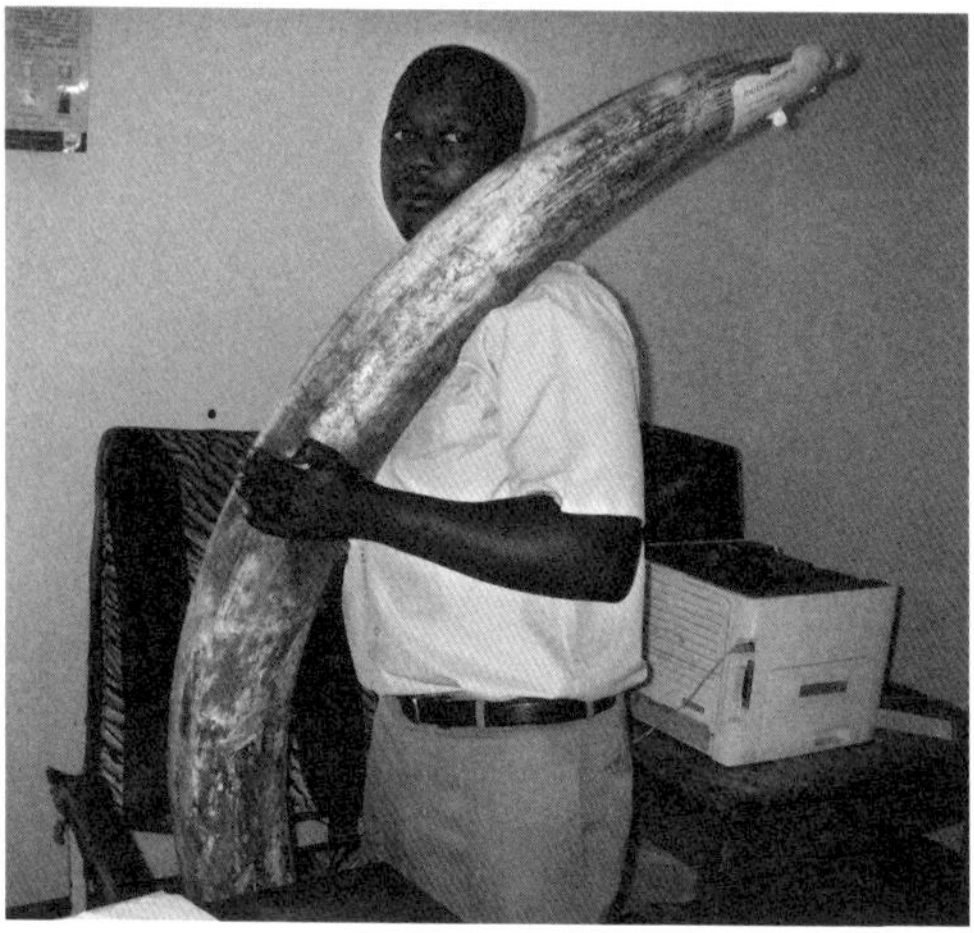

写真1-3　密猟者から押収された象牙（タンザニア，セレンゲティ県，2009年8月）．

下の五つにまとめられるという。つまり、①保護区はより厳格な保護(＝保存)を必要としている、②生物多様性の保全は道徳的な要請にもとづいて行われるべきである、③開発と結びつけられた保全(＝ＩＣＤＰｓ・ＣＢＣ)は生物多様性を保全しない、④自然と調和的で生態系に友好的な地域コミュニティという考えは幻想である、⑤現在は緊急的な状況にあるため極端な手段が求められるということである[Wilshusen et al. 2002:20–21](写真１–３)。これらの主張について、ウィルシューセンたちは以下のように論じている(番号はそれぞれ先の批判に対応)[Wilshusen et al. 2002:20–21]。

(1) 人口増加と経済成長が進むなかで、保護区をより厳格に保護(保存)すべきであるという主張は理解できる。しかし、政治的な権益を確保するために保護区が利用されたり、それが設立されることで社会的な問題が引き起こされたりする可能性を考慮していない点で、原生自然保護主義者の主張には問題がある。

(2) 利用価値にもとづく功利主義的なアプローチが失敗しているから、道徳的な要請として保全を行うべきであるという主張は、実際にそれでうまくいくのであればかまわない。しかし、原生自然保護主義者は、文化の多様性の問題をきちんと考えていない。住民と外部者とのあいだで意見が食い違い、自然の本質的な価値と人権とが衝突する可能性を想定していない点で実践的にも倫理的にも問題がある。

(3) すべての生物種を利用できるわけではない以上は、「持続可能な利用」の考えにもとづいて開発を保全と結びつけたとしても生物多様性は減少する結果になるという批判は的を射ている。しかし、新パラダイムにもとづくプロジェクトが現実に失敗しているとしても、その原因が理念それ自体にあるのか、それとも実践の方法に問題があるのかを原生自然保護主義者は検討していないので、批判としては不充分である。

(4) 「エコで高貴な未開人」(ecologically noble savage)［Redford 1991］という、ステレオタイプな先住民社会や伝統民族のイメージを批判している点は間違っていない。しかしながら、そうした社会を取り巻く政治的・社会的な文脈を考えずに、それらはすべて資源管理もできなければ変化にも対応できないと主張するのは正しくない。

(5) 政府や援助機関、軍隊が生物多様性の保全という共通善を実現するための手段になるという主張は現実的ではない。また、そこで目標とされる内容には道徳的な問題もある。

ウィルシューセンたちは、自分たちが原生自然保護主義に反対しているわけでも新パラダイムを無批判に擁護しているわけでもないと書いている［Wilshusen et al. 2002:18］。とはいえ、原生自然保護主義者が主張しているようなアプローチは軋轢と抵抗を生み出すだけだと述べている点からして、それを評価していないことは明らかである［Wilshusen et al. 2002:36］。そして、めざすべき方向性として、過去の経験をもとにすべての利害関係者が交渉するなかで、生態学的に妥当で政治的に実現可能であり、社会的に公正であると人びとに合意される取り組みをめざすことを提案していた［Wilshusen et al. 2002:36］。

こうした原生自然保護主義者やウィルシューセンたちの議論では、旧パラダイムと新パラダイムとは対立するものと考えられていた。それにたいしてジェフリー・ハッケルは、一九九九年の論文「コミュニティ保全とアフリカの野生動物の未来」［Hackel 1999］において、新パラダイムのなかに原生自然保護主義の要素が含まれていることを指摘している。野生動物が広大な生息地を必要としている以上は、たとえ新パラダイムが民主主義を支持し、住民の参加や便益、権利を尊重しようとしても、現実に野生動物を保全するために住民の土地利用を非民主的なかたちで制限しなくてはならないというのである。ハッケルは、野生動物よりも農耕や牧畜のほうがより多くの収入をもたらす事例があることを示したうえで、そうした環境で保全を進めるためには、住民参加や便益還元、環境教育とともに原生自然保護主義を一つの選択肢として認めることが必要ではないかと問うている。ハッケルもまた、旧パラダイムに見られる地域社会への「強制的で威圧的」な姿勢は否定するけれども、国立公園のような「要塞」をつうじた保存も新パラダイムの一つの戦略として認められるべきではないかと問題提起をしていたことになる。

◎生命中心の保存から人間中心の管理まで――「コミュニティ保全」（CC）

二〇〇一年にヒュームとマーシャル・マーフリーが編者を務めて出版した『アフリカの野生動物と生計――コミュニティ保全の約束と達成』［Hulme and Murphree eds. 2001］において、野生動物保全の新パラダイムのなかでも最も広範な「コミュニティ保全」(CC:community conservation)が提示されている。(4) CCは、自然資源の保全にかんする意思決定において住民が果たす(べき)役割を重視する原理原則・実践活動を意味しており、ICDPsやCBC、CBNRMといった(野生動物保全の新パラダイムとして挙げられる)アプローチをすべて含む「要塞型保全」への対抗言説である[Adams and Hulme 2001:13]。また、CCは野生動物保全の法制度をトップ・ダウンからボトム・アップに変えることを超えて、社会的・政治的な権力の再配分をつうじて既存の社会構造や政治体制を変えようとする運動の一部であるともいわれている[Hulme and Murphree 2001a:4]。

そのCCに導入されている革新的なアイデアとしてヒュームとマーフリーが挙げるのが、コミュニティの参加(地域社会は「自然の破壊者」ではなく「地元の英雄」(local heroes)であり参加が認められるべきである)と持続可能な開発(保存一辺倒ではなく持続的な範囲で住民の利用は認められるべきである)、そして、新自由主義である[Hulme and Murphree 2001a:1]。ここでいう新自由主義とは、「使わなければ失うだけ」、あるいは「もし、種や生息地を保全しようとするならば、それらは市場から隔離されてはならない」といった考えを意味している[Hulme and Murphree 2001a:1]。つまり、市場をつうじて地域外の消費者へと野生動物を販売して経済的な利益を得ることがなければ、野生動物の保全は困難であるという考えである。それは、住民の利用を徹底的に禁止するICDPsとも、政府などの支援を受けて地域社会が在来の知識や技術を用いて保全をしていくことをめざし自由貿易は否定するCBCとも大きく異なる立場であった。

ただし、新自由主義を採用するいっぽうで、CCでは保全という言葉に「生命中心的」(biocentric)な意味と「人間中心的」(anthropocentric)な意味の両方が認められていた[Adams and Hulme 2001:14]。つまり、自然の本質的な価値や野生動物の権利を認めて消費的に利用せずに保存(=「生命中心的」な保全)することも、人間のニーズや便益のために持続的かつ効率的に管理(=「人間中心的」な保全)することも含まれるのである。すでに見たように、「生命中心的」な保全を求める原生自然保護主義者からすれば、持続可能な開発や新自由主義のような「人間中心的」なアプローチは批判の対象である。それにたいして、CCは「人間中心的」なアプローチを強調するいっぽうで、「生命中心的」な立場からの批判も認めたうえで、いかに両者を組み合わせることができるのかを考えることが重要であるとしていた[Adams and Hulme 2001:21–22]。この点で、CCはウィルシューセンたちやハッケルの問題提起に応えたアプローチといえる。

このように保全を広く捉える姿勢は、エドモンド・バロウとマーフリーが示すCCの三類型(表1-1)に端的に表れている[Barrow and Murphree 2001:31–34]。それは目的と所有権/保有権の二つを軸とした分類である。「保護区アウトリーチ」とは、国有地・国有資源を対象として、生態系や生物多様性を保存することを第一の目的として取り組まれる「生命中心的」な保全である。それが実施される地域では、資源の消費的な利用が一般的に禁止されており、地域社会に便益が提供されるとしてもあくまで二次的な位置づけである(これはICDPsと似ているが、住民を「自然の破壊者」ではなく「地元の英雄」と捉える点で違っている)。「協働管理」は、国が管理または所有する土地に存在する

表1-1　CCの3類型

	保護区アウトリーチ	協働管理	コミュニティ主体の保全
目的	生態系・生物多様性・種の保全	生計におけるいくらかの便益をともなう保全	持続可能な地域の生計
土地の所有権／保有権	国有地・国有資源（例：国立公園）	国有地上の資源であるが，資源の所有権／保有権については協働管理に向けた複雑な取り決めが存在	法律上または実質上，地域の資源利用者が土地・資源を所有．国が最後の手段としていくらかの統御をおこなう場合もある
管理の特徴	資源管理にかんしては国がすべてを決定	国有資源にかんして国と利用者集団のあいだに合意が存在．管理にかんする取り決めが決定的に重要	保全は土地利用の1つの要素であり，地域経済の開発に強調が置かれる
東部・南部アフリカにおける状況	東アフリカでは一般的だが，南部アフリカにおいてはわずか	東アフリカが取り組みの中心だが，南部アフリカでもいくらかは見られる	南部アフリカにおいて主流だが，東アフリカでも増加

出所：Barrow and Murphree［2001:32］

自然資源のなかでも住民の生活にとって重要なものを対象として，住民と国（およびその他の主体）とが協力して保全する行為である。国とのあいだで合意された範囲にかぎられるとはいえ，住民による直接的な資源利用が認められることになる。そして，最後に挙げられる「コミュニティ主体の保全」（CBC）とは，住民が法律上または事実上所有する土地や資源を地域の持続可能な生計のために管理する行為である。それは地域社会の経済的な動機と国から地域への権限移譲，そして共同体的な制度の三つのうえに構想されるべきアプローチである。なお，ここでいうCBCは，『自然なつながり』のなかで定義されたものとは異なっていて，むしろ次に説明するCBNRMを意味している。そのため，本書でこれ以降にCBCというときは，このCBCではなく『自然なつながり』でいわれるCBCを意味するものとする。

ここで重要な点として、CCにいろいろなアプローチが含まれているとき、それらの共通点として挙げられているのが、社会的に小さな範囲の人びとが保全を共通の関心事として集団的・組織的に行動するという点だけであるということがある。それは裏を返せば、CCのすべてに共通する固定的な目的や特定の組織の特徴、所有権のあり方といったものはなくて、そうした条件は個々の事例に応じて違っていてもかまわないということである(5)[Barrow and Murphree 2001:35]。CCの最大の特徴としては、そこで認められる保全の範囲の幅広さがある。CCは新自由主義を支持しているが、利害関係者によって市場への信頼度には違いがあることを指摘しているし[Hulme and Murphree 2001b:290]、「保護区アウトリーチ」のようなかたちで「生命中心的」なアプローチを認めてもいる。この点で、たしかにCCは新旧パラダイムのさまざまなアプローチを含む幅広い概念となっている。ただし、新自由主義にもとづくCCの議論では、生計(への便益/の持続可能性)がその目的として重視されるようになっており(表1-1参照)、CBCが「中心的な指針」として強調していた人間と野生動物のかかわり(分断ではなく共存)という視点は失われていた。野生動物は同じ大地のうえで共存すべき対象というよりも、生計を向上させるために市場経済のなかで積極的に売買されるべき資源あるいは商品として想定されていたことになる。

◎新自由主義の追求——「コミュニティ主体の自然資源管理」(CBNRM)

ブライアン・チャイルドは、自分たちが用いる「コミュニティ主体の自然資源管理」(CBNRM:

community-based natural resource management）を、「権限移譲を強く打ち出す権利基盤のアプローチに含まれる、経済・政治・組織にかんする一連の原理の略記」と定義している(6)［Child 2009b:187］。CBCが一九六〇年代以降のケニアの経験から構想されているのとは異なり（くわしくは第2章第3節で説明）、CBNRMはジンバブエとナミビアにおける一九六〇年代以降の経験をもとに理論化されている［Barnes and Jones 2009; Child 2009c; Jones and Murphree 2004:64］。したがって、CCがそれ以前の新旧パラダイムの議論を踏まえて考え出されたのとは異なり、CBNRMはCBCとほぼ同時期に並行して練りあげられてきた「コミュニティ主体」のアプローチということになる。なお、CBNRMが基盤とするジンバブエとナミビアで成功をおさめた政策とは、土地の私的所有者に野生動物の所有権を与えることで、私有地において野生動物保全が拡大することをめざすものであった［Barnes and Jones 2009:115; Child 2009a:132］。つまり、「伝統的なコミュニティ」を念頭に置いて共同体的な地域の活動を活用することを意図していたCBCとは、前提となる人間関係や野生動物の利用方法の点で大きく違っていた。

　CBNRMの枠組みは、チャイルドが編者を務めて二〇〇四年に出版した『転換期にある公園——生物多様性、地域開発、最終結果』［Child ed. 2004］のなかで示されている。CBNRMの目的は、政府から土地所有者へと権限を移譲すること、地域主体の野生動物の所有体系を確立することであり、その核となるのが「価格—所有権—補完性パラダイム」（price-proprietorship-subsidiarity paradigm）である。それは、高い市場価格が認められる野生動物の所有権を個人へと移譲し、政府

写真1-4　クルーガー国立公園の周囲に広がる大規模プランテーション（2013年2月）.

の介入は必要最小限にとどめ、個人が自由に所有権を行使することを保障することによってこそ野生動物の持続的な管理が達成されるという考えである［Child 2004:235; Jones and Murphree 2004:64–67］。

この「価格―所有権―補完性パラダイム」は、先に挙げた二カ国の保全政策に共通する、持続的な利用、経済的な道具主義、権限移譲、集合的所有権の四つの考えにもとづく［Jones and Murphree 2004:64］。このなかでも、CBNRMの特徴を端的に表していると思われるのが経済的な道具主義の考えである。つまり、野生動物の生み出す経済的な利益が農耕や牧畜などよりも小さいならば、土地所有者が野生動物保全を放棄して違う土地利用を選んだとしても批判されるべきではないという［Jones and Murphree 2004:63］（**写真1―4**）。なお、CBNRMは人びとのニーズの充足を目的とし、保全をそのための手段と位置づけているが［Jones and Murphree 2004:63］、野生動物の利用法としておもに想定されているのは、スポーツ・ハンティング(スポーツないし娯楽、レクリエーションとしての狩猟)やトロフィー(スポーツ・ハンティングの成果となるような野生動物の体の一部)の交易など、市場を介した消費的な利用であって、いわゆる「伝統的」な利用法ではない(7)。

国立公園制度の批判に主眼が置かれていた『転換期にある公園』の五年後に刊行された『野生動物保全の進化と革新――公園とゲーム・ランチから国境を越えた保全地域へ』[Suich et al. eds. 2009]では、政府主導・私有地上・コミュニティ主体の三つの保全アプローチについて、南部アフリカ各国の歴史的な経験も踏まえた議論が展開されている。その最終章では三つの概念モデルが提示されているのだが、ここでは三つ目の「所在が定まらない野生動物を管理するための諸制度」を紹介したい(8)[Child 2009c:429–432]。それはCBNRMの延長線上に位置づけられる個人―集団―国の三層から構成される環境ガヴァナンスのモデルである。第一層である個人(土地所有者)には、他人から束縛されることなく自由に野生動物を所有し利用する「排除の権利」(rights of exclusion)を移譲することが求められる。そして、移動性の高い野生動物のモニタリングや、広範囲にわたる生息地の管理を効率的に行うため、土地の私的所有者が集まってコンサーバンシー(民間保護区)や土地所有者フォーラムのような組織を設立することが第二層の集団のレベルで想定されている。第三層の国については、個人や集団のあいだの紛争を調停し、集団による野生動物保全が失敗した場合は積極的に事態に介入する役割が与えられている。ここで新自由主義の特徴が強く出ている点として、野生動物にたいする権限を個人に移譲することが重層的な環境ガヴァナンスの出発点に置かれていることがある。つまり、集団や国が何かしらの働きをするとして、それは個人から権限の移譲や任務の委託を受けなければレジティマシー（正統性／正当性）は認められないことになっていた［Child 2009c：432］。

こうしたCBNRMの何よりの特徴が、新自由主義の論理を徹底している点にあることは明らかだろう。CBNRMは市場をつうじて得られる利益をたんに重視しているわけではなく、「見えざる手」が働く自由市場・自由競争のもとでこそ「適者生存」が進み、野生動物保全の革新が進むと考えてさえいた［Child 2004：249；Child 2009c：427］。

◎新パラダイムからの新展開①——熟議をつうじた価値観のすり合わせ

野生動物保全の新パラダイムとして参照されるおもなものとしては、これまでに取り上げてきたICDPs、CBC、CC、CBNRMで充分に思われる。ただし、「コミュニティ主体」のアプローチが野生動物にかぎらず生物多様性の保全全般でめざされるようになるなかでは、野生動物保全を念頭に置いてはいないものの参考になる議論も展開されている。その例として、この項ではローカル・コモンズ研究における熟議をめぐる議論を、次の項ではポリティカル・エコロジー論の立場からの新自由主義批判を説明する。

新パラダイムを特徴づける言葉として「コミュニティ主体」というものがある。CBCは地域社会と国などの外部者の協力が必要であると考えていたし、CCやCBNRMも地域社会・住民

写真1-5　第6章で取り上げる集会の様子.
この場には地域内外からさまざまな人びとが集まった.

への権限移譲を進めるいっぽうで、複数の土地所有者や政府、企業とのあいだで合意や契約を結ぶことを想定していた。ただし、それでは多数の利害関係者のあいだで対話を行い合意形成や協働を図っていくとして、実際にどういった点に注意して話し合いを進めていけばよいのかまでは、くわしく議論されてこなかった（**写真1-5**）。それにたいして、ローカル・コモンズ研究では、そうした状況で合意形成を実現するさいの手法として熟議（deliberation, 討議とも訳される）が注目されてきた[9]［Berkes 2007; Brown 2003; Folke et al. 2005; McCay 2002＝2012; Stern et al. 2002＝2012］。熟議は環境ガヴァナンスの議論においても（評価が一様ではないとはいえ）注目されているが［舩橋 2011; 池田ほか編 2012; 井上 2009; 宮内 2013］、ここでは野生動物保全の新パラダイムを参照した議論を取り上げたい。

まず、カトリーナ・ブラウンは二〇〇三年の論考「真に人間中心的な保全のための三つの挑戦」［Brown 2003］において、ＩＣＤＰｓやＣＢＣなどの「人間中心のアプローチ」（people-centred approaches）が保全と開発の両面でさらなる成功をおさめるためには、三つの段階的・革新的な変化が必要であると述べている。つまり、自然にたいしていくつもの異なる理解や意味づけ、価値観が人間社会には存在することを認め、そのうえで、利害関係者のあいだに見られる複数の価値観や知識、利害関心のすべてを公平かつ公正に勘案するやり方を考える、そして、複雑系[10]である生態系を管理しながら多様な利害関係者の価値観や利害関心を調整するための柔軟で順応的な制度をつくり出すのである[Brown 2003:90-91]。この三番目の点で、さまざまな側面で違いを抱える利害関係者のあいだで合意形成を実現するために提示されるのが、「熟議的で包括的なプロセス」(deliberative inclusionary process)である。

ブラウンは、熟議を「注意深い考慮または議論」と定義し、「熟議的で包括的なプロセス」を多くの利害関係者が集まって熟議を行うことと説明している[Brown 2003:90]。そのプロセスのなかでは、他人の意見を尊重しながら熟議(話し合いと熟考)を重ねることで自分の価値観を反省し、他人とのあいだに存在する根本的な認識のずれを解消する方向で自らの意見や考えを変えていくことが、実効的な合意形成のために必要と考えられている。

いっぽう、フィクレット・ベルケスは、二〇〇七年の論考「グローバル化する世界におけるコミュニティ主体の保全」[Berkes 2007]のなかで、CBCの議論がローカルな地域社会にばかり注目していて、利害関係者がローカルからグローバルなスケールまで重層的に存在するとき、それらのあいだに保全対象についての見方や保全の目的、利害関心などについて認識のずれがあることを見落としていると批判している。そこでベルケスが提起するのが、「広範で複数的なアプローチ」(a broad pluralistic approach)である[Berkes 2007:15188–15189]。それは利害関係者のあいだでさまざまな情報を交換し、対話と思考を重ねるなかで協力関係を築き上げようとするアプローチであり、そうした行為の基盤に熟議が置かれている。ベルケスは熟議をさまざまな立場の人間が参加して行う集団的なコミュニケーションのプロセスと定義しており、意見が交換されるなかで各自の意見が再考され、そのうえでたがいの説得が試みられると説明している。ベルケスが熟議を必要と考えるのは、重層的な利害関係者のあいだで協力関係が築かれないかぎり保全が成功をおさめることは困難であり、そのためには目的意識のような根本的なレベルにまで掘り下げたコミュニケーションが必要であると考えているからである[Berkes 2007:15192]。

こうした議論と比較すると、これまで新パラダイムの議論でいわれていた利害関係者間のずれが、おもには経済的・物質的なレベルにとどまっていたことがわかる。もちろん、経済的・物質的な利害関心が重要なことは事実である。しかしそれ以外に、価値観や世界観といった根本的な次元で意見のずれが存在することを前提として、そうしたずれを解消するための対話が必要であるとする点で熟議をめぐる議論は示唆に富む(11)。

◎新パラダイムからの新展開②——拡大する新自由主義への批判

野生動物保全の文脈において、自由市場や資本主義が保全に貢献するのかどうかは以前から議論となってきた。しかし、二〇〇〇年代半ば以降、アフリカの野生動物保全も含めた近年の「新自由主義的な保全」(neoliberal conservation)にたいする批判が、ポリティカル・エコロジー論の立場からあらためて展開されるようになった。[12] それはCBNRMのような「コミュニティ主体」のアプローチを念頭に置いているわけではないが、ナショナル、グローバルな主体の働きも含めて、新パラダイムの議論では注目されてこなかったいくつもの論点を提示していることからも重要に思われる。

そうした新自由主義批判の嚆矢としてまず取り上げたいのは、二〇〇七年の『コンサベーション・アンド・ソサイエティ』(*Conservation and Society*)誌における特集「新自由主義的な保全」である。ここではイゴーとダン・ブロッキントンによる序論「新自由主義的な保全――手短な序論」[Igoe and Brockington 2007]をもとに、特集全体の論点を確認する。その冒頭、イゴーとブロッキントンは、グローバルな新自由主義を「自由市場を広めるために世界をつくり変えようとする行為」と定義する。[13] そして、現在では保全とビジネスの結合が珍しくないことを指摘したうえで、世界的に保護区の数が増えている事実を述べる。ただし、そこでイゴーとブロッキントンがいうのは、原生自然保護主義の復興といったことではなく、新自由主義による世界の「領土化」(territorialisation)[Vandergeest and Peluso 1995]の進行である[Igoe and Brockington 2007: 436–437](写真1–6)。

新自由主義の特徴的な政策として規制緩和がある。それまで国家が独占してきた保護区の管理が地域社会や民間企業に開放される(ことで数が増加する)ようになった最近の状況を、イゴーとブロッキントンは保全の領域における新自由主義的な規制緩和とみなす[Igoe and Brockington 2007:

写真1–6　セレンゲティ国立公園の近くに建てられた高級ロッジ．

436–437]。そうした規制緩和によって新自由主義の「領土」が拡大していると彼らが主張するのは、その結果として新しい保護区が設立されるとき、新自由主義にもとづいて行動するインターナショナル、グローバルな主体がそこで野生動物を利用した経済活動を行っては利益を得ていることが珍しくなく、結局のところ民間保護区の増加は、国家の統制から自由なかたちでグローバルな資本が流入し、経済活動を展開する領域が拡大していくことを意味していると考えるからである[Brockington et al. 2008]。

　また、特集に含まれている個別の事例研究によって、新たに保護区がつくられる過程で住民の土地や資源、生計手段が奪われたり、「コミュニティ主体」を掲げながらも市場経済活動に適合的でない在来の知識や住民の意欲が無視されたりしていること、あるいは、観光開発などの経済活動の恩恵が一部の住民にしか届いていないことが示されている[Igoe and Brockington 2007: 442–445]。国家による規制緩和は、それによって「領土」を拡大している新自由主義にとってはたしかに規制緩和である。ところが、地域社会の側からすれば、それはむしろ規制の強化ないし再規制(reregulation)ということになる[Igoe and Brockington

2007:437]。特集全体の結論では、新自由主義的な保全が住民や環境に正の影響をもたらす可能性があることを認めつつも、それは新自由主義の直接の意図とはかぎらず、そのもとで自動的に住民や環境に便益がもたらされるわけではないことがいわれている[14]。

二〇一二年のブラム・ビュシャーたちの論文「新自由主義的な生物多様性保全の統合的な批評に向けて」では、生物多様性保全と新自由主義の関係を議論したそれまでの議論を統合することがめざされている[Büscher et al. 2012]。ビュシャーたちは、新自由主義的な保全を、「自然は資本に服従し、資本主義者の言葉によって再評価されることによってのみ『救われる』という前提にもとづいて形成されたイデオロギーと技術の結合」と定義している[Büscher et al. 2012:4]。そして、資本主義が生態系の危機を招く理由として、生態系に交換価値を付与して市場で売買することができる商品へと変換するときに系（システム）としての構成要素のあいだの結びつきが破壊されること、また、資本が価値を生み出すためには循環しつづけないといけないため、新しい市場を開拓しつづけようとすることで生態系の限界を超えてしまうことを挙げている[Büscher et al. 2012:7–8]。

まえに紹介したイゴーとブロッキントンの論文のなかに、「新自由主義の言説としてよくいわれることとして、世界は誰もが自分の取り分を手に入れられるまで大きくなりつづけるパイである」[Igoe and Brockington 2007:434]という文章がある。これは、新自由主義に従って行動すれば、あたかも無限に経済成長が実現するかのような楽観的な拡大主義への批判である。いっぽう、ビュシャーたちがその論文で強調しているのは、そうした拡大路線は新自由主義が存続していくための必須条件であり［Büscher et al. 2012:7］、パイが実際に大きくなっていなくても大きくなったかのように人びとに信じさせないといけないという問題があることである。それをビュシャーたちは「領有と偽りの表象」（appropriation and misrepresentation）の問題と呼んでいる［Büscher et al. 2012:16–21］。つまり、新自由主義がつねに資本の循環と市場の拡大を求めているとき、それがグローバルに新たな資本を集めるためには、経済成長と環境保全の両面で成功していることを資本家・出資者に示さないといけない。そのために、地域社会がこうむっている不利益や現場で生じている問題を切り捨て、現場から遠く離れて暮らす人びとの興味関心や価値観に即したイメージやストーリー、すなわち「オリジナルでない自然」（derivative nature）［Büscher 2010］や「自然の驚異」（spectacle of nature）［Igoe 2010］がつくり出されている事実を指している。

こうした新自由主義的な保全への批判は、これまでのところ代替的なアプローチを体系的に示せているとはいいがたい。また、あくまでローカルな土地所有者個人への権限移譲と自由市場における経済的な利益の獲得を議論しているCBNRMとは対照的に、そこで批判の対象となるのは政府や国際援助機関、グローバルNGOのようなアクターであって、議論のスケールもスコープも大きく違っている。とはいえ、こうした議論からは、野生動物保全の権限移譲が進むことでグローバル新自由主義を体現するアクターの影響力が強まり、地域社会にさらなる規制や抑圧がもたらされる可能性があること、そして、そうした問題が当の新自由主義によって隠蔽されかねないことがわかる。

小　括

ここまでに見てきた議論を整理しておきたい。まず、野生動物保全の旧パラダイムとは、原生自然保護主義にもとづくアプローチであり、「自然の破壊者」である住民から土地や資源、権利を「強制的で威圧的」に強奪し、野生動物を「要塞」のなかで人間社会から隔離して保存しようとしていた。そうして「生命中心的」な保全が進められるなかでは、住民に「保全の費用」を押しつけているという意識は持たれていなかった。

そうした旧パラダイムへの批判として、一九九〇年代にICDPsとCBCが提案された。どちらも住民参加と地域開発を野生動物保全のなかにとりいれようとした点で共通する。ただし、ICDPsは原生自然保護主義にもとづいており、地域社会への補償が提案されてはいても、住民が資源を利用することも管理することも認めず、「要塞」からの排除は強化される方向にあった。それとは対照的に、CBCでは地域社会こそが保全の中心的な担い手（となり得る存在）と考えられていた。そして、人びとの保全をめぐる意思決定や便益への参加がめざされるのも、それによって住民が保全に向けた意志や能力を発揮するためであった。こうした地域社会にたいする肯定的な理解があったからこそ、CBCでは目標とされる保全の内容が人間と野生動物の分断から共存へと転換していたことになる。

しかし、新パラダイムが普及するなかでは、それが現実には失敗しているとして批判されるようになった。とくに一九九〇年代後半には、原生自然保護主義者から強い批判が出されるようになった。それにたいする再反論も見られたが、そうした議論のなかで問われてきた点として、「強制的で威圧的」な姿勢を認めないにしても、「要塞」のなかで人間社会から隔離して野生動物を保全するアプローチが認められるべきではないのかというものがあった。

二一世紀に入って提示されたCCは、そうした新パラダイム批判も踏まえて、「生命中心的」な保存と「人間中心的」な管理の両方を広く認めていた。CCは住民参加や権限移譲を重視してはいたが、野生動物保全における普遍的な目標や方法を定めることはせず、各事例に応じて目的や手段を検討することを想定していた。そのいっぽうで、絶対的な指針とまではなっていないが、新自由主義を明確に支持した点でCCはそれ以前のアプローチとは異なり、その結果として分断か共存かといった住民と野生動物のかかわりを問う視点は失われることになった。

その後、あらためて議論が興隆してきた概念としてCBNRMがあった。それは新自由主義を徹底した理論であり、野生動物は住民に私的所有される財、自由市場で売買される商品、あるいは、経済性が低ければほかの土地利用に転換される生計手段として位置づけられていた。そのために個人の土地の私的所有権を保障することが何よりも重視されるが、そこにおいては、もはや分断／共存という論点だけでなく、住民が「自然の破壊者」であるのか「保全の主体」であるのかという点も問われなくなっており、あくまで野生動物が人間（土地所有者）にとってほかの選択肢以上の経済的な利益を提供できるかどうかが問題とされるようになっていた。

こうした「コミュニティ主体」の野生動物保全の議論ののち、グローバルな環境保全をめぐって最近に盛んになっている二つの議論を取り上げて説明もした。一つ目はローカル・コモンズ研究における熟議への注目である。それは今日の環境保全を取り巻く利害関係者がローカルからグローバルなスケールにまたがって重層的であることを前提としている。そうした人びとのあいだで協力関係を築くためには保全の対象となる自然や環境をめぐる根本的な価値観や世界観をたがいにすり合わせていく必要があるとして、熟議というアプローチが注目されてきた。また、二つ目に取り上げたポリティカル・エコロジー論からの新自由主義批判としては、現実に国家が環境保全への統制を弱めたとして、そこで新自由主義の活動が拡大することで地域社会に新たな規制がかけられたり不利益が生じたりしかねないこと、そして、さらなる資本の獲得と循環のために保全の現場が捻じ曲げられて表象される危険性があることが指摘されてきた。

2 地域社会が主体となる条件

第1節で見たように、野生動物保全の新パラダイムといっても、それが意味する内容は一言でまとめられるようなものではない。そうしたとき、この本の舞台であるケニアではCBCという名称が一般的である。とはいえ、第3章以降で見る現実のプロジェクトが、『自然なつながり』でいわれているCBCとまったく同じものであるとはかぎらないし、「CBCをどういう視点から分析するべきなのか?」という問いにたいして、『自然なつながり』の議論だけで充分な答えが用意できるわけでもない。前節で見たいくつもの概念のあいだには、さまざまな見解の相違がある。それでも、これまでに蓄積されてきた事例研究も踏まえると、地域社会が保全活動の主体となるためにとくに重要とされたり議論の対象となってきたりした項目として、便益、権利、対話の三つが挙げられる。どのような点でこれら三つが重要なのかを以下では説明したい。

◎参加の大前提としての便益

CBCにおいては、住民が活動に参加し、野生動物が生み出す便益を享受することで保全に協力的になると考えられていた。そのさい、ある保全活動がCBCとして認められるうえで重要なのは実際に便益が還元されることであって、住民が当初から活動に参加していることではなかった[Western and Wright 1994:7]。この点で、CBCは便益を第一に重要視していたことになる。そして、CBCの実証研究として多く検討されてきたのも、プロジェクトをつうじて地域社会が何らかの具体的な便益を享受するようになったとき、それにともなって野生動物保全にたいする態度が肯定的なものへと変化するのか、そうした変化の有無や差異は何が原因で生じているのかという点であった。

そうした一連の先行研究は態度研究(attitudinal studies)と呼ばれ、それが対象とする取り組みは

「便益基盤のアプローチ」(benefit-based approaches)にもとづくといわれてきた[Kideghesho et al. 2007:2214]。そこでいう「便益基盤のアプローチ」とは、「保全から目に見えて実体的な便益を得ることは、地域住民が〔それまでの敵対的な〕態度をあらためて、保全に向けた〔外部者の〕奮闘を支持したり保全の目標に適した振る舞いを自らとるようになったりするための動機として、本質的に必要な要因である」という考えにもとづくアプローチを、態度研究とは、この想定が正しいのかどうかを検討する研究ということになる[Kideghesho et al. 2007:2214]。

これまでの態度研究の結果としては、例えば、野生動物の被害が便益を打ち消すほどに大きかったために住民の態度が好転しなかった事例や[Adams and Infield 2003; Archabald and Naughton-Treves 2001; Holmes 2003; Gadd 2005; Gillingham and Lee 1999]、便益が住民に届いたけれども彼ら彼女らを満足させるほどのものでなかったので効果が見られなかった事例[Gibson and Marks 1995]、便益が地域社会に提供される理由を住民が理解していなかったために否定的な影響がおよんだ事例[Holmes 2003; Infield and Namara 2001]、あるいは、地域社会のなかで便益の分配が不平等・不公正だったために軋轢が生じた事例など[Gadd 2005; Holmes 2003]、便益が保全にとってプラスに働かない事情が数多く報告されてきた(15)。とはいえ、経済的な便益を還元したことで保全への肯定的な態度が現れた事例も報告されており[Adams and Infield 2003; Holmes 2003; Gillingham and Lee 1999]、「便益基盤のアプローチ」の想定は妥当なものと考えられてもきた(16)[Kideghesho et al. 2007:2227]。

なお、CBNRMは外部支援者が一方的に地域社会や住民に経済的利益を提供することを否定してきた［Child 2009c：432–433；Jones and Murphree 2004：65］。なぜなら、権限を移譲された個人が市場で自由な取引をすることによってこそ、より効率的に利益が獲得されると考えるからである。したがって、方法は違っても、「コミュニティ主体」の保全活動が成立するためには野生動物が住民にたいして目に見える便益を提供しなければいけないと考えていた点で、CBNRMとCBCは共通していたことになる。また、CCの場合も野生動物が経済的な価値を持つかどうかが住民にとって大きな関心事であるといわれており［Barrow and Murphree 2001：29］、新パラダイムで一般的に、経済的な便益の獲得が「コミュニティ主体」の活動の基本的な条件と考えられてきたといってかまわないだろう。

便益によって住民の態度がいかに変わるのかという点について、態度研究はいくつもの重要な知見を提供している。しかし、その大半が定量的な調査であるとき、そこにはいくつかの限界も見られる。第一に、態度研究の多くでは、人びとが調査時に示す態度と普段の行動が一致しているのかどうかまで確認されていない。この点を指摘したクリストファー・ホームズは、タンザニア西部を事例として、国立公園がもたらす便益によって周辺住民の国立公園内における（慣習的であると同時に違法な）資源利用にどのような変化があったのかを検討している［Holmes 2003］。しかし、そこでホームズが事例としているのは「保護区アウトリーチ」の事例であり、CBCやCBNRM、あるいは「協働管理」でいわれるような地域社会の主体的な取り組みの可能性までは検討できていない。

また、第二の問題として、住民が賛否を示す野生動物保全の具体的な中身がくわしく調査されてきたわけではなく、研究者や外部者の意図を住民がどこまで正確に理解して答えているのか疑問が残る場合も多い。真崎克彦によれば、開発援助の現場では言語が本来的に持つ多義的で曖昧な性格(=「言語の自由」)によって、支援者と被支援者のあいだで認識のずれが生じることは避けがたく、そうしたミス・コミュニケーションが生じることを前提にプロジェクトを運営することが必要であるという[真崎 2010:103–108]。また、佐藤峰も、援助の専門家や実務家が当たり前のように使う「開発のことば」と被援助者が日常生活のなかで慣れ親しんできた「人々のことば」とのあいだには、容易にずれが生じることを指摘している[佐藤 2011]。

こうした指摘の実例として、タンザニアのマサイ社会で調査をしているマラ・ゴールドマンは、国立公園当局がCBCの意味で「保全」という言葉を使ったところ、住民がそれを「野生動物だけの保存」(すなわち「要塞型保全」)の意味で理解していた事実を報告している[Goldman 2003:852]。それはつまり、現在でも野生動物保全は旧パラダイムにのっとって行われているものと考えている住民と、政策として採用された新パラダイムについて充分な説明をせずに話を進める政府職員とのあいだで生じたミス・コミュニケーションの事例といえる。今日、野生動物保全としてめざされる内容がいかに多様で、人によって意味する中身がどれほど違うかはすでに説明したとおりである。そうした状況では、外部者の意図が住民に伝わっているのかどうかも含めて、住民が賛成／反対する保全の意味をきちんと確認しておくことが大切になってくる。

このように、野生動物保全の新パラダイムにおいて共通して重要とみなされてきた便益であるが、それが地域社会に提供されることの影響を検討するうえでは、便益それ自体の質や量を計るだけでなく、以下に挙げる点についても考えることが必要と考えられる。(17)

・受益後の態度……便益を受け取った住民が保全についてどのような態度を示すのか？
・受益後の行動……便益を受け取った住民が保全に関連してどんな行動をとるのか？
・保全の意味……住民が賛成または反対する野生動物保全の具体的な意味は何なのか？

◎便益よりも権利が優先されるべき？

便益を獲得することが主体的な保全活動の大前提であるとして、どのように地域社会が便益を獲得すべきかという点をめぐっては、新パラダイムのなかでも意見は大きく対立してきた。ICDPsやCBCの立場からすれば、取り組みが地域社会のそとから持ち込まれたもので住民がイニシアティブを取らなかったとしても、最終的に地域社会に便益がもたらされて住民が具体的な努力を示したならば成功といえる。けれども、そこで私的権利の保障や権限の移譲が見られず、経済的な利益も市場をとおさずに援助として提供されていて、その結果として住民が保全を肯定しているとしたら、それはCBNRMの立場からは評価されないことになる。このように、ICDPsやCBC(および「保護区アウトリーチ」)が外発的で他律的な便益の提供を念頭に置くのにたいして、CBNRMにとっては自律的な便益の獲得が目標であり、そのための条件として「排除の権利」の保障や補完性の原則にもとづく権限の移譲が主張されていた[18]。

ここで、「便益基盤のアプローチ」とも称されるCBCにたいして、CBNRMが「権利基盤のアプローチ」と名乗っていたことからも、それが権利を重要視していたことがわかる。CBNRMの成果としては、野生動物の私的所有権が保障された南部アフリカ各国でいかに保護区の設置数や野生動物の個体数が増え、それにともなって金銭収入がどれほど増えたかが示されてきた[Child ed. 2004; Suich et al. eds. 2009]。そうして保護区や個体数、観光収入が増えたとしても、それが地域社会の発展や生計の向上に結びついているとはかぎらないことが新自由主義を批判するなかでいわれてきた。とはいえ、CBNRMが最重要視する私的所有権の問題を、この本で直接に検討することはできない。なぜなら、本書が対象とするケニアでは、野生動物はすべて政府の所有物であり、住民が私的に所有することはできないうえに、野生動物の消費的利用が禁止されていて、CBNRMが念頭に置く野生動物の利用法が認められないからである[19]。

ただし、それでは権利を見なくてよいのかというとそうではない。たとえ野生動物を直接に所有できていないとしても、それが生息する土地の所有権を誰が持っているのかは保全を考えるうえで重要だからである[Barrow and Murphree 2001:30–31]。第2章で説明するように、本書が対象とするケニアのマサイ社会ではもともと土地を所有するという概念はなかった。それが、植民地統治と独立後の近代化政策のなかで集合的に領有してきたテリトリーは集合的に所有する共有地へと細分化され、それはさらに私有地へと分割されてきた。そうして土地の所有権が変化するなかでは、従来であれば野生動物も自由に利用できていた放牧地が農耕や商業のために開発されたり囲い込まれたりすることで、野生動物の生息地が破壊・分断されることが懸念されてきた［Lamprey and Reid 2004; Okello 2005; Seno and Shaw 2002; Woodhouse 2003］。

そのいっぽうで、土地の私的所有権を獲得したエリートや起業家精神に富む一部の住民が、私有地で観光開発を進めて経済的な利益を上げる事例もある［Thompson and Homewood 2002］。そうした開発は地域社会のなかの貧富の格差を拡大させる危険性を持っているが、土地所有権が変わることで地域社会のなかから新しい取り組みが生まれる可能性があることをその事例は示してもいる。あるいは、マサイも含めていくつもの民族が居住しているタンザニア北部では、土地所有権を盾に訴訟を起こして、敵対的な観光会社を村の土地から排除しようとする試みが広まっているという［岩井 2008］。そうした事例からは、たとえ権利のあり方は変わらなくても、権利についての意識や理解が変わることで外部者の侵入にたいして地域社会が新たな試みを起こすようになる事実が示されている。

なお、本章の第1節で見たように、最近では外部者が採用するアプローチがより新自由主義的なものになっているわけであるが、各国で実際にどの程度に新自由主義的な政策が採られているのかはケース・バイ・ケースである［Nelson and Agrawal 2008］。また、ここで見たように地域社会が何かしらの変化や対応を示すなかでは、外部者が想定するそのままに新自由主義的な保全が実践されるともかぎらない点に注意する必要がある。

ところで、便益と権利の優先順序をめぐって意見が対立するCBCとCBNRMであるが、どちらも権利を得た人間が野生動物を積極的に利用するように想定している点で共通している。たしかに、CBNRMは経済的な道具主義ということで、野生動物保全ではなく農耕や牧畜が選択される可能性を認めていた。しかし、新自由主義者が現在のケニアを住民の権利(私的所有権ならびに消費的利用の権利)が幾重にも制限されている規制的な国家として非難するとき、それは逆にいえば、ケニアであっても規制緩和が進むことでCBNRMのもとで今以上の成果があげられることを想定していることになる。とはいうものの、マサイ社会で土地の私的所有権が広まることで、保全に反する土地利用が選択されるのではないかと危惧されてきたのも事実である。この点で、野生動物を利用する権利を持ったとして人びとが保全や利用を志向するようになるのかを、地域でどのような生計や開発が可能であるのかを踏まえて検討することが必要になってくる。わたしが調査地とするのは、今まさに共有地の私的分割が進行している土地である。そこにおいてこれから野生動物保全がどのように進んでいくのかを考えるうえでも、農耕や牧畜のような生業に加えて野生動物にかかわる生計(とくには観光業)が住民にどのように評価されているのかを調べたいと思う。

まとめると、本書では野生動物が生息する土地の所有形態が共有から私有へと転換するなかで野生動物保全をめぐる住民の言動にどのような変化が生じるのかを、以下の点に着目しながら検討していきたいと思う。

・保全アプローチの変化……土地所有権が変化することで保全のアプローチにどのような変化が生じているのか？
・住民の態度……土地の私的所有者となることで住民の保全にたいする態度にどのような変化が生じているのか？
・住民の生計……住民は観光業を含めた複数の生計活動をどのように評価しているのか？

◎話し合いをつうじた合意形成の可能性

最近の環境ガヴァナンスの議論で熟議というアイデアが参照される理由としては、多様なアクターが保全にかかわるとき、そうした人びとのあいだに存在する価値観や世界観といった根本的な認識のずれを無視しては、協力関係も築けないし問題解決も難しいという考えがあることを先に見た。ただ、野生動物保全の先行研究のなかで、話し合いの具体的な様子を観察して、さまざまな人や組織のあいだで合意形成を促したり阻んだりする要因を検討するということはされてこなかった。ここでは、熟議というアイデアの出所である熟議民主主義の議論の要点を確認したうえで、環境保全の現場における対話や合意形成のプロセスを分析した環境社会学の「公論形成の場」(arena of public discourse)の議論と、参加型開発の現場で意思決定・合意形成が行われる空間を分析した「参加の空間」(space for participation)の議論を参照することから、この本で利害関係者のあいだの対話を分析するときの視点を固めていきたい。

そもそも熟議民主主義(deliberative democracy)とは、投票と多数決を中心とする民主主義の議論や私的利益の実現をめざす個人という想定のうえに積み重ねられてきた主流派政治学へのアンチ・テーゼとして、一九九〇年代以降に議論が盛り上がってきたものである。それは例えば、「単なる多数決でものごとを決めるのでなく、相互の誠実な対話をつうじて、異なる立場の人々の間に合理的な一致点を探っていこう」[山田 2010:28]とするアプローチ、あるいは、「政治的空間において競われるべきは利益というよりも理由であり、利害や価値観を異にする人々がともに受容しうるような理由(公共的理由)を探求し、その理由によって政治的な意思決定を正統化していくことがデモクラシーのあるべき姿である」[齋藤 2010:15]という立場を表している。

熟議民主主義の考えでは、まず、「きちんと『聴いている』」こと、つまり、「相手の言いなりになる」のではなくて「相手に耳を傾ける」ことが大切とされる[山田 2010:36–37]。また、「他者の意見に納得したならば、自分の意見を変えていくこと」[田村 2010b:7]、すなわち「選好の変容」[田村 2008:34]がとくに重要な点とされてきた[20][篠原 2004:158; 田村 2008:92–108; 山田 2010:27]。あるいは、そうして自らの意見や選好を人びとが反省し変容させていくことをつうじて、問題を取り巻く状況が変化していくことが期待されてもいる[21][田村 2010a:167]。こうした熟議民主主義の理論にたいしては、それがあまりに理性に重きを置きすぎているという批判も含め、支持する論者のあいだでも意見の相違がある[cf. 田村 2008]。ただ、アフリカの野生動物保全の現場でどのように対話をつうじた合意形成が行われているのか(いないのか)を明らかにすることが本書の関心であり、これまでにいわれてきた熟議(民主主義)の抽象的な理論や現実の取り組みの是非をこれ以上に論じることはこの研究の趣旨からは外れている。そうした立場から参考にしたいのが、環境社会学における「公論形成の場」の議論である。

舩橋晴俊は、「環境問題への社会学的視座——『社会的ジレンマ論』と『社会制御システム論』」[舩橋 1995]のなかで、「公論形成」を「ある問題に関与する諸主体が、共通の情報に基づいて意見交換をし、問題の性格についての事実認識を深め、さまざまな解決策の優劣を検討し、価値基準や解決原則についての社会的合意の程度を高めることであり、とりわけ公共の利益についての合意を形成すること」と定義している。そして、そのための場(=「公論形成の場」)をいかに設立するかが環境問題の解決に向けて重要だとしており[舩橋 1995:12]、最近の著作のなかでは「公論形成の場」を豊富化するためには熟議民主主義の考えが大切だと述べてもいる[舩橋 2011:251]。

「公論形成の場」についての先行研究としては、まず、行政のパターナリスティックな態度が原因で建設的な対話が行われず、住民の感情や経験が蔑ろにされる問題であったり[足立 2001; 土屋 2004]、そこに集まる人びとのあいだで問題をめぐる認識(=「状況の定義」)がずれているために対話が困難な状況であったりが指摘されてきた[脇田 2001]。また、合意形成が進むうえで住民が自分の生活にもとづいて語ることが有効な場合や[平川 2004]、具体的な合意が形成されなくても実践的な活動や対話の継続が担保される状況が報告されてもきた(22)〔黒田 2007; 武中 2008〕。そうした議論を踏まえて脇田健一が指摘することとして、多様な主体がかかわる「公論形成の場」では、「特定の〔状況の〕定義が巧妙に排除ないしは隠蔽され、あるいは特定の定義に従属ないしは支配されることにより抑圧されてしまう」ということがある〔脇田 2009:11–12〕。あるいは、池田寛二は環境正義を論じるなかで、「正当化をめぐる対立や紛糾の中からしか浮かび上がってこない」論点が存在すると述べている〔池田 2005:7〕。こうした先行研究から確認できるのは、人びとが何を問題としていてどのような意見を持っているのかといったことを個別に聞いて分析することとは別に、対話の現場を見ることから、どのように実際の話し合いが進められていて何が争点となっているのかを検討することが不可欠ということである。

ただし、「公論形成の場」の議論は日本における住民と行政・専門家とのあいだの対話をおもには分析している。いっぽう、開発学における「参加の空間」の議論は、開発途上国で取り組まれる開発援助・国際協力のプロジェクトにかんして援助者と被援助者とのあいだで行われる対話や合意形成を念頭に置いている。

ジョン・ガヴェンタは、サセックス大学開発研究所の著作を参照して、「参加の空間」をそこに働く権力作用にもとづき、「閉じられた空間」(closed spaces)、「招かれた空間」(invited spaces)、「請求された／設けられた空間」(claimed/created spaces)の三つに分けている〔Gaventa 2004＝2008:63–64〕。ここで、「閉じられた空間」とは、外部には非公開なかたちで特定の参加者のあいだで内密に意思決定が行われる空間を意味する。また、「招かれた空間」は、政府や国際機関、NGOなど外部支援者・プロジェクト実施者によって、その対象となる特定の人びととのあいだで情報提供や対話をするために設置される空間である。そして、「請求された／設けられた空間」とは、「弱者が強者に対して請求・対抗しようとして設けられる空間、あるいは弱者自身が独自に創設する空間」のことである。

この本で「参加の空間」をめぐる議論を参考にしようと思うのは、それによって「公論形成の場」のような対話の場面にどのような権力が働いているのかを整理することができるからである。(23) また、参加型開発をめぐって創設される「参加の空間」は、人びとの日常生活・社会関係が営まれるいくつもの空間の一つにすぎず、それ以外の空間も含めた関係性や行為性に注意する必要があること［Cornwall 2004＝2008：100–106；Gaventa 2004＝2008：64–65］、そうした複数の空間における権力の問題を考察するうえでは、人びとの代表＝表象（representation）をめぐるレジティマシーとアイデンティティに着目することが重要であるという指摘も［Gaventa 2004＝2008：69］、具体的な分析を進めていくなかで参考にしたいと思う点である。

例えば、日本の農山村を事例として鈴木克哉は、地域社会において日常的に会話をするなかで獣害の経験や認識が共有されると、実際に被害を受けていない住民であっても外部者にたいして自らが被害者であるかのように発言し批判をぶつけることがあることを報告している［鈴木 2008］。鈴木の議論の主題は「被害認識」であって、「公論形成の場」や「参加の空間」ではない。とはいうもものの、その議論からは、外部者がさまざまにかかわる野生動物保全の現場では対話が行われる相手によって人びとの態度や自己表象が変わってくることがわかる。また、服部志帆はカメルーンの参加型森林管理の現場で、政府によって設けられた集会の場に参加した狩猟採集民バカ・ピグミーが行政官や焼畑農耕民コナベンベをまえに普段の陽気さを失い、「うつろな眼差し」で無言にたたずむ姿を描写している[服部 2010:179]。そこに潜む問題を理解するためには、それが「招かれた空間」であることを理解するだけでなく、普段の生活空間におけるバカ・ピグミーどうしの陽気な様子とそれとは異なるコナベンベへの態度を知っておく必要があるだろう。

便益や権利に比べると、対話にかんする議論は野生動物保全の新パラダイムのなかで蓄積が乏しい。そのため、本書では、ケニアのCBCの現場においていかに対話をつうじた合意形成が実際に行われているのかについて、その実情と問題点を以下に挙げる点を中心に検討することを基本的な目的としたい。

- 争点……野生動物保全にかんして誰が何を争点としようとしているのか？　実際に何が争点として議論されているのか？
- 合意形成……参加者が異なる意見にたいしてどのような態度をとっていて、対話をつうじて利害関係者のあいだで合意形成が進んだといえるのか？
- 空間の複数性……対話が行われる相手によって争点や態度に違いがあるのか？

ところで、便益・権利・対話の三つは完全に切り離して別々に議論できるものではない。権利を獲得した住民が保全に乗り気になるかどうかは野生動物がどのような・どの程度の便益をもたらすのかに左右されるだろうし、対話の進み方によって野生動物が生み出す便益への期待も変わるだろう。あるいは、土地所有権が変わることで対話にさいしての態度が変わることも考えられる。この本では、第3章から第6章にかけてそれぞれの章で個別の事例を分析するとき、その事例の性格にもとづいて分析にあたりまず着目する点は便益・権利・対話のなかで変わってくる。ただ、分析を進めるなかでは、それ以外の事項との関連も議論はしようと思う。

開発学には、外部支援者によって一方的に定められたプロジェクト期間・目的・予算のなかで取り組まれる開発行為を「切迫した開発」(imminent development)と呼び、地域社会が歴史的・地域的な文脈のなかでそのときどきの状況に応じて試みてきた生活改善の試みを「内在する開発」(immanent development)と呼んで区別する議論がある[Cowen and Shenton 1996](ここでいう「切迫/内在」はいわゆる「外発/内発」の区分とかならずしも一致はしない)。ここまでに述べてきた便益・権利・対話にかんする議論の多くは、「切迫した開発」として取り組まれる個別的な取り組みを分析し評価するための視点として議論されてきた。それにたいして、便益・権利・対話の三つがどのように相互に結びついてきたのかを議論するときには、そうした一面的な議論や個々の事例を超えた議論とならざるを得ない。それはつまり、いくつもの事例を経験するなかで地域社会がどのような「内在する開発」を志向してきたのかを一定の時間幅のなかで検討することになる。この「内在する開発」の検討は、すべての事例を分析したのち、終章において議論しようと思う。

3 共存を考えるための枠組み

『自然なつながり』のなかでは共存がCBCの中心的な指針とされている。しかし、そのなかで人間と自然の共存の具体的な姿が描かれているわけではない。いっぽう、二〇〇〇年代の後半から、人間と動物の関係について、その歴史的な変化であったり現在の状況であったりを考えなおそうとする試みがいろいろな学問領域で起きている［林ほか編集委員 2008–2009；河合・林編 2009；牧野 2010a；丸山 2008；奥野編 2011；奥野ほか編 2012；菅編 2009］。それぞれの学問領域で人間—動物関係が(再)注目される理由はさまざまである。ただ、「野生」動物との関係が問いなおされる理由として、グローバルな環境主義の高まりのもとで人間と野生動物の共存や共生が叫ばれている状況が多く言及されている。本節では、そうした議論のなかでも人間と野生動物の共存を学問的な課題として掲げるようになった野生動物管理学と、害獣との共存という問題を社会科学的な観点から先駆的に扱ってきた環境社会学、それに人間と野生動物のかかわり全般について広範な知見が蓄積されてきた人類学の議論を参照するなかから、共存を考えるための枠組みを考えていきたい。

◎寛容としての共存——野生動物管理学における議論

野生動物管理学とは、もともとは狩猟の対象となる野生動物（英語ではgameと呼ばれる）を持続的に利用するため、その個体数や生息地をどのように管理すべきかを研究してきた学問である。その主要分野としては、個体数管理、生息地管理、被害管理の三つがあり、それが扱う対象としては、野生動物そのもの、その生息地や獣害が発生している現場の環境、そして、管理にかかわる人間や被害を受けている人間の行動の三つが挙げられる［室山 2009:61–64］。

そうした野生動物管理学は、現在までに二つの面で大きく変化してきた。第一に、生物多様性の保全がグローバルな環境問題として認識され、保全生物学のような学問領域の必要性が意識されるなかで、野生動物は人間の都合にもとづいて一方的に管理・利用する資源ではなく、同じ地球に生きる生命として軋轢を抱えながらも共存していくべき存在として考えられるようになってきた［室山 2009:57–58; Woodroffe et al. 2005a:1–2］。そうした態度の変化を端的に示す言葉遣いの変化として、「害獣管理」（vertebrate pest management）に代わって「人間と野生動物の軋轢」（human-wildlife conflict）という表現が使われるようになってきたことが指摘できる［Woodroffe et al. 2005a:2］。二つ目の変化としては、一九八〇年代以降、「野生動物管理における人間の次元」（human dimensions of wildlife management）への関心が高まってきた事実がある［Brown 2009; Decker et al. 2009; 桜井・江成 2010］。つまり、野生動物管理の政策を計画・実行するさいには、住民をはじめとする利害関係者の意見や価値観、行動を考慮し、その参加を求めるようになってきたのである。

こうした野生動物管理学の特徴としては、「人間と野生動物の軋轢が、地球規模での種の減少を決定づけてきたことに疑いはない」[Woodroffe et al. 2005b:388]として、野生動物保全の議論では取り上げられることが少ない軋轢（獣害）の問題を強調している点がある。ただ、「対症療法で根本的解決にはならない」として、被害管理は長らく野生動物管理学のなかで軽視されてきた[室山 2009:63]。最近では表1–2のように人びとが獣害／害獣に示す「寛容さ」（tolerance）がどのような社会的・経済的・生態的な条件のもとで強まったり弱まったりするのかが定量的な手法

表1–2　被害への寛容さにかかわる要因

	高い寛容度	低い寛容度
社会的・経済的要因		
土地	豊富	稀少
野生動物の所有者	神，野生動物自身，コミュニティ	政府，エリート
対策	幅広い，制限なし	狭い，厳しい制限
被害の単位	コミュニティ，集団	個人，世帯
労働力	豊富，安価	稀少，高価
野生動物の価値	高い（猟獣，観光資源など）	低い（害獣）
投下される資本・労働力	低い	高い
被害の種類	自給作物	商業作物，家畜
代替的な収入	あり（多様）	なし
生態的要因		
野生動物の体長	小さい，危険でない	大きい，危険
収穫期の襲撃時期	早い	遅い
群れの大きさ	単独	大きい
被害のパターン	曖昧	明瞭
被害作物の種類数	少数	多数
被害の部位	葉のみ	果実，塊茎，髄，穀粒
襲撃の概日性	昼間	夜間
被害の程度	限定的	無制限
襲撃の頻繁さ	稀	習慣的

出所：Naughton-Treves and Treves［2005：266］

のもとで検討されてきた。ただ、そうした研究のなかでは、人間と野生動物との出会いが獣害という否定的な観点からばかり論じられ、その他の肯定的な関係が抜け落ちがちであると指摘されてもいる［西﨑 2006:239］。

◎近さのもとでの共存——環境社会学における議論

最近の日本で野生動物との共存が議論されるとき、その背景には獣害（鳥獣被害）の顕在化と深刻化がある。日本の村落研究においては、二〇一〇年に『村落社会研究』第四六巻において「鳥獣被害——〈むらの文化〉からのアプローチ」という特集が組まれているが、牧野厚史によれば、「鳥獣被害に先行する過疎化や農林業の担い手不足などの諸問題が深刻であったことに加えて、住民たちにできることがかぎられているという研究者側の判断があったからかもしれない」が、「村落研究において鳥獣による被害の問題があまり注目されてこなかった」という［牧野 2010b:188］。

いっぽう、普遍性や客観性を旨とする科学技術にもとづいて行政や専門家が権威的に行う環境保全を生活者の立場から批判してきた学問として環境社会学がある。そこにおける重要な先行研究として、青森県旧脇野沢村をフィールドに、天然記念物に指定されているニホンザルと住民の共存のあり方を分析した丸山康司の研究がある［丸山 1997, 2006］。その一九九七年の論文「『自然保護』再考——青森県脇野沢村における『北限のサル』と『山猿』」［丸山 1997］は、先述の『村落社会研究』の特集のなかで牧野によって、「社会学的な手法を用いた初めての鳥獣害研究」［牧野 2010b:198］であり、「集落住民全体としての価値観に基づいた実践に関心を寄せている」［牧野 2010b:200］点から評価されている。

丸山を嚆矢とする先行研究によって明らかにされてきた重要な事実として、人間社会に害をもたらす野生動物であっても、その害を実際に受けている（きた）住民が野生動物に向ける言動や感情がつねに否定的なものであるとはかぎらないということがある。被害を受けたときに否定的な言動を示す住民であっても、被害を受けていないときには肯定的な態度をとることがあるし［鈴木 2007:189］、実際に捕獲された個体を目の前にしたときとそれ以前［丸山 2006:211–213］、収穫を間近に控えた農地に現れたときと収穫後や農地外で見かけたとき［菊地 2006:155–156］、あるいは、話をする相手が被害経験を共有している隣人であるときと被害経験を共有しない外部者であるときとで［鈴木 2008:58–60］、被害者である住民が加害者である野生動物に向ける言葉や思いは大きく変化するのである。つまり、害をもたらす野生動物は住民によって害獣として完全に拒絶されているわけではなく、住民の野生動物にたいする態度が状況によって変化するなかでは否定的なものだけでなく肯定的なものも認められるのである。

また、そうした議論の先駆けとなった丸山の論文で提起されている重要な指摘として、野生動物と「近い」関係を持つ住民は、その「近さ」のゆえに被害を許容し、被害をもたらす野生動物にたいして「共存への意志」を抱き得るという議論がある［丸山 1997:160–161］。鈴木は丸山と同じ下北半島を事例として、ニホンザルが農作物を食べたとしても住民がそのすべてを被害と認識しているわけではなく、そこには「被害と認識されないサルの食害」「被害と認識されるが許容される被害」「許容されない食害」というグラデーションがあることを明らかにしている［鈴木 2007:190］。そこでは、「被害が許容される」可能性が「被害が認識されない」可能性とともに示されているわけだが、丸山の議論が重要なのは、そこからさらに踏みこんで、「逆説的になるが、『負荷』の存在『にもかかわらず』ではなく『だからこそ』サルは共存の対象として意識されていると考えられる」として、「サルによる『負荷』に積極的な意義を見出」している点である［丸山 1997:160］。

丸山によれば、旧脇野沢村において「関係の近さ」のもとで「共存への意志」が成立した要因としては、「サルが抽象的なイメージではなく、実体を持った具体的な存在として意識されているということ」、そして、「土地のもん」と認められていることがある［丸山 1997:160］。ニホンザルが「実体を持った具体的な存在として意識され」るとき、そこには当然ながら被害をめぐるやりとりも含まれているわけであるが、獣害も含めて野生動物とのあいだに身体的で日常的なかかわりを持つなかから、共存に向かう意識が生まれてくる可能性があることになる。

野生動物管理学では、被害は人間が野生動物と共存していくうえで寛容になるべきものとして描かれてきた観が強い。そこには住民が野生動物をどのような存在として意識しているのか、その存在やそれとのかかわりにどのような意味を見出しているのかという視点は弱い。それにたいして、日本の事例から得られた知見がアフリカなどの他地域に適用できるのかという問題が残されているとはいえ、丸山や鈴木の研究結果からは、野生動物管理学が獣害（軋轢）と呼ぶものが野生動物と「近い」かかわりを持つ住民によって被害と認識されるかどうかは文脈依存的であり、「実体を持った具体的な存在」として野生動物を意識するなかでは害獣も含めて共存が受けいれられる可能性があることが示されてきた。

◎かかわりの歴史とかかわりをめぐる政治——人類学における議論

人間と動物（野生動物にかぎらず）の関係を学際的に議論する場としてヒトと動物の関係学を構想するなかで、池谷和信は、これまでに人間と野生動物のかかわりを中心的に議論してきた学問領域として人類学を挙げている(24)［池谷 2008:297–298］。その人類学の立場から現代の地球環境問題を現場に即して考えるために市川光雄が提起する視点として、「三つの生態学」というものがある［市川 2003:54］。そこで挙げられる文化生態学、歴史生態学、政治生態学（ポリティカル・エコロジー論）のそれぞれは、「人間と自然とのあいだの物質的、精神的、直接的、間接的関係のすべて……地域における人間—自然関係の共時的側面の総体に関わる探究」（文化生態学）、「人間と自然の相互作用の歴史……具体的には自然のなかに刻印された人為と文化の跡を読むこと」（歴史生態学）、「地域のミクロなレベルにおける人間—自然関係を民族関係や国家システムさらには国際的な政治経済体制などのより広い社会の政治・経済的枠組及びそこにおける力関係と関連させて考察するもの」（政治生態学）と説明される［市川 2003:54–55］。

この「三つの生態学」については、(文化/社会)人類学において数多くの先行研究があるが［cf. Dove and Carpenter eds. 2008］、ここで確認しておきたいのは、丸山が一九九七年の論文(「『自然保護』再考」)のなかで提起した「関係の近さ」を旧脇野沢村における住民とニホンザルの「共時的側面の総体」であるとするとき、そこからさらに議論を展開する方向として歴史と政治の二つが考えられるのではないかということである。

ここで「『自然保護』再考」における「関係の近さ」の意味を確認しておくと、それはたんにニホンザルとのあいだの空間的な距離の近さや、遭遇する機会の多さを意味しているわけではなかった。そうではなく、具体的なかかわりをつうじてニホンザルを「実体を持った具体的な存在」として意識し、それから被害を受けることがあっても同じ「土地のもん」として共存していこうとする意志(「共存への意志」)を持つことが「関係の近さ」には含まれていた。そして、丸山が「集落住民全体としての価値観に基づいた実践」を描きだしている点を評価する牧野の指摘を踏まえると、「実体を持った具体的な存在」や「土地のもん」といった意味づけであったり「共存への意志」といった意識であったりといった抽象的な「価値観」が、獣害も含めた日常的なかかわりをめぐる具体的な「実践」のなかで再生産されているということが重要な点である。つまり、「関係の近さ」とは、「距離の近さ―存在の具体性―共存への意志―被害の許容―距離の近さ……」といった価値観と実践の連なりのなかで培われてきたことになる。

その後、丸山は二〇〇六年に『サルと人間の環境問題――ニホンザルをめぐる自然保護と獣害のはざまから』を上梓しており、そのなかでは「人間—自然系共進化モデル」を用いて住民とニホンザルとの関係を歴史的な視点から分析している(25)［丸山 2006:92-99］。そうした歴史的な視点を採用する理由として丸山は、①環境保全・自然保護などの問題の原因と結果は時間的にも空間的にも拡散しており、「現在」よりも広い範囲で考えることが必要なこと、②歴史的な視点を導入することで現在では「常識」となっている認識や態度を相対化し、それが適用できる範囲を明らかにすること、③ある問題にたいする解決策を考えるうえで現実的に選択できる手段は歴史的な文脈のもとでかぎられていることの三つを挙げている［丸山 2006:42-45］。

もともと、政治生態学（ポリティカル・エコロジー論）の研究には歴史生態学的なアプローチを用いているものが多い（本章の註12を参照のこと）。タンザニアを中心にアフリカの野生動物保全を研究しているロデリック・ノイマンも、歴史的な保全政策の影響や歴史的な地域社会と政府の関係性などを考慮せずに、現在の問題を考えることはできないと述べている［Neumann 2005］。その意味では、丸山が歴史的なアプローチを採用するなかで政治（生態）学的な側面を分析することを意図しているのは自然なことであろう。また、今日の新自由主義的な保全のもとで地域社会が「領有と偽りの表象」の対象となっていることが問題とされていることからすると、そうした視点を導入することで現在の「常識」を歴史的・政治生態学的な観点から批判的に検討することも必要なはずである。そうしたわけで、本書において共存の問題を考えるさいには、以下の諸点を検討しながら議論を進めることとしたい。

・かかわりの実践と意味……マサイと野生動物とのあいだに具体的にどのようなかかわりが築かれ、どのような意味が認められてきたのか?
・かかわりの歴史的な変化……マサイと野生動物のかかわりとその意味が歴史的にどのように変わってきたのか?
・政策がめざすかかわり……現在の野生動物保全がどのような住民と野生動物のかかわりをめざしていて、それは歴史的な実態にどこまで合致しているのか?

4 残された問題としてのコミュニティの主体性

第2節の最後に説明したように、これまでの野生動物保全の新パラダイムの議論で便益の提供や権利の保障、対話の積み重ねが重視されるとき、それは「切迫した開発」としてのプロジェクトの枠のなかでいかに「コミュニティの主体性」を実現するかという関心からおもには議論されていた。しかし、そうした「切迫した開発」とは別に地域の人びとが「内在する開発」を実践しているとしたら、あるいは、「切迫した開発」の目的が外部者によって一方的に決められているとしたら、それにそうかたちで住民が示す主体性を無条件に肯定してもよいのだろうか? 最近では、これまで「コミュニティの主体性」と考えられてきたものにたいする批判的な議論が提起されている。その議論を踏まえて、本書の終章で地域社会・住民の主体性を「内在する開発」という点から考えるときに、どのような点に留意して議論を組み立てていくのかを最後に考えてみたい。

コミュニティとは何なのか？

この本で考えたいのは、「コミュニティ主体」を掲げる野生動物保全の現場で実際のところ住民がどのように行動しているのかということである。そのとき、そもそもそこで主体となることが期待されているコミュニティをどう考えるべきなのかを最初に整理したい。まず、新パラダイムを提唱する研究者たちがコミュニティという語を厳密に定義することの難しさを強調してきた事実を忘れてはいけないだろう［Barrow and Murphree 2001:25; Jones and Murphree 2004:81; Western and Wright 1994:8］。原生自然保護主義者はＩＣＤＰｓやＣＢＣがコミュニティを一枚岩で環境調和的な伝統社会として理想視していると批判していた。しかし、実際にそうした誤解をしているのは、新パラダイムの理論を提唱する研究者というよりもそのアイデアを採用してプロジェクトを計画・実行している政府や援助機関、ＮＧＯなどであるともいわれている[26]［Agrawal and Gibson 1999; Koch 2004:80–88］。

また、バロウとマーフリーは、ＣＣでいうところのコミュニティを自然資源管理を効果的に行うことができる組織と定義している。そのうえで、それが機能するための条件としてアイデンティティ・利害関心の一致、境界の明確な確定、組織内外からのレジティマシーの付与の三つを挙げている[Barrow and Murphree 2001:27, 35]。いっぽうで、マーフリーはCBCにかかわる地域社会内の制度として、伝統的権威、地方政府、政治政党、利己的組織、宗教的・非営利的組織、民間企業の六つを挙げている[Murphree 1994:412]。また、ローカル・コモンズ研究では、地域社会のなかには自然資源をめぐって重層的・入れ子状に複数の制度が形成されてきた事実が示されている[Agrawal 2002=2012; Ostrom 1990]。そのように地域社会のなかにいくつもの制度があるとき、CBCのようなプロジェクトが実施されるなかでどの制度にかかわる人びとが「コミュニティ」として支援対象になるかは、プロジェクトを実施する外部者の思惑や都合から恣意的に決定されることが少なくない[Brosius et al. eds. 2005; 真崎 2010]。また、「領有と偽りの表象」ということで現実に根ざさない架空のコミュニティのイメージがつくり出されていることも、これまでに説明したとおりである[Büscher et al. 2012]。

とはいえ、バクソン・シバンダがジンバブエのCAMPFIRE(Communal Areas Management Programme for Indigenous Resources, 在来資源のための共有地管理プログラム)の事例として紹介しているように、民族としての伝統を守り「コミュニティの一員であるため」に参加が不可欠であると住民が考えた結果、プログラムの内容を理解していないにもかかわらず多くの住民が参加した事例もあった[Sibanda 2004:255]。その事例からは、民族文化を共有する伝統的なコミュニティのリアリティをまったく無視することはできないことがわかる。本書がフィールドとするケニアであれば、もともと民族の境界は曖昧で流動的であった。それが植民地支配のもとで固定化され、独立を経て複数政党制が導入されるなかで民族アイデンティティは政治的な動員の基盤となってきた。そしてより最近では、複数の民族集団を統合した「超民族」［松田 2000］（あるいは「超・超民族的な政治集団」［内藤 2012：132］までも）が形成され、民族の伝統文化が過剰に強調されて他民族との境界がより固定的になってもいる［慶田 2012；松田 2000, 2009；内藤 2012；曽我 2002；津田 2000, 2009］。

ただし、生活のなかでいくつもの異なる社会関係のなかを生きている人びとは、そもそも何か特定の一つのコミュニティに本質的かつ固定的に属しているわけではなく、そのときどきの状況に応じて意識されたり主張されたりするアイデンティティが変わってくることは珍しいことではないはずである［cf. 平井編 2012；三尾・床呂編 2012；太田編 2012］。そうした前提を踏まえて野生動物保全の主体としてのコミュニティを考えようとするときには、それぞれの利害関係者が、どのような政治的な意図からどこまでの範囲の人びとを指してコミュニティといっているのかという境界の問題と同時に、そこでいわれるコミュニティがどのような理念や特徴のもとに一つの集団として括られていて、それがはたして日常的な実践をともなっているのかどうかを考えることが重要になってくるだろう。

主体的であるとはどういうことか？

本書でわたしは、“community-based”を「コミュニティ基盤（の）」や「住民参加型（の）」ではなく

「コミュニティ主体（の）」と訳している。その理由は、CBCとCBNRMとではめざす内容に大きなへだたりがあるとはいえ、そこで保全の現場に暮らす人びとに期待されているのは、保全活動の「基盤」として何かの役割を果たしたりとりあえず「参加」したりすることではなく、「主体的」に活動することだと思われるからである。つまり、たとえ外発的な便益の還元や権利の保障の結果としてであれ、最終的な目標は（外部者の支援・協力を受けるにしても）住民が能動的に野生動物を保全しながら共存したり、私的財として自律的に管理・利用したりすることだからである。

ところで、「主体」という日本語の英語訳としては“subject”が一般的だろう。そのとき、“subject”という英単語には、「主体」と同時に「臣民」または「被統治者」といった意味もある（『ランダムハウス英和辞典』第二版、小学館）。あるいは、ジュディス・バトラーは「『服従化＝主体化〔subjection〕』とは、権力によって従属化されるプロセスとともに、主体になるというプロセスを意味する。……主体は権力への最初の従属を通じて創造される」と書いている〔Butler 1997＝2012:10–11〕。日本語の通常の感覚からすると、主体と臣民、主体化と服従化が同じ言葉で表現されることに違和感を持つ人が多いかもしれない。というのも、例えば誰かが「主体的」に活動しているというとき、普通それは、その人が自分の頭で考えて判断した結果であり、ほかの誰からの命令も強制も受けていないことを意味しているはずだからである。しかし、そうした場合であっても、人は何かしらの判断基準（法律、道徳、慣習など）を持っているはずであり、それに反する選択肢は「主体的」に除外している。その意味では、「主体」は何かしらの判断基準に「服従」していることになる。

これまでの野生動物保全の議論であれば、ＣＢＣの受益者として保全に熱心になったりＣＢＮＲＭをつうじて積極的に市場で経済活動を行ったりすることは、人びとが「主体的」に野生動物保全を実践していることとして成功を意味していた。それにたいして、そうした「主体性」は、じつは国家や新自由主義者、原生自然保護主義者などの誘導や誘惑に「服従」した結果なのではないかということがいわれるようになった。そうした議論において参照されるのが、ミシェル・フーコーの「統治性」(governmentality)、あるいは、それを環境保全の文脈に敷衍した「環境統治性」(environmentality)という概念である。

アルン・アグラワルは『環境統治性――国家統治の技術と主体の形成』[Agrawal 2005]のなかで、インドの森林保全を事例として環境統治性の概念を提起した。そこでアグラワルが描いているのは、統計のような「権力／知」(power/knowledge)を用いて地域社会への森林にかんする権限移譲が進められた結果、国家が掲げる政策目標にそって主体的に森林を管理する個人や地域社会、より広範な制度が形成されてきたプロセスである。(27) そこで強調されている点としては、政策がめざすとおりに行動する集団や制度は、政府の環境統治によって構築されたものであるということがある[Agrawal 2005:89]。

あるいは、ロバート・フレッチャーは、近年のフーコー研究の展開も踏まえて環境統治性にはアグラワルが提示した以外にも三つの類型があると論じている[Fletcher 2010]。まず、旧パラダイムがまさにそうであったように、国家がその暴力装置を用いながらトップ・ダウンで作成・

施行する法規制にもとづいて統治を推し進めようとするのが「主権的な環境統治性」(sovereign environmentality)である。いっぽう、そうした物理的な暴力ではなく、生物多様性の保全や自然資源の持続的な管理、あるいは住民参加などの規範を人びとの内面に植えつけることで「環境の主体」(environmental subjects, 註27参照)をつくり上げようとするのが「規律的な環境統治性」(disciplinary environmentality)である(アグラワルのいう「環境統治性」はこれに該当する)。それにたいしてフレッチャーが強調するのは、私的所有権の移譲や規制緩和による市場への参入障壁の撤廃など、人びとの内面的な意識ではなく人びとを取り巻く環境を操作することで(新自由主義にとって)理想的な統治を進めようとする「新自由主義的な環境統治性」(neoliberal environmentality)である。また、これらのほかにディープ・エコロジーのような生命や自然、宇宙についての観念にもとづくものとして「真理的な環境統治性」(truth environmentality)があるとされる[28]。

これらの環境統治性はたがいに対立するものではなく、現実の保全政策やプロジェクトのなかに並存していることも珍しくない[Fletcher 2010:176–177]。そうしたとき、フレッチャーによれば、これまで新自由主義的な環境保全/環境統治性を批判し、そのもとで社会的・政治的・経済的な格差が拡大している事実を明らかにしてきた点でポリティカル・エコロジー論には大きな意義が認められるが、どうすれば環境統治性から人びとが解放されるのかについて明確な筋道を示せていないことが最大の課題であるという[29][Fletcher 2010:172, 179]。

◎位置取りから考える主体的で内在的な開発

一九九〇年代半ば以降、フーコーの統治性をめぐる議論は権力や主体といった論点とも結びつきながら盛り上がりを見せている。そこで大きな論点の一つとなっているのは権力の統治作用による主体化＝服従化にいかに抵抗する(できる)のかという点である［cf. 箱田 2013; 廣瀬 2011; 中山 2010; 佐藤 2009］。ただ、箱田徹によれば、「後期フーコーにとって〈主体〉とは、規律訓練権力の臣従化作用や、一般的な意味での支配や服従によってのみ構成されるものでも、自己の自己への働きかけによる、主体化作用によってのみ構成されるものでもな」く、あくまで「自己と他者からの二重の働きかけによって、絶えず変化する」ものとして形成されるという［箱田 2013:173–174］。熟議のときと同様、主体や統治、権力、抵抗といった概念の定義を哲学的に議論することはわたしの能力を超えてもいる。ただ、例えば以下に挙げるフーコーの言葉は本書の問題意識からして重要に思われる。フーコーは政治の場における「闘争」について、「この闘争という主題は、具体的に、つまり個々の事例について、だれが闘争しており、何が争点であり、どのように闘争が展開しているのかを、それはどこで起きているのかを、またそこで用いられる道具や、合理性を明らかにしてこそ、意味をもつのです」［箱田 2013:33 におけるフーコー 2000:275–276 の引用］と述べている。つまり、フーコーには個別的で具体的な状況を詳らかにすることへの強い関心があったというのである［箱田 2013:33–35］。

いっぽう、この本における中心的な関心は、ケニアの野生動物保全の現場で取り組まれるCBCをめぐって、具体的に何が起きているのかを明らかにすることである。調査対象とする地域社会の人びとが、いくつもの「切迫した開発」に直面するなかでどのような「内在する開発」を試みてきたのか、もしくは、野生動物保全をめぐる環境統治性のもとで、どこまでそれが求めるような主体として行動（服従）しているのかいないのかといったことをまずは明らかにしたいのである。この点で参考になるのが、ドロシー・ホジソンの『マサイであること、先住民になること――新自由主義的な世界におけるポストコロニアル・ポリティクス』[Hodgson 2011]における議論であり、そこで分析の視点として用いられている「位置取り」（positionings）という概念である。

ホジソンは、新自由主義の影響下、構造調整政策が導入されたことでNGO活動が急増した一九九〇年代以降のタンザニアで、政府に自分たちの権利を認めさせるためにNGOを結成して国際的な先住民運動にかかわっていくマサイの活動を分析している。そこでいう位置取りとは、「ある特定の観念や争点、制度、アイデンティティにたいして、自分の位置取りを定める」行為[Hodgson 2011:9]のことであり、「ある集団が自分たちについての特定のイメージを企画し、宣伝し、売り込んでいく方法や理由が、どのような歴史的・社会的・政治的・経済的な文脈のもとでかたちづくられてきたのか」を考えることが位置取りを分析することになる[Hodgson 2011:5]。それはつまり、自分たちを取り巻く政治経済的な権力や社会的な構造、文化の意味や表象をめぐるポリティクスの影響・束縛を意識したうえで、そうした状況を改善したり打破したりするために自らのイメージを操作しながら活動していく過程を追跡していくことと、いいかえることができるだろう。

ホジソンが事例としたのは先住民運動であるが、それと環境保全が重なり合っていることをホジソン自身が指摘しており[Hodgson 2011:6]、CBCを対象に位置取りという視点を採用することは決して強引なものではない。むしろ、それは最近のポリティカル・エコロジー論の立場からの議論に抜け落ちていた視点を補うものである。というのも、現場や地域社会のイメージが「領有と偽りの表象」の対象となることが問題にされるとき、そこでは地域社会の側が戦略的に自分たちのイメージを操作することは考えられてこなかったからである[Büscher et al. 2012:16–21]。それにたいして、たとえ期待したとおりの成果をあげてきたわけではないものの、タンザニアのマサイが状況に応じて能動的に位置取りを変えることで周辺的な状況からの脱却を試みてきた事実をホジソンは描いている(30)。

本書では位置取りという視点を用いたホジソンの議論を参考にするのと同時に、「切迫した開発/内在する開発」という対概念を用いながら、人間と野生動物との共存をめざす野生動物保全が展開されるなかで、地域社会あるいは個々の住民が何を目的にどのような行動を選択してきたのかを考えてみたい。そのときに確認するべき点は、およそ以下のようなものになるだろう。

・争点……地域社会にとって何が重要な争点であったのか?

・位置取り……地域社会は外部者にたいして意識的・戦略的に自分たちについての表象（イメージやストーリー）を提示していたのか？
・コミュニティ……活動や議論の対象となっているのはどのような範囲の人びとであり、その人びとのあいだにはどのような関係性が成り立っているのか？
・変化と要因……これらの事項が時間を経るなかでどのように変化してきたのか？

第2章 共存の大地を生きるマサイ

放牧の風景.

はじめに

本章では、マサイという人びととケニアという国、そして、わたしが調査をしてきたアンボセリ生態系に暮らすロイトキトク地域集団のマサイ社会について説明をする。

第1章では、野生動物保全の新パラダイムの意味が研究者によってさまざまであること、議論が錯綜するなかで共存の問題が見失われてきたことを見てきた。それとは別に、マサイがもともとどういう暮らしをしていてこれまでにどのように生活が変化してきたのか、そのなかで野生動物との関係はどのように変わってきたのかといったことの理解も、じつは保全にかかわる人のあいだで一致しておらず、それだからこそ保全の現場で意見の衝突が起きている面がある。

例えば、ある保全NGOの職員は、「マサイは牧畜民なのだから、農耕をしないで生きていけるはずだ」といっていた。それにたいして、あるマサイの長老は、「農耕を始めても、マサイとして家畜は飼いつづける」といっていた。この場合、「マサイの伝統＝牧畜だけを行い農耕などはしない」という理解と、「マサイの伝統＝農耕などを始めても牧畜をつづける」という意識とのあいだにずれが生じているわけだが、このように「マサイの伝統」の理解が違うことで、住民が牧畜だけでなく農耕も行おうとすることの評価が正反対なものになっていた。

こうした状況において大切なことの一つとして、まずは歴史的な事実をきちんと確認するということがあるだろう。そこで本章では、次章以降で具体的な事例の話に入るまえに、これまでにマサイの暮らしがどう変わってきたのか、ケニアで野生動物保全はどのように行われてきたのかといった点を説明したい。

1 ウシの民マサイの社会

はじめにマサイ社会について説明をする。マサイ社会といっても時と場所が変われば生活もさまざまに変わってくるのだが、ここではウシ牧畜をおもな生業とするマサイの社会と生活について説明をする。そのなかで現在の暮らしぶりについての説明も挿入しているが、節の最後に、現在のマサイ社会の生計の概況を説明しようと思う。

◎マサイ社会のなかの集団

マサイ（Maasai）とは、東ナイル系（Eastern Nailotic）に属するマー（Maa）語を話し、自らのことをイルマーサイ（*Il-Maasai*）と称する人びとのことである。ケニアからタンザニアにかけて約一五万平方キロメートルにおよぶ乾燥・半乾燥地が彼ら彼女らのおもな居住地、すなわちマサイランドである（図2-1）。二〇〇九年に行われたケニアのセンサスによれば、ケニア全体の人口が約

図2-1　マサイランドと地域集団の分布

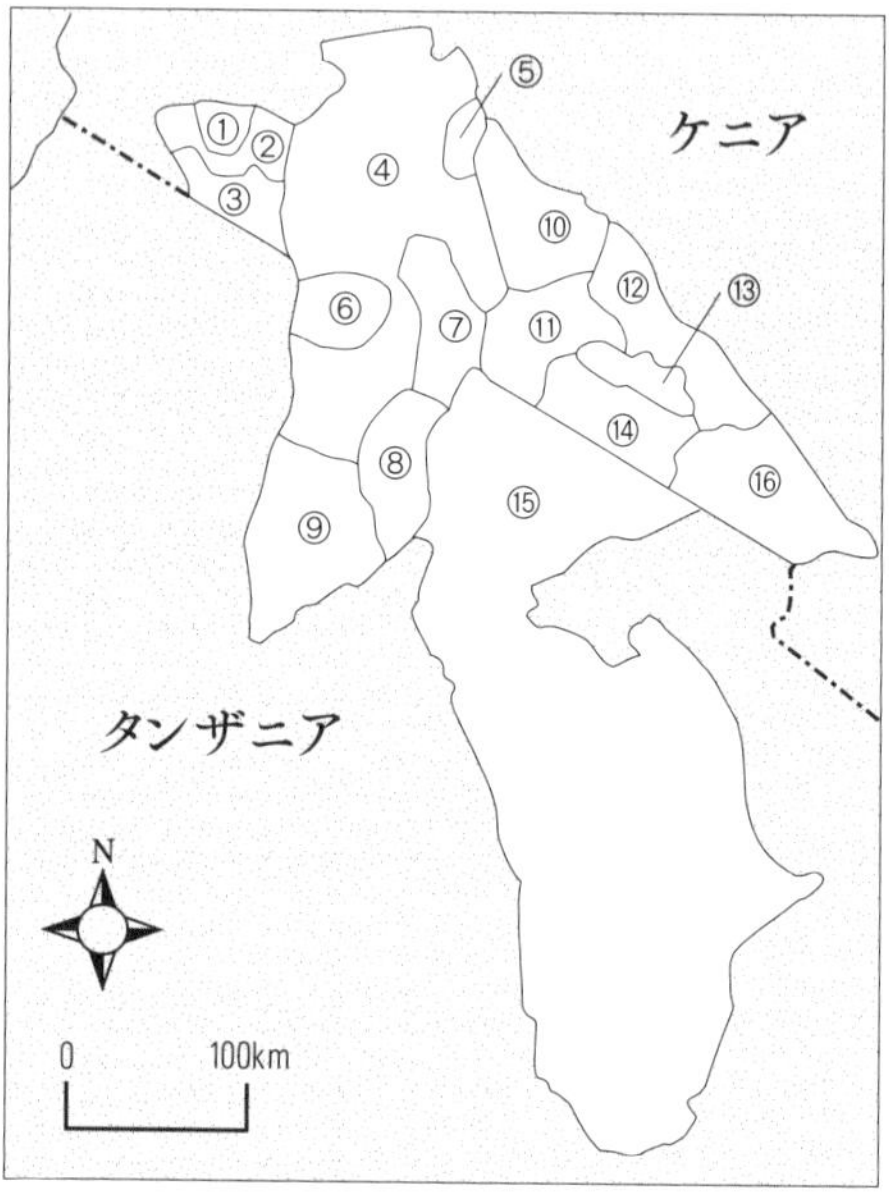

地域集団名	人口
① モイタニク	1万1000
② ウアシンキシュ	1万6000
③ シリア	1万2000
④ プルコ	10万8000
⑤ ダマト	1万1000
⑥ ライタヨク	5000
⑦ ロイタ	2万4000
⑧ サレイ	5000
⑨ セレンケトゥ	4000
⑩ キイコニョキエ	4万6000
⑪ ロドキラニ	1万7000
⑫ カプティ	2万1000
⑬ ダラレクトゥ	8000
⑭ マタパト	2万2000
⑮ キソンゴ	8万2000
⑯ ロイトキトク	3万9000

出所：Spencer［2003：xvi］

三八六〇万人であるのにたいしてマサイの人口は約八四万二〇〇〇人、全人口の約二・二パーセントを占める計算になる［KNBS 2010］。広い範囲に分布しているとはいえ、数として見ればケニアのなかでも少数といえるだろう。

マサイの祖先は、かつてはトゥルカナ湖の北側、現在のケニアとエチオピアの国境付近に暮らす農牧民であったと考えられている。それが一一世紀以降、東アフリカ大地溝帯に沿って南下するなかで技術の革新（鉄の利用）と社会組織の発展（年齢体系の確立）、生活環境の変化（降雨量の短期的な増加）を経験し、専業的にウシを中心とする牧畜に専念することで充分な食料を確保できるようになった結果として、「ウシの民」(people of cattle)[Galaty 1982]としてのアイデンティティを持つようになった[Spear and Waller eds. 1993]。一八世紀にはマサイはケニア中部からタンザニア北部にかけての広大な地域をテリトリーとするようになったが、イギリスが現在のケニアに進出するなかでナイロビから北のライキピア(Laikipia)にかけての高地は白人入植者のための農牧地として明け渡すことを迫られ、そこに暮らしていた人びとはケニア南部へと強制的に移住させられた[Hughes 2006]。その結果として、現在のマサイランドは図2-1で示す範囲になったのである。

歴史的にマサイ社会の全体を統べるような集権的な政治機構は存在してこなかった。そうしたなかで、一九八〇年代に本書が対象とするロイトキトク地域集団を調査したバーバラ・グランディンは、マサイ社会の空間的な編成を五つのレベルに分けて記述している[Grandin 1991:22]。最も大きな社会的・空間的な集団が民族集団/エスニック・グループとしてのマサイである。それは言語や文化を共有する範囲であり、共通の年齢階梯と年齢組からなる年齢体系を備えている。マサイは東アフリカの牧畜民のなかでも広大なテリトリーを築いてきた民族であるが、その理由としては、他民族との通婚に積極的であったことや戦争で捕まえた捕虜も含めて他民族の人間を養子として受けいれる制度があったことが指摘できる[Kantai 1971=1989:179; Sankan 1971=1989:39–41; Waller 1993]。そもそも、イギリスの植民地支配が進められる以前であれば、マサイにかぎらず、民族の境界や各人のアイデンティティは今よりも流動的なものであった。

民族の次にくるのが二〇前後の地域集団（ol-osho／il-oshon）である。おもな地域集団は図2－1に書かれているが、そこで示されているように各地域集団は自らのテリトリーを持ってきた。ある地域集団のテリトリーは、原則としてそれに属するすべてのメンバーに開かれており、そのなかで共同体的に土地や資源の管理・利用が行われてきた。地域集団とは、いわば放牧を共同で行う最大の単位であり、同じマサイであっても違う地域集団のテリトリーで家畜の放牧をするためには許可が必要であった。そうしてほかの地域集団の土地を利用するのも、干ばつが起きて自分が所属する地域集団のテリトリーに充分な牧草がないときなどにかぎられていた。また、マサイ社会のなかで戦争が起きたときに対立や同盟の単位となってきたのも地域集団であるし、年齢体系にかかわる一連の通過儀礼を統括する単位となってきたのも地域集団であった。

そうした地域集団のなかに複数認められるのが近隣集団（en-kutoto／in-kutot(ot)）である。[1] それはいくつかの集落（en-kang／in-kangitie）が集まったものであり、日常的な交流や協力などが見られるおおよその範囲、牧草や水場などを普段から共同で管理・利用する集団であった。また、集落とは、複数の家屋と家畜囲いからなる集住の単位であり、その全体は外敵の侵入を防ぐために柵ないし垣根で囲まれてきた（写真2－1・2－2）。また、集落は放牧などの家畜管理を協力して行う基本的な単位であるだけでなく、食物の分配も含めて日常的な相互扶助がさまざまなかたちで行われる単位でもあった。そして、マサイ社会において最小の単位とされるのが世帯（ol-marei／il-mareta）である。マサイ社会は父系性であると同時に、キリスト教が普及する以前は一夫多妻制であった。そのため、それぞれの妻は自らが建てた家に子どもと暮らし、夫は日ごとに妻の家を移動しては寝食をともにしてきた。そうした環境にあっては、世帯は家畜が所有される基本的な単位であり、高い移動性と柔軟性を備えてきた[2]。

マサイ社会における親族集団としては、二つの半族(moiety)と六つの氏族(clan)がある。伝説によれば、最初のマサイの男性には二人の妻がいた[Sankan 1971=1989:10-17]。第一夫人ナドモンゲ(Nadomong'e, 赤褐色の去勢牛の人)にはロケセン(Lokesen)、レリアン(Lelian)、ロセロ(Losero)の三人の

写真2-1　集落の外観. 入り口の向こう側に家が見える.

写真2-2
牛糞と土を混ぜて壁の素材とした伝統的な家屋.

息子がいた。この三人を始祖とするマケセン(*Il-makesen*)、モレリアン(*Il-molelian*)、ターロセロ(*Il-taarosero*)の三つの氏族がオドモンギ(*odomongi*, 赤褐色の去勢牛)半族を構成している。また、第二夫人のナロクイルモンギ(Narook-Ilmongi, 黒い去勢牛の人)にはルクム(Lukum)とナイセル(Naiser)の二人の息子がおり、その二人の息子を始祖とするルクマイ(*Il-ukumai*)とライセル(*Il-aiser*)、そして、始祖となる人物が不明なライタヨック(*Il-aitayok*)の三氏族がオロクキテング(*Orokkiteng*, 黒い牡牛)半族に属している。ライセルとライタヨックのサブ氏族のなかには内婚の単位となっているものもあるが、そのほかの氏族は基本的に外婚の単位となっている[Spencer 2004:19]。

マサイ社会の場合、一つの地域集団のなかに複数の氏族が住んでいることが一般的である。各氏族の居住域はおおよそ決まっていることが多く、通過儀礼は地域集団のなかで氏族ごとに分かれて執り行われることも多い。また、現在でも、結婚式や葬式などを中心となって取りしきるのは、結婚する人や亡くなった人と同じ氏族の人間である。こうした点で、日常的に氏族のつながりが意味を持つ場面は決して少なくない。とはいえ、地域集団の境界を超えて氏族が一つにまとまって行動するということはなく、地域集団の境界のほうが氏族の共通性よりも強い意味を持ってきた。

◎年齢階梯制度にもとづく役割の違い

地域集団に分かれて生活しているマサイであるが、年齢階梯と年齢組からなる年齢体系のもとで共通の社会的な構造を持っており、それにかかわる一連の通過儀礼は、一四～一五年をおよその周期としてすべての地域集団で時期をあわせて実施されてきた。そうした通過儀礼を経るなかで、マサイの男性は少年から青年、そして、長老へと年齢階梯としての立場を変化させていく。なお、女性は割礼を契機として少女から妻ないし母へと位置づけが変化するものの、男性のように年齢組が組織されることはない。

マサイの少年のおもな仕事は放牧を中心とする家畜の世話と家事の手伝いである。グランディ

写真2-3　ヤギとヒツジの放牧中，木の実を枝をゆすって落とそうとしている子どもたち．

写真2-4　家のそとで小学校の宿題をする子どもたち．

ンたちによれば、マサイの男子は三～四歳のころから集落の周辺で大人が家畜の幼獣の世話をするのを手伝い、六～七歳でヤギやヒツジといった小家畜の世話を一日中行い、八～九歳で仔ウシ、一一歳では成牛の世話をするようになるという[Grandin et al. 1991b:72]。乾季の長距離・長期間の放牧であれば、青年や若い長老が家畜とともに遊動をするが、雨季の日帰り放牧などであれば少年だけで行われることも珍しくない(写真2-3)。最近では、幼稚園や学校に通う子どもの数も増えており(写真2-4)、普段の家畜の世話は学校に通えない子ども(他世帯から雇われる場合もある)や母親がすることもある。

少年は割礼儀礼を経験することで青年(*ol-murrani/il-murran*)となる。多くの先行研究では、マサイの青年は戦士(warriors)と訳されてきた[Hodgson 2001; Sankan 1971=1989; Saitoti 1988; Spear and Waller eds. 1993; Spencer 2003, 2004]。というのも、青年には「マサイの家畜群の守護者」[Spencer 1993:150]あるいは「財産と人命の〝保護者〟」[Sankan 1971=1989:52]としての役割が与えられ、家畜や人を襲う危険な野生動物を殺すこと、ほかの民族やマサイの地域集団と戦うこと、また、異なる民族や地域集団を襲って家畜を強奪してくるレイディングを担ってきたからである(写真2-5)。

青年にとってライオンを狩猟することは非常に名誉なことであったし、レイディングは一時に大量の家畜を獲得して財産を増やすことができる機会であった。そのため、マサイ社会のなかで青年にのみこうした行為が許されるというとき、それは青年=戦士としての特権(privileges/excellences, *enk-isul-ata*)と理解されてきた(3)[Spencer 2004:68]。ポール・スペンサーは青年階梯を「男らし

写真2–5　現代のマサイの青年＝戦士たち（2014年2月）.

さが最高潮を迎える」時期と表現しており、それがいかに当人以外にとっても重要であるかについて、以下のように書いている。「少年は早くその時期を迎えたいと待ち望み、長老はその時代を懐かしく思い返す。そして、少女は恋人となる人物を探して青年をじっと見つめ、若い妻は〔青年との不貞を〕疑われ、その母は子どもの地位を溺愛する。青年は周囲からの脚光を一身に浴びる」［Spencer 2004:68］。また、タンザニア生まれのマサイのテピリト・オレ・サイトティも、その自伝のなかで「かつて、戦士は神のごとき存在であり、女も男も戦士の両親となることだけを望んでいた」と書いている［Saitoti 1988:71］。

ある期間に割礼を経験して少年から青年になった男性は、一つの年齢集団（*ol-porror*／*il-pororri*）を構成し、家族の暮らす集落から離れて自分たちだけの集落をつくって共同生活を送るようになる[4](**写真2-6**)。そして、数年後に結成されたもう一つの年齢集団と合わさって、一つの年齢組(*ol-aji/il-ajijik*)をつくる。さきに組織される年齢集団は「右手派」(*ilmanki/e-mur-ata e tatene*)、あとに組織される年齢集団は「左手派」(*ilmaina/e-mur-ata e kedianye*)と呼ばれる。[5]「右手派」「左手派」のそれぞれを組織するための割礼が開始される時期や、それら二つを一緒にして新しい年齢組を結成する「結合式」(*olngesher*)が開かれる時期は、長老たちが話し合って決めてきた。[6] ただし、本書が対象とするロイトキトク地域集団が属するキソンゴ地域集団では「右手派/左手派」の区別がなく、割礼を受けた少年たちは初めから年齢組を結成する。

写真2-6　これから割礼を受ける少年たちの装い.

　青年となることで男性は家畜の世話をはじめとする家事の手伝いから解放され、家族の束縛を受けずに狩猟やレイディングに出かけることができるようになる。また、青年たちは自分たちだけの集落を形成し、両親から離れて同僚と集団生活を送るようになる。そうした共同生活のなかでは、長老の監督のもとで年齢集団を代表する"*ol-aiguenani*"(複数形 *il-aiguenak*)が選ばれる。年齢集団のなかには何人かの権威者ないし儀礼的なリーダーがいるが、そのなかでも最も重要であり強い権威が認められるのがこの*"ol-aiguenani"*である。これまでのマサイ研究では、それは多くの場合「代弁者」(spokesman)と訳されてきた[Homewood and Rodgers 1991; Hughes 2006; Mol 1996; Spencer 2003, 2004]。青年たちは、長老の教育を受けながら「代弁者」を中心として話し合いをつうじて物事を決めていくやり方を学んでゆくことになる。そうして話し合いが行われるときに「代弁者」に求められるのは、メンバーのあいだから一定の合意や結論が出てくるよう議論を静観したり話し合いをうまく誘導したりすることであって、自分から積極的に発言したり一方的に結論を下したりすることではなかった[Spencer 2004:105]。また、「代弁者」には年齢集団内の規律を監督することに加えて、ほかの年齢集団と自分が属する年齢集団とのあいだで問題が生じたときに両者の関係を良好なものに保つよう適切に対処することが期待されていた[7][Spencer 2004:103–105]。ただ、学校教育が普及した現在では、普段は寄宿生の学校に通っていて、長期休暇のときにだけ実家に帰ってきては数日だけ同じ年齢集団の仲間と集落で共同生活を送る青年も珍しく

写真2–7　ひさしぶりに実家に帰ってきて家畜の世話をする寄宿生たち.

写真2-8　マサイの長老たち（左から2番目は調査助手の青年）．

ない（写真2-7）。

そして、青年から長老へと階梯を上るなかで、[8] 男性は親の集落に戻り、結婚して自分の世帯を持つようになる。これにともない、彼が考えるべきことは同じ年齢集団の仲間（青年）から自分の家族や自分が暮らす近隣集団や地域集団のことへと移っていく。マサイ社会において長老に求められる一般的な役割としては、牧畜にかんして適切な指示を出すことや人びとのあいだのもめごとをうまく処理することがある（写真2-8）。ただ、今日であれば地方行政官（local chief）によって任命された五人の長老が務める顧問委員会（chief advisory committee）が地域のもめごとの調停や裁定を行うようになっており、「代弁者」や地域の長老に相談することなく顧問委員会のもとを訪れる住民も少なくない。

ウシ牧畜民としての暮らし

『世界民族事典』（二〇〇〇年）のなかで「マサイ／マーサイ」は、「牛に高い文化的・社会的価値をおく牧畜民であり、伝統的に生業活動として狩猟・採集や農耕は行わない」と説明されている［河合 2000:635]。マサイはウシのほかにヤギ・ヒツジを飼養し、また、荷役用にロバを飼うこともしてきた。それらのなかでも、ウシはミルクや肉、血といった食料を供給してくれる家畜としてだけでなく、生活のさまざまな面で社会的・文化的な意味を持つものとして扱われてきた。例えば、婚資として充分な数のウシを持っていなければ男性は結婚できなかったし、人生の節目となるような通過儀礼においてはウシが供犠として必要であった(写真2-9・2-10)。また、賠償として交換されるのも決まった数のウシであり、必要な数のウシが揃わなければ罪は贖われたことにならない。家畜を贈ることは尊敬や友情の証として大切な意味を持ってきたし、そうしたなかではヤ

写真2-9　結婚式に参列する青年と女性たち.
移動手段は後ろに見える自動車.

写真2-10
結婚式で家畜をつぶして調理をする男性たち.

ギ・ヒツジ以上にウシに強い価値と愛着がもたれてきた。なお、マサイが伝統的に飼育してきたのは背部に瘤《こぶ》があり暑さや乾燥に耐性のあるゼブー牛（コブ牛）である（写真2―11）。

マサイをはじめとする東アフリカの牧畜民が暮らす乾燥・半乾燥地では雨の降り方の変動が大きく、予測が難しい。それはたんに年間降雨量の変動が激しいというだけでなく、降り始める時期やそれが降りつづける期間、あるいは、そのときどきに雨が降る場所の予測が困難なことを意味している。こうした環境にたいする牧畜民の生態学的な適応戦略として、①土地を私有せずに高い移動性を保持すること、②複数の家畜を組み合わせること、③家畜を分散させること、④家畜群を最大に保つことの四つが挙げられる［太田 1998：291–293］。このように不確実な環境のもとで、そのときどきの状況を見きわめて「牧草と水をもとめて家畜を遊動させる」点から、牧畜民は遊牧民とも呼ばれてきた(9)［佐藤 2002：3］。とはいえ、それぞれの家族はそれぞれに定住的な集落（*em-parnat/im-parnati*）を建てる決まった場所を持っており、この点でマサイは半遊動的なウシ牧畜民ということになる。

そして、家畜の放牧は、雨季であれば朝に集落を出発して夕方に帰ってくる日帰りが基本である（写真2―12）。乾季となると家畜は数人の牧夫とともに集落から離れ、牧草や水を求めて遊動することになる。このとき、家畜の数に応じた人数の牧夫が乾季の遊動に付きそうが、女性や子ども、それに年長の男性などは少数の家畜とともに集落にとどまる（写真2―13）。定住用の集落は牧草や水場の近くなど家畜を放牧するのに好適な場所に建てられる。そして、その周囲の土地および資源は用途に応じて区分されて、近隣集団あるいは地域集団の範囲で管理されてきた[Galaty 1992:27; Grandin et al. 1991a:62; Southgate and Hulme 2000:82]。一般的に、各集落の近くには、生まれたての幼獣など長距離の移動が困難な個体を放牧するための放牧リザーブ(*ol-opololi*)が設定される(写真2-14)。放牧リザーブを利用できるのはすぐ近くの集落に暮らす人間だけで、それ以外の人間

写真2-11　朝方，集落内にとどまっているコブ牛の群れ．

写真2-12　集落から放牧に連れ出されるウシ．

写真2-13　集落のなかに留め置かれている生まれたてのヤギ．

写真2−14　木の枝でつくられた柵の左側が放牧リザーブ.

が勝手にそこで放牧をすることは認められない。それ以外の土地については、大きくは雨季の放牧地と乾季の放牧地に分けられるだけでなく、成牛用、仔ウシ用、小家畜用の三つに分けられたりしてきた。

◎二一世紀のマサイ社会

前項まで「ウシの民」としてのマサイの社会と生活を説明してきた。しかし、マサイランドのなかでも年齢体系にかかわる慣習には違いもあれば［Spencer 2003］、牧畜以上に農耕や狩猟採集を生業の柱としてきた地域集団もいる［Spear and Waller eds. 1993］。また、現在であれば、ケニアの首都ナイロビのような大都市で生活するマサイもいれば［池谷 2006］、東アフリカの主要な観光地がマサイランドの内部や周囲にあるということで、観光業は多くのマサイにとって珍しいものではなくなっている（写真2−15）。そうした今日の多様なマサイの生活のすべてを説明することはとてもできないのだが、ここではキャサリーン・

写真2-15　観光集落で外国人観光客に土産物を販売する女性（セレンゲティ国立公園）.

ホームウッドたちが二〇〇九年に刊行した『マサイでありつづけるのか？——東アフリカ牧草地における生計、保全、開発』［Homewood et al. eds. 2009］の結果を示すことで、おおよそマサイの人たちの生計がどのようになっているのかを紹介したい。

その本のなかでホームウッドたちは、東アフリカのなかでも人気の観光地となっている保護区の周辺を調査地として選んでいる。具体的には、ケニアからはマラ（Mara，マサイ・マラ Maasai Mara 国立リザーブの北東部）、キテンゲラ（Kitengera，ナイロビ国立公園の南部）、アンボセリ（アンボセリ国立公園の周辺）の三カ所が、タンザニアからはロンギド（Longido，キリマンジャロ山国立公園の西部からアリューシャ Arusha 国立公園の北部、そしてアンボセリ国立公園の南西部）とタランギレ（Tarangire，タランギレ国立公園の東部）の二カ所である。

まず、表2-1は五つの調査地域において確認された生計手段とそれぞれの平均年収・従事世帯割合を整理したものである。ここからは、文字どおり一〇〇パーセント近くの世帯が家畜を飼っているうえに平均収入としても家畜が最大であること、また、地域によってばらつきがあると

表2-1　地域別の生計構造

	マ　ラ (n=219)		キテンゲラ (n=177)		アンボセリ (n=184)		ロンギド (n=229)		タランギレ (n=27; 192)*5	
	平均年収*3	従事世帯割合(%)	平均年収	従事世帯割合(%)	平均年収	従事世帯割合(%)	平均年収	従事世帯割合(%)	平均年収	従事世帯割合(%)
賃金・給料	619 n.a.	8	1245 (±1149)	38	672 (±750)	19	387 (±566)	29	728 (±2020)	24
仕送り	n.a.	n.a.	n.a.	n.a.	n.a.	n.a.	44 (±82)	6	254 (±387)	7
野生動物関連	601 (±691)	64	248 (±135)	14	691 (±706)	8	44 (±36)	3	974 (±1631)	8
ビジネス	279*4 (±263)	24	1119 (±1064)	53	502 (±584)	38	314 (±304)	19	619 (±598)	5
小規模な商業			308 (±244)	9	152 (±126)	13	40 (±28)	6	294 (±350)	3
鉱業	0	0	0	0	0	0	0	0	1035 (±1695)	32
農作物*1	52 (±105)	24	202 (±284)	68	390 (±496)	47	175 (±266)	67	405 (±705)	88
土地賃貸	1593 (±763)	4	0	0	0	0	0	0	n.a.	n.a.
家畜*2	2079 (±2776)	94	1345 (±1810)	99	1025 (±1207)	98	753 (±1595)	95	1325 (±1612)	96

*1 販売された農作物と消費された農作物の価値の合計.
*2 生きている個体とと畜された個体の両方の価値およびミルクや皮などの生産物の販売額の合計.
*3 従事世帯のなかの平均値(米ドル), 括弧内は標準偏差.
*4 ビジネスと小規模な商業の合計額.
*5 家畜のみサンプル世帯数は27, それ以外の項目のサンプル世帯数は192.
出所:Homewood et al. [2009:373]

表2-2　地域別の収入

総収入	マ　ラ	キテンゲラ	アンボセリ	ロンギド	タランギレ
米ドル／世帯／年(平均値)	2625 (±2892)	2511 (±2497)	1583 (±1655)	733 (±1518)	2317 (±2150)
米ドル／世帯／年(中央値)	1627	2340	n.a.	259	1759
平均世帯人数	8.61	3.86	12.45	12.2	7.5
平均値／人／年	305 (±354)	650 (±647)	127 (±133)	60 (±124)	309 (±287)
平均値／人／日	0.84	1.78	0.35	0.16	0.85

* 括弧内の数値は標準偏差.
出所:Homewood et al. [2009:374]

はいえ、いずれの地域にあっても約半数（以上）の住民が従事している生計活動が牧畜以外にあり、複合的な生計が決して珍しいものではないことがわかる。マラ以外の四地域においては、収入額としては決して大きくないものの農耕に従事する住民の割合が相当数に上っていることがわかる。

図2-2　世帯収入の構成割合

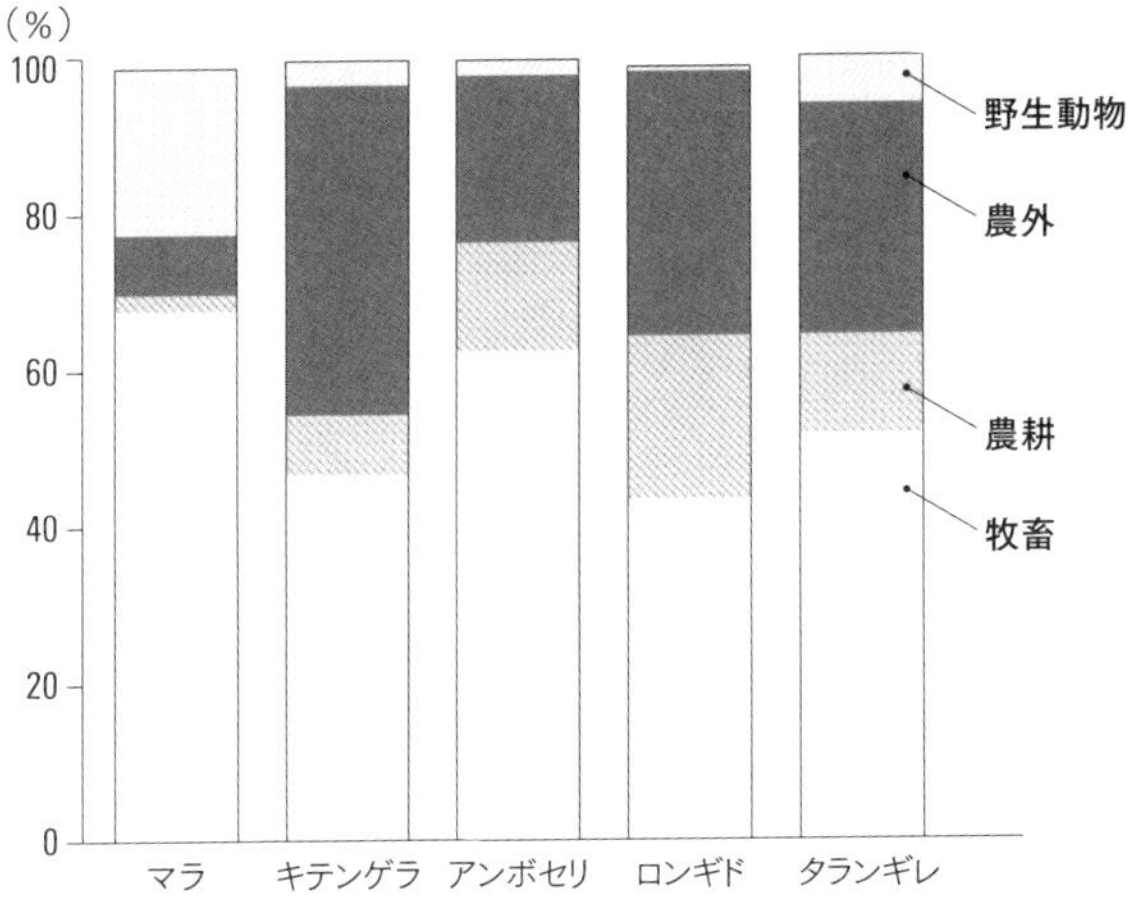

出所：Homewood et al.［2009：374］

また、表2-2はそうした各地域の収入の平均値を示したものである。各地域で調査が行われた時期には一九九九年から二〇〇六年と幅があるが、ケニアとタンザニアの一人あたり名目GDPは、一九九九年で四四二・四三米ドルと二九七・五九米ドル、二〇〇六年で六三七・二三米ドルと三七〇・九一米ドルである。いずれの地域でも貧富の格差があるとはいえ、キテンゲラ以外の四地域の世帯は明らかに国の平均以下の収入規模であることがわかる。

そして、図2-2は五地域の世帯収入に占める四つの生計手段（家畜、農耕、野生動物関連、その他）の割合を示したものである。ここからは、平均的には家畜からの収入が世帯収入の半分前後と最も大きな割合を占めていること、マラでは観光収入が野生動物に次ぐ収入源となっているものの、それ以外の四地域では農外収入が農耕や野生動物以上の収入源となっていることがわかる[10]。ホームウッドたちはマサイランドのなかでも観光業が盛んな地域を選んでいるはずだが、それにもかかわらず住民の多くにとって観光業は生計の足しにはあまりなっていないことになる。

2 共存の歴史

つづいてこの第2節では、イギリスによるケニアの植民地支配が開始されて以降の、野生動物保全の歴史を説明する[11]。地域社会と野生動物とのかかわりはあとの章で説明するとして、ここでは、現在では「野生の王国」のイメージが強いケニアであるが、そのイメージにそった政策がとられるようになったのは意外に最近のことで、歴史的に保全政策は国外のアクターの影響も受けながら大きく変化してきたこと、そうした歴史のなかでは長らく地域社会の意向は無視されてきたことを確認したい。

◎植民地における利用と保護、駆除の対立

アフリカをめぐるヨーロッパ列強の争いが激しさを増していた一九世紀後半、マサイランドは

インド洋沿岸からナイル川の源流であるウガンダに至る最短ルートに位置していた。ケニアがイギリスの植民地となったのは一九二〇年であるが、一八九五年の時点でイギリスの保護領となっており、また、さらにさかのぼって一八八八年には実質的な植民地経営を行うために大英帝国東アフリカ会社が設立されてもいた。そして、植民地支配が強められるなかでは、野生動物保全をめぐる法制度と実効的な統治とがマサイランドでも徐々に進められていった。

東アフリカ会社は一八九四年にスポーツ・ハンティング許認可規則(Sporting Licences Regulations)を設け、公的な許認可制度のもとで白人のスポーツ・ハンティングを管理することを始めた。また、一九〇〇年に作成された狩猟規則(Game Regulations)では、保護領の居住者が公務員、入植者、スポーツマン、先住民の四つのカテゴリーに分けられたうえで、先住民であるところのアフリカ人については在来の猟具がすべて違法とされたうえに銃火器の所持も禁止され、野生動物を利用する道が法律上は絶たれることとなった。

いっぽう、一九〇一年に海岸部の港湾都市モンバサ(Mombasa)からヴィクトリア湖畔のポートフローレンス(Port Florence, 現在のキスム Kisumu)までウガンダ鉄道が建設されると、マサイランドをはじめとするケニア内陸部へのアクセスが容易になり、それらの地域でもスポーツ・ハンティングが盛んになった。そして、一九〇七年にはケニアで初めて野生動物を管轄する行政部門として狩猟局(Game Department)が観光野生動物省のもとに設立された。狩猟局はスポーツ・ハンティングをつうじてより多くの経済的な利益を獲得することに重きを置いており、充分な保全活動は展開されなかった。ただし、この当時すでに利用（スポーツ・ハンティング）とは違うアプローチを求める白人も存在しており、植民地政府は複数の立場のあいだでいかに利害の調整を行うのかに苦心してもいた。

まず、野生動物の利用とは違う立場として、その保存を求める原生自然保護主義者がいた。ノラ・ケリーによれば、一八七〇年代の時点で、スポーツ・ハンティングによるアフリカゾウの絶滅を危惧してその保護を訴えた白人スポーツ・ハンターがいた［Kelly 1978］。一九〇三年には帝国野生動物保存協会（Society for the Preservation of the Fauna of the Empire）がロンドンで設立され、イギリス本国を中心としてではあるが、アフリカの野生動物の保存を求める運動が展開されるようになった。一九三三年にロンドンで開催された国際会議においては、アフリカに植民地を持つヨーロッパ列強のあいだで「動植物の自然状態における保存にかんする条約」（Convention Relative to the Preservation of Fauna and Flora in their Natural State）が結ばれ、それぞれの国は自分がアフリカに持っている植民地において原生自然保護を進めることを約束し合った(12)。

いっぽう、スポーツ・ハンターとも原生自然保護主義者とも違う立場の集団として、植民地ケニアに移住して農業を営んでいた白人入植者たちがいた。一八九七年の行政資料によれば、スポーツ・ハンティングとならんでそうした農業従事者＝入植者が害獣駆除として大量の野生動物を殺していることが問題とされるようになっていた。植民地政府はスポーツ・ハンティングから経済的な利益を得ていたが、それと同時に、農業はイギリス本国の経済成長にとって重要な産業であった。そのため、農耕適地からアフリカ人を強制移住させて白人のための入植地が用意されるいっぽうで、白人ハンターのために設立された狩猟区が入植地をつくるために削減されることもあった。また、入植者には農作物被害をもたらす害獣を殺す権利が認められており、一九二一年に策定された狩猟法(Game Ordinance)では入植地から害獣であるライオンとバッファローを駆除することが定められていた。一九三七年に禁止されるまで、白人入植者は自分の所有する土地のそとにまで害獣を追跡して殺すことが許されてもいた。

このように、白人のなかにも野生動物を資源とみなして積極的に利用する人びともいれば、それを原生自然の象徴とみなして保存を求める人びと、それに害獣として駆除を実行する者もいたことになる。植民地政府はそれらの意見と利害のあいだで何かしらのバランスをとることを試みていたわけだが、そうしたなかではアフリカ人の意見は無視されていた。当時、アフリカ人には白人のような美的感覚はなく、野生動物保全という崇高な仕事の担い手としては不適切だという偏見を白人は持っていた。ただし、そうした偏見のいっぽうで、アフリカ人は野生動物と歴史的に共存してきた未開人とも考えられていた。その結果、一九〇〇年の狩猟規則にもとづいて設立された二つの猟獣リザーブ(game reserve)はマサイの居住地域として指定されていたマサイ居留地(Maasai reserve)と重なっており、狩猟が法律的に禁止されていたとはいえマサイと野生動物が共存することが制度的に保証されていた[13]。なお、二つの猟獣リザーブがどちらもマサイランドに設立されたことからもわかるように、この時点でケニアの野生動物保全はマサイランドを中心に進められていた。

独立と「要塞型保全」の拡大

ケニアでは、国立公園の場所の選定や法制度の準備を進めるための狩猟政策委員会（Game Policy Committee）が一九三八年に設置された。第二次世界大戦が始まったことでいったんその動きは停滞したが、戦争が終結した一九四五年には国立公園法（National Parks Ordinance）が制定され、その翌年にはケニアで最初の国立公園がナイロビに設立された。国立公園では原生自然の保存がめざされており、その内部における人間活動は原則として禁止されて従来からの居住者や資源の利用者は排除されることになった。

国立公園制度がケニアに導入された背景には、イギリスをはじめとするヨーロッパにおける原生自然保護の考えの広まりやその裏返しとしてのスポーツ・ハンティングへの倫理的な批判の高まりがあった。また、野生動物の利用法が変化していたことも影響していた。つまり、それまでの野生動物を対象とするサファリ（safari, スワヒリ語で「旅行」の意味）が、角や皮などのトロフィーの獲得をめざす消費的な「ハンティング・サファリ」（hunting safaris）であったのにたいして、一九四〇年代にカメラが小型化し大衆化すると、野生動物を殺すことなく生きた姿の写真を撮ることを目的とする「カメラ・サファリ」（camera safaris, 今日、一般的に「サファリ」と呼ばれる観光形態）が広まったのである［Steinhart 2006：139–140］。ただし、国立公園を管轄する組織として国立公園局（Kenya National Parks）

が一九四五年に（国立公園法によって）設立されたとはいえ、その周囲は狩猟局の管轄下に置かれており、スポーツ・ハンティングが依然としてつづけられていた。一九六〇年代にあっても、ケニアは「ガイドつき〔スポーツ〕ハンティングの発祥の地でありメッカ」［G. Child 2009:62］として、白人ハンターに人気の場所でありつづけた。

そして、一九六三年にケニアはイギリスから独立することになるが、独立運動が激しくなるなかではアフリカ人を無視した野生動物保全政策も批判の対象となり、白人のなかには、独立後には野生動物保全が適切に行われるのか、植民地支配への報復として野生動物が危機的状況に陥るのではないかと不安に思う者もいた。そのため、野生動物の経済的な利益をアフリカ人に提供することでその協力を得ようとして、野生動物保全の権限の地方議会への移譲が独立前にアンボセリで行われた。ただ、実際に独立したあとでは、植民地時代につくられた法制度はそのまま独立後の共和国政府に引き継がれた。そして、これまで白人が占めていた地位をケニア人政治家が代わって占めるようになり、地域社会の野生動物にたいする権利が認められない状況がつづいた。また、狩猟局と国立公園局が並立している状況にも変わりはなかったが、独立を機にそれまで独立採算制であった国立公園局は観光野生動物省のもとに置かれるようになり、国立公園の管理や観光収入にたいして中央政府の支配が強められた。

その後、一九七〇年代後半にケニアの保全政策は大きく転換した。一九七六年に野生動物（保全管理）法（Wildlife (Conservation and Management) Act）が成立し、狩猟局と国立公園局を統合した野生動物保全管理局（Wildlife Conservation and Management Department）が観光野生動物省のもとに設置された。この組織改編の理由としては、一九七〇年代にゾウの密猟と象牙の密輸が増加するなかで、ケニア政府に密猟取り締まりを強化するよう求める国際的な圧力が強まっていたことがあった［Gibson 1999:73］。一九七七年には大統領令によって野生動物の狩猟が全面的に禁止され、さらに翌年にはトロフィーなどの野生動物商品を販売するために必要な許認可がすべて取り消され、ケニア国内からスポーツ・ハンティング産業およびトロフィー関係のビジネスがすべて姿を消すこととなった。また、一九八〇年代には密猟取り締まりの厳格化が進められ、ゲーム・レンジャーの増員や装備の強化などが取り組まれた。しかし、一九九〇年にケニア野生動物公社（KWS：Kenya Wildlife Service）が野生動物保全管理局に代わって組織されるまでの一〇年ほどのあいだに、国内のゾウとサイの個体数は、それぞれ八五パーセントと九七パーセントの割合で減少した［KWS 1991］。

野生動物保全管理局の時代における、こうした保全の失敗の原因としては、観光野生動物省に充分な予算が割り当てられないために人員も装備も不足しており実効的な取り締まりを行えなかったことや、大統領をはじめとする多くの政治家が密猟や密輸に手を染めるなかでは、買収や不正あるいは妨害が横行していたことがあった。

このように、国立公園制度が導入されて公的には「要塞型保全」が強化されていったものの、実態としては収奪的な消費的利用が（違法な形態をとりつつ）つづけられ、地域社会は変わらず無視されつづけていた。そのいっぽうでアンボセリでは、生態系保全と地域開発の両立をめざす「アンボセリ開発計画」が白人研究者を中心に一九七三年に考案され、政府機関や国際援助機関の支持も得ていた。一九七五年には、それを政策に反映することを提言する会期報告書(sessional paper)が作成されもした[Barrow et al. 2001:62; Western 1994a:35]。しかし結局、具体的な法制度にまで反映されることはなかった。

◎「コミュニティ主体の保全」のはじまり

密猟・密輸を有効に取り締まることができないケニア政府は、一九八〇年代後半には世界銀行などの援助機関から国際的な非難を浴びるようになり、再度の組織改変を実行することになった[Gibson 1999:74]。一九八九年に野生動物(保全管理)法が改正され、翌年にKWSが設立されたが、これが表面的な組織改変ではないことを示すために、古人類学者としてのみならず野生動物保全に熱心なことで白人社会で有名なリチャード・リーキーが初代長官に就任した。

リーキーが長官に就任したこともあって、ケニア(KWS)には多額の国際援助が提供された。そうした財源と大統領の強力な支持のもと、リーキーは野生動物に既得権益を持っていた政治家からの圧力・妨害に遭いつつも強力なリーダーシップのもとで組織の規律化と能率化を推し進め、国立公園の管理を強化していった(14)[Leakey and Morell 2002=2005]。一九八九年に野生動物(保全管理)法が改正されるなかでは、野生動物という資源を持続的に利用することで国民経済を発展させることと同時に、野生動物と同じ土地で暮らす人びとに便益をもたらすことも新たに設立されるKW

Sの責務として明記された。とはいえ、設立直後のKWSがリーキーのもとでほぼすべての力を差し向けたのは、保護区の管理ならびに密猟の取り締まりであった。そこでは密猟者は見つけしだいに射殺する厳格な方針が採られ、一九八〇年代後半以降のアフリカで広く見られた「保護区の軍隊化」(militarizing protected areas)の典型例として紹介されるほどであった[Neumann 2002:6]。

一九九一年に作成された政策枠組み(Policy Framework and Development Programme for 1991 to 1996)[KWS 1991]では、野生動物の大半は公的な保護区のそとに生息しているという事実を踏まえて、保護区周辺の地域社会の協力を得るためにCBCを推進することが明記された。具体的なプログラムとしては、一九九一年に国立公園入園料の二五パーセント(目標値)を隣接する地域社会に還元する収入分配プログラム(revenue sharing programme)と保護区野生動物保全プロジェクト(Protected Areas and Wildlife Conservation Projects)が開始され、一九九三年から一九九八年にかけては世界銀行やUSAID(米国国際開発庁)をはじめとする国際援助機関の支援を受けた生物多様性資源地域保全プロジェクト(Conservation of Biodiverse Resource Areas Project)が実施された[15]。こうした取り組みの結果、KWSは国立公園のうち(密猟取り締まり)とそと(CBC)の両面で一定の成果をおさめた。しかし、野生動物に既得権益を持っていた政治家の策謀もあり、一九九四年にリーキーは辞職へと追いこまれた。

そして二代目の長官には、その年に『自然なつながり』を刊行したウェスタンが就任した。ウェスタンが長官に就任して最初に行ったこととして、五人の専門家に全国をまわらせて住民の意見を直接に聞き集めるというものがあった。そのなかでは獣害への補償や狩猟の禁止撤廃が要望として出され、政府に提出された報告書でも、土地所有者に最大限の収入をもたらす手段としてスポーツ・ハンティングの再開を検討することが提言された。しかし、この提案をめぐって集会が開かれるなかでは、国内外のNGOやケニア観光協会(KATO：Kenya Association of Tour Operators)がスポーツ・ハンティングの再開に強く反対し論争となった[Kabiri 2010：132]。結局、スポーツ・ハンティングが再開されることはなかったが、それとは別に、ケニアで最初の国立公園であるナイロビ国立公園の創立五〇周年にあたる一九九六年には、「公園を超えた公園」(Parks beyond Parks)プログラムが開始されてCBCの拡充がめざされた[KWS 1997：35]。次章で取り上げるキマナ野生動物コミュニティ・サンクチュアリは、このプログラムに含まれていた(16)。

その後のケニアでは、野生動物関係の法律の見なおしが何度か試みられてきた。そこで論点となってきた事項としては、野生動物の所有権の定義、国立公園の管理・収入にたいする地域社会・地方議会の権利、獣害への補償制度の確立・拡充などがある。しかし、それら以上に大きな論争となりつづけているのが、スポーツ・ハンティングを典型例とする消費的利用の再開である[Kabiri 2010：130–139; Kameri-Mbote 2008：294–297]。二〇〇四年に作成された法案以降、二〇一三年に国会で審議された野生動物保全管理法案(Wildlife Conservation and Management Bill 2013)まで、野生動物の消費的利用の再開が法案に盛り込まれては論争を引き起こしている。

なお、現在のケニアの野生動物保全政策の特徴ということでいえば、ほかの多くのアフリカの国で積極的に実施されているスポーツ・ハンティングやトロフィー関連のビジネスといった消費

写真2–16　第5章で取り上げる集会の様子．KWSやNGOの職員もアフリカ系ケニア人である．

的利用を禁止している点が挙げられる。こうした政策が実際に遵守されるようになったのはリーキー長官のもとでKWSが活動し始めてからであるが、現在のケニアにあっては原生自然保護あるいは動物福祉の考えが支配的である。その一因としては、リーキー自身がそうした考えを持っていたことに加えて、国際動物福祉基金（IFAW：International Foundation for Animal Welfare）のような動物福祉系のグローバルNGOがKWSやケニア国内で活動する数多くの保全NGOに多額の資金援助をしていることが挙げられる［Kabiri 2010; Martin 2012］。野生動物の個体数調整（いわゆる間引き）も避けられる傾向にあり、それよりも麻酔で眠らせて他地域に移動させる移送（translocation）が行われる傾向がある。こうした政策は、地域社会の野生動物にたいする権利を大きく制限しているとして批判されることが多い［Child 2009a: 137; Child et al. 2004: 134–135; Kabiri 2010; Martin 2012; Nelson and Agrawal 2008］。ただ、一言つけ加えておくと、KWSだけでなく多くの保全NGOの職員をアフリカ系ケニア人が務めているとき、そうした西洋起源の環境倫理は保全の現場で働くケニア人に一般的に受容されているといえる(17)(写真2-16)。

最後に、現在のケニアにおける公的な自然保護区の状況を説明すると、KWSが管理する保護区として二三カ所の国立公園、四カ所の国立サンクチュアリ、四カ所の海洋公園があり、地方議会(county council)が管理する保護区としては、二八カ所の国立リザーブと六カ所の海洋リザーブが存在する。これらを合計すると国土の約八パーセントに相当する。こうした公的保護区の入場料は、東アフリカ市民(citizens)、東アフリカ居住者(residents)、非居住者(non-residents)の別で変わるだけでなく、最近では人気の大小によって差をつけられるようにもなっている。入園料が最も高い「プレミアム公園」(premium park)の二〇一四年の入園料であれば、大人一人あたり市民と居住者が一二〇〇ケニアシリング(約一三米ドル)、非居住者が九〇米ドルとなっている。また、ケニアの国内総生産(名目)に占める観光収入は、二〇一〇年で二・九パーセント(九・三億米ドル/三二一億米ドル)、二〇一一年で三・二パーセント(一一億米ドル/三四三億米ドル)、二〇一二年で二・八パーセント(一一・三億米ドル/四〇七億米ドル)となっている[KNBS 2011, 2012, 2013]。

3 「コミュニティ主体の保全」が生まれた地

ここまでマサイ社会の概要とケニアの野生動物保全の略史を説明してきた。それらも踏まえて、この節では本書の舞台となるロイトキトク地域の説明をする。アンボセリ国立公園の設立をめぐっては地域社会と政府とのあいだで激しい対立が起き、そのなかではCBCの雛形となる「アンボセリ開発計画」が考案されもした。そこではKWSが設立されてから先駆的なCBCプロジェクトが取り組まれてきたのであるが、それは次章でくわしく見るとして、プロジェクトが開始されるまでに地域社会がどのような歴史をたどってきていたのかを確認しておきたい。

◎アンボセリ生態系のロイトキトク・マサイ

本書でロイトキトク地域と呼ぶのは、一九六三年のケニア独立から二〇〇四年までリフト・ヴァレー州（Rift Valley Province）カジァド県（Kajiado District）のロイトキトク郡（Loitokitok Division）となっていた地域である。それは二〇〇四年に郡から県へと格上げされたが、二〇一〇年に公布された新憲法のもとでは、かつてのカジァド県に相当するカジァド・カウンティ（Kajiado County, 二万一九〇一平方キロメートル）のなかに三つあるコンスティテューエンシー（constituencies, 国会議員選挙区）の一つ、南カジァド・コンスティテューエンシー（六三五六・三平方キロメートル）とされている。南側でタンザニアと接しており、国境沿いはキリマンジャロ山の裾野にあたる。

このロイトキトク地域をテリトリーとするロイトキトク地域集団は、タンザニアの広範な土地をテリトリーとしてきたキソンゴ地域集団に属する地域集団である。モレリアン、ライセル、ライタヨックの三つの氏族が住んでおり、現在までに六つの集団ランチ（牧場）と一つの国立公園が設立されている。また、キマナ町の周囲とロイトキトク町を中心とする国境沿いは一九五〇年代以降に個人ランチとして分割されており、現在では私有地が広がっている(図2-3・表2-3)。ロイトキトク町からキマナ町へとつづく道は、北のエマリ(Emali)でケニア最大の幹線道路であるナイ

図2-3　南カジァド・コンスティテューエンシーの地図

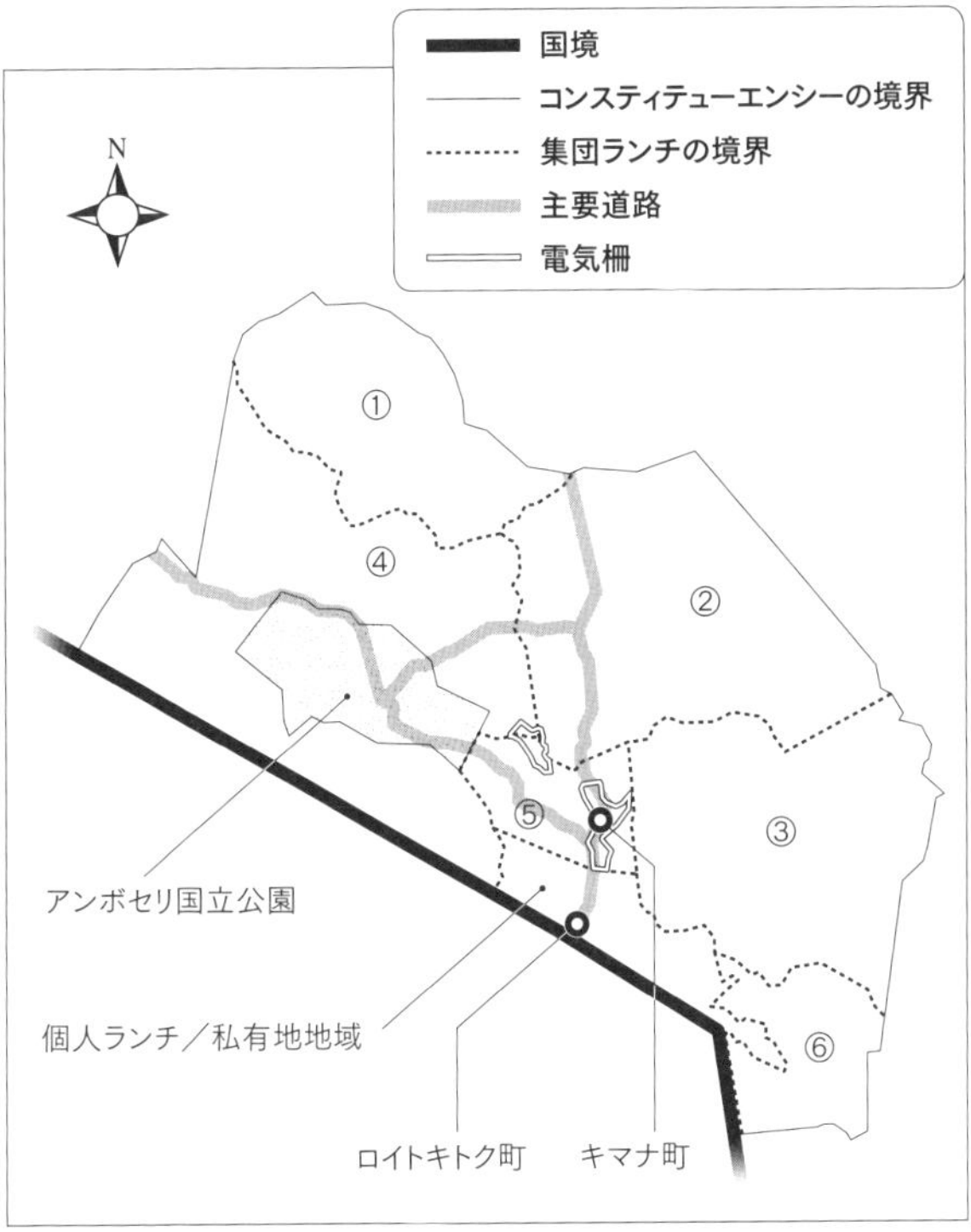

表2-3　集団ランチの面積と登録者数

	面積(ha)	登録者数
①エセレンケイ集団ランチ	74,794	1,200
②インビリカニ集団ランチ	122,893	4,585
③クク集団ランチ	96,000	5,516
④オルグルルイ集団ランチ	147,050	3,418
⑤キマナ集団ランチ	25,120	844
⑥ロンボー集団ランチ	38,000	3,665

出所: Kioko et al. [2008], Ntiati [2002] より筆者作成.

ロビ―モンバサ高速道路につながる。二〇〇九年から二〇一〇年にかけて舗装道路が整備される以前であれば道路は非常に悪く、普通乗用車での通行は困難だったが、その整備以降は、ナイロビまで三〜四時間で行けるようになり、人や物などの行き来が激しくなっている(写真2-17・2-18)。

ロイトキトク地域は一般的にアンボセリ生態系/地域という言葉で呼ばれる。アンボセリ(Amboseli)とは、マー語で「ちり/砂埃」(dust)を意味する"*em-pusel/em-posel*"が英語化したものであ

写真2-17　定期市が開かれる火曜日のキマナ町(2013年3月).

写真2-18　キマナ町の遠景.
電気と舗装道路は2009年から2010年にかけて開通した.

写真2-19　乾季に巻き起こった竜巻.

る(**写真2-19**)。雨季は三月から五月の大雨季と一一月から一二月の小雨季があり、国境沿いの山裾では年間降雨量は七〇〇ミリメートルほどで天水農耕も行われている。それにたいして、低木草地(bushed grassland)が植生の大半を占める平野部の年間降雨量は平均で四〇〇ミリメートルを下まわり、年によっては二〇〇ミリメートルに達しないこともある。(18) そんなロイトキトク地域の中心に位置するのがアンボセリ国立公園(三九〇・二六平方キロメートル)である。それはケニアに二つしかない「プレミアム公園」の一つであり、多い年には年間一五万人以上の観光客が訪れる(**写真2-20・2-21**)。KWSのウェブ・サイトにおいて、アンボセリ国立公園の観光の目玉として紹介されているのは、ゾウの大群、キリマンジャロ山(の眺め)、

写真2-20　アンボセリ国立公園でサファリを楽しむ観光客の自動車.

写真2-21　国立公園内の観光ロッジのプール.
奥にゾウの群れが見える.

ビッグ・ファイブ（ゾウ、ライオン、サイ、バッファロー、ヒョウ）、アンボセリ沼に集まるゾウやバッファロー、カバ、さまざまな鳥、そして、現在のマサイの文化と伝統的な生活である。そこで見られる野生動物としては、ヒョウ、チーター、ワイルドドッグ、バッファロー、サイ、ゾウ、キリン、シマウマ、ライオンなどの名前とともに、六〇〇種の鳥類の存在が挙げられてもいる。こうした野生動物の多くは、ロイトキトク地域の周囲にある西ツァボ国立公園（東側）やチュル・ヒルズ国立公園（北東側）、キリマンジャロ山国立公園（南側、タンザニア）なども含めた広い範囲を生息地して利用している。

「アンボセリ開発計画」の挫折

一八八〇年代にアンボセリを旅した白人探検家のジョセフ・トムソンは、「このような乾燥して埃まみれの平原で、いったいどうして、こんなにも多くの野生動物が生きていけるのだろうか」と驚いたという［Smith 2008:22 における Thomson 1885 の引用］。その後、一九三〇年代前半にはアフリカ最高峰のキリマンジャロ山を背景に野生動物を見られるサファリ観光の名所として有名になり、キャンプ場が整備されもした［Smith 2008:28–29］。そして、一九四五年に国立公園制度がケニアに導入されると、アンボセリ国立公園の設立も検討されるようになった。このときは、国立公園の建設予定地がマサイ居留地のなかにあったこと、土地を奪われることを恐れたマサイが激しく抵抗したことで、最終的に一九四八年にアンボセリには、マサイがそのなかで今までどおりに生活することができる国立リザーブ(三二六〇平方キロメートル)が設立されることとなった[Western 1994a:15–17]。一九五〇年から五〇エーカー(約二〇ヘクタール)の土地が国立公園局に賃貸されると、地方議会はそこから観光収入を得るようになった[Rutten 2004:3]。また、一九六一年には、独立後も保全が行われるよう住民の理解を得るために国立リザーブを猟獣リザーブへと変更し、管理主体を国立公園局からカジアド地方議会(OCC:Olkejuado County Council)へと変更することも行われた[Smith 2008:171; Western 1994a:17]。

このように、アンボセリでは地域社会の意向が少なからず考慮されていた。しかし、住民は国立リザーブの設立や地方議会への権限移譲が行われたあとでも自分たちの土地や権利が守られたとは考えておらず、将来的に国立公園として土地を奪われるのではないかと危惧していた[Western 1994a:17]。実際、一九五〇年代以降、牧畜民の過放牧によって砂漠化が引き起こされているという環境危機説がいわれるようになり、アンボセリに国立公園を設立して野生動物を保全することを求める世論がケニア内外の白人社会で強まっていった(19)[Smith 2008:67–68; Western 2002:88–89]。

独立直後の一九六四年、OCCは野生動物保全のために七八平方キロメートルの牧畜禁止区域を設定することを構想するが、地元議会(Loitokitok Local Council)の反対に遭って挫折した。また、一九六八年、共和国政府はアンボセリのマサイにたいして、代替的な水場を敷地外へ建設することを条件にアンボセリ沼を中心とする二〇〇平方マイル(約五一七平方キロメートル)を国立公園とする計画を提案した。これには海外の援助機関も賛同していたが、乾季の重要な放牧地を失うことになる住民は反対し、抗議の意を示す意味で野生動物を狩猟した［Western 1994a:25–26］。しかし、こうした地域社会の強硬な態度は、国立公園推進派をして、頑なに反対するばかりのマサイは無視して早急に国立公園を設立するよう今まで以上の圧力を政府にかけることにつながった［Western 1994a:26］。一九七一年には当時の大統領がアンボセリ国立公園の建設を一方的に宣言し、その後、数週間にわたってマサイが野生動物を狩り殺すという事件が発生もした［Western 1994a:30］。

のちのKWS長官であり『自然なつながり』の編著者でもあるウェスタンが、野生動物の生態学的研究を行うためにアンボセリを最初に訪れたのは一九六七年であった［Western 1994a:19, 2002:43］。そして、地域社会と政府とのあいだの軋轢を目の当たりにしたウェスタンは、国立公園とは異なる保全アプローチを考えるようになった。なぜなら、計画されていた国立公園は野生動物の生息地のごく一部を占めるだけで生態系レベルの保全にはならないうえに、国立公園から追放されるマサイが保全への反感を強めれば、公園の周囲の土地も利用して生きている野生動物の保全にとって障害を増やすだけであると考えたからである［Western 1994a:25］。

ウェスタンは地域社会や政府関係者と話し合いを重ね、一九七三年に「アンボセリ開発計画」(Development Plans for Amboseli)を完成させた。それは生態系レベルで地域社会と野生動物とが良好な関係を築き共存していけるような環境をつくることを意図したものであった。具体的には、①生態系の約六パーセントに該当する保全上きわめて重要な土地に「マサイ公園」(Maasai Park)を設置し住民の利用を制限する、②「マサイ公園」の土地を政府が奪ったり一方的に開発したりすることは認めず、そこから得られる経済的な利益を地域社会に還元する、③「マサイ公園」以外の土地にたいする地域社会の権利を保障する、④野生動物が「マサイ公園」のそとにアクセスすることを認める代わりにマサイが野生動物の利用権を持つことを保障することが提案されていた[Western 1994a:27–28]。

当初、ウェスタンは「アンボセリ開発計画」への地域社会の賛同を得ることは難しくないと考えていた。しかし、一九六九年に長老たちに草案を見せたところ彼らの激怒を買った[Western 1994a:28]。その理由としては、政府への不信感だけでなくウェスタンが「公園」という言葉を用いていたことが大きく関係していた。なぜなら、住民の理解としては、「公園」とは国立公園のことであり、それは自分たちの土地が失われることを意味していたからである。結局、ウェスタンは地域出身の国会議員をつうじて地域社会の支持を獲得した[Western 1994a:29]。しかし、その直後に集団ランチ制度の導入が知れわたり、それを設立すれば土地所有権を獲得できると理解した国会議員は、「マサイ公園」というかたちで土地を失わざるをえない「アンボセリ開発計画」への支持を放棄した[Western 1994a:29]。

それでもウェスタンは利害関係者との対話を重ね、一九七三年に「アンボセリ開発計画」を完成させたさいには観光野生動物省や家畜開発省、農業省などの政府機関だけでなく、世界銀行などのドナーの支持を得ることにも成功していた[Western 1994a:31–32]。しかし、一九七四年にアンボセリ国立公園の設立が大統領によって宣言され、マサイにとって乾季の重要な水場であるアンボセリ沼を中心とする土地に国立公園が設立された。国立公園設立の大統領令にたいして地域社会は狩猟というかたちで抵抗し、結果としてアンボセリ国立公園の面積は一九七一年に宣言された二〇〇平方マイル（約五一七平方キロメートル）から一五〇平方マイル（約三九〇平方キロメートル）へと縮小された[Smith 2008:180; Western 2002:155]。

その後も地域社会と観光野生動物省との交流はつづき、一九七五年には世界銀行や国連食糧農業機関（FAO:Food and Agriculture Organization of the United Nations）の支援を受けて開始されたケニア野生動物管理プロジェクト（Kenya Wildlife Management Project）の一環として、「アンボセリ開発計画」にそうかたちでマサイ狩猟協会（Maasai Hunting Association）が設立された。そして、狩猟割当の販売をつうじて一九七五年から七七年までのあいだに合計一九〇万ケニアシリング（約二七万一〇〇〇米ドル）が獲得された[Rutten 2004:5; Western 1994a:34–35]。そして一九七七年から八一年にかけて、野生動物保全管理局のもとで経済・社会開発が実施され、井戸の補修、水道管の敷設、野生動物利用料の支払い、観光ロッジや学校、診療所の建設が進められた[Lindsay 1987:157; Western 1994a:36–37]。

こうした開発援助は住民を喜ばせ、それ以前であれば政府の保全政策を非難していた国会議員も将来にわたるマサイによる野生動物保全を宣言していた[Western 2002:166–168]。ウェスタンによれば、ケニア全土でゾウの個体数が減少していった一九七〇～八〇年代にアンボセリ国立

図2–4　アフリカゾウの個体数

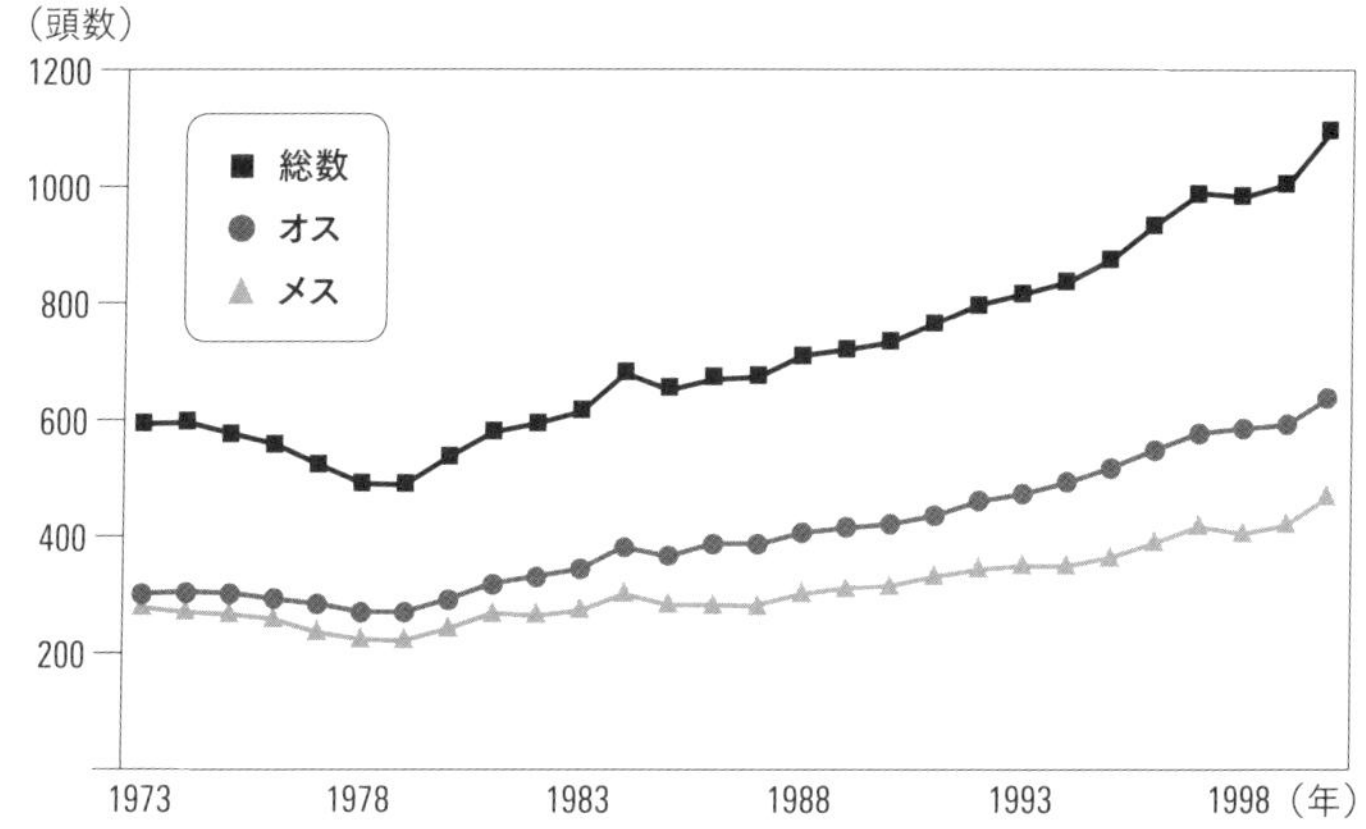

出所：Moss［2001:48］

公園では逆に個体数が微増傾向をたどったのは、住民が密猟の取り締まりに協力したからだという[20]［Western 1994a:41–42］（図2–4）。それにたいしてキース・リンドセイは、その時期に狩猟があまり行われなかったのは新しい年齢組の結成が遅れていて、狩猟を担う青年が不在だったからであると指摘している［Lindsay 1987:158］。実際、新しい青年階梯が組織された一九八三年から一九八五年までのあいだに、三頭のサイと二〇頭以上のゾウが狩り殺された［Lindsay 1987:160］。また、野生動物保全管理局の予算が減らされて開発が停滞した一九八二年以降、マサイによる野生動物の狩猟や国立公園内における放牧などの違法活動が増加したことをウェスタンも認めている［Western 1994a:39–40］。このような状況にあって、次章で取り上げるコミュニティ・サンクチュアリの建設がKWSからキマナ集団ランチに提案されたのである。

◎集団ランチ制度の導入

ここまでに何回か集団ランチという言葉が出てきた。それは今日のマサイランドでCBCも含めた開発プロジェクトが取り組まれるさいに基盤となることが多い組織であり、コミュニティの意味で参照されることも少なくないものである。

そもそも、イギリスの植民地科学者のあいだでは、過耕作や過放牧などのアフリカ人の誤った土地利用によって土壌侵食や砂漠化が引き起こされていると一九三〇年代に考えられるようになり、マサイランドも過放牧の問題が深刻に懸念される土地として言及されるようになった［Anderson 2002:135; 水野 2009:320］。一九五〇年代にマサイ社会への家畜頭数の制限や放牧地の計画的な輪転の導入が試みられ失敗していたが［太田 1998:302–303］、六五〜八〇パーセントの家畜が死亡したと推測される大干ばつが一九六〇年から一九六一年にかけて発生すると［Galaty 1980:161］、牧畜社会へのランチング制度の導入が検討されるようになった(21)。

ランチングとは、「広大な土地を利用してなるべく少ない労働力によって家畜を飼育して、市場向けの畜産物を生産する」［太田 1998:301］ことである。ランチング制度の導入が図られた理由としては、土地所有権を認めることで遊動的な牧畜民を定住化させて国家統治に組み込むこと、利用可能な資源の所有権を明確にして政策的な支援を充実させることで、家畜飼養をより商業的なものへと変容し国民経済に寄与させること、環境収容力にもとづく家畜の頭数制限を導入することで過放牧を抑制し環境を保全すること、そして、地域集団のテリトリーを細分化して集団ランチを創設することで地域集団を基盤とする伝統的な政治構造とは異なる統治基盤をつくり出すことがあった［Galaty 1980:162–163; Grandin 1991:30; 太田 1998:301–302; Oxby 1981:47–48］。

集団ランチに先んじて、一九五〇年代には個人ランチが設立され一定の成功をおさめていた。しかし、そうした個人単位の土地分配を全人口に行うことは不可能であるということで、（その後も個人ランチの分割がつづけられたが）一九六八年の土地（集団代表）法（Land (Group Representative) Act）によって集団ランチが制度化された。牧畜を行ううえで生態面から適切と思われる面積を各集団に割り当てるとともに、定住化の誘因となる給水場の建設や伝染病の対策などの支援策も制度のなかには含まれていた［Galaty 1980:160; 太田 1998:301–302; Oxby 1981:47–48］。

ロイトキトクにかぎらず、マサイランド全体で集団ランチ制度は積極的に導入された。その最大の理由は、それを組織してメンバーになれば法的に認められた土地所有権を獲得できるからであって、政府や国際援助機関が推奨する牧畜の「近代化」へのマサイの関心は総じて低かった。地域集団のテリトリーを分割するかたちで集団ランチが設立されるとき、一つの集団ランチだけでは放牧地として不充分なことをマサイもわかっており、家族が別々の集団ランチのメンバーとなることや一人が複数の集団ランチに登録されることが試みられたし、集団ランチが設立されたあとであっても、それまでと同じように集団ランチの境界を超えて放牧がつづけられた地域が大半であった［太田 1998:304–305］。

しかし、一九七〇年代の後半から八〇年代にかけて政府がそれを積極的に推奨したこともあって、共有地である集団ランチを私有地へと細分化する共有地分割が多くの集団ランチで実行されるようになった［Campbell et al. 2005：780］。その背景には、個人的な融資を得るための担保として共有地は不適格であり私有地が必要であったことや、他民族の流入だけでなくマサイ社会における人口増加によって土地をめぐる競合が高まったこと、また、実際に集団ランチが設立されたものの期待したほどの開発の恩恵に与れなかったとして、共有であることに疑問をもち個人での開発を志向する人びとがいたことなどがあった［Galaty 1992：28；Grandin 1991：35；Mwangi 2007a：823, 2007b：898］。ただし、そうして共有地分割が実現したことで生じた大きな問題として、目先の大金につられて土地を売却したり、借金のかたに土地を失い生活の基盤を失う人びとが現れたことがあった［Galaty 1992］。

また、集団ランチにはそれにかかわる諸事を統括する運営委員会の設置が義務づけられていた。そして、多くの集団ランチで運営委員会を務めたのは教育歴の高い人物や地域社会の外部と交流のあるメンバーであり、「代弁者」や長老のような慣習的な権威者ではなかった。運営委員会は集団ランチを対象とする政策や援助の窓口であり、政治的・経済的な影響力を持つなかでは新しい権威として振る舞うようになり、地域社会における権威の所在をめぐって混乱が起きるようにもなった(22)。

農耕化の最前線にあるキマナ集団ランチ

本書の中心的な舞台となるキマナ集団ランチは一九七二年に設立された。それはロイトキトク地域のなかで、面積(二五一・二平方キロメートル)の点でも登録者数(八四四人)の点でも最小/最少である。なお、地域内のほかの集団ランチと同様に、モレリアン、ライセル、ライタヨックの三氏族が住んでおり、各氏族から一人ずつ選ばれる代表者によって運営委員会のトップ3である「オフィシャル」(official)、すなわち委員長(chairman)、会計(treasurer)、書記(secretary)の三役が分担されてきた。

ロイトキトク地域には、国境を挟んで南に位置するキリマンジャロ山と北東部に位置するチュル・ヒルズから地下水脈が流れてきており、それが湧き出ることで川や沼、泉などが多数つくられている(写真2-22・2-23)。そして、キマナ集団ランチの北東部に位置するキマナ沼と、北部にあってインビリカニ集団ランチとオルグルルイ集団ランチにまたがっているナメロック沼の周囲は、平野部のなかでも早くから農耕が試みられてきた土地である[Campbell 1993; Campbell et al. 2005; Smith 2008; Southgate and Hulme 2000]。

ロイトキトク町は、一九二一年に植民地支配の拠点として設立された。標高が高く降雨量の多い山裾は天水農耕に向いていたが、眠り病を媒介するツェツエバエが生息していたことから、マサイは放牧地としての利用を避けていた。ただ、ロイトキトク町を建設するための労働者として連れてこられたカンバ（おもな生業は農耕で狩猟も行う）は、一九二〇年代にはロイトキトク町の周辺で農耕を行っていた［Rutten 1992:189］。そのいっぽうで、ケニアで最大の人口を持つキクユやタンザニア側のキリマンジャロ山麓に暮らすチャガなどの農耕民も、土地を求めてロイトキトク地域

写真2-22　キマナ／ティコンド川．
1年中水が流れており，住民が利用している．

写真2-23　キマナ町近くの泉に生活用水を汲みに来た男性．

に移住してきてはマサイと結婚して農耕を行ってもいた。当時の資料によれば、一九三〇～四〇年代のカジアド県で農耕におもに従事していたのはキクユとチャガであったという［Rutten 1992: 241］。一九六三年にイギリスから独立したことで、アフリカ人は以前よりも自由に移動することができるようになった。それにともない、より多くの他民族が土地（農地）を求めてロイトキトク地域に移住してくるなかでは、キマナ沼とナメロック沼の周辺においても灌漑農耕が開始されるようになった(23)［Campbell 1993: 265］。そして、一九七〇年代半ばから一九八〇年代にかけて、政府の農業開発支援もあって水場の周囲のサバンナでも農地が拡大していった［Campbell et al. 2005: 774］（写真2-24）。

写真2-24　ナメロック沼の周辺の灌漑農地．手前は農地を囲う電気柵．

ここで、**表2-4**と**表2-5**は、一九八八年のカジアド県（当時）の農業センサスをもとに県内の四地域において農耕がどのように取り組まれていたのかを整理したものである。表2-4からは、カジアド県のなかでも実際の耕作面積に占めるロイトキトク郡の割合が六九・七パーセントと高い割合を占めていることがわかる。また表2－5からは、総数としてはマサイが農耕従事世帯の二七・六パーセントを占めているなかで、ロイトキトク郡では灌漑農耕においてはマサイが三九・九パーセントとほかよりも高い割合を占めていた（天水農耕となると二〇・三パーセントにまで割合が下がる）ことがわかる。農耕民が多く移住してくるなかにあっては、総数としては天水農耕よりも少ないとはいえ、灌漑農耕がこの地域のマサイにとって決して縁遠いものではなくなっていたことがわかるだろう。

また、『マサイでありつづけるのか？』のなかでシャウナ・バーンシルヴァーは、アンボセリ国立公園周辺のマサイ社会の生計を分析している［BurnSilver 2009］。それはキマナ集団ランチを対象に含んでいないのだが、統計分析の結果として、今日のロイトキトク地域における生計が以下の八つに分けられるという（括弧内はおおよその世帯年収）。すなわち、家畜集約型（八〇〇米ドル以下）、家畜消費型（八〇〇～九〇〇米ドル）、家畜・ビジネス型（一六〇〇米ドル以上）、家畜・賃労働型（二五〇〇米ドル以上）、農牧複合を中心とする多様型（二五〇〇米ドル）、低地農耕を中心とする多様型（一七〇〇～一八〇〇米ドル）、家畜・低地農耕型（一三〇〇～一四〇〇米ドル）、灌漑／高地農耕牧畜複合型（九〇〇～

ロイトキトク（灌漑農耕）		カジァド県	
1554		7846	
平均	合計	平均	合計
6.60	10256	7.61	59708
2.54	3947	5.97	46841
2.22	3450	4.39	34444
1.19	1849	1.76	13823
53.6		40.1	

ロイトキトク郡（灌漑農耕）			
1554			
マサイ	キクユ	カンバ	その他
620	567	152	215
5.8	3.0	2.8	1.0
43.6	31.4	27.7	35.2
50.6	65.7	69.5	63.8

表2-4　1980年代末のカジァド県における農耕世帯の規模

	中央		ンゴング		マガディ		ロイトキトク（天水農耕）	
農耕従事世帯数	954		2314		273		2751	
	平均	合計	平均	合計	平均	合計	平均	合計
世帯人数	9.44	9006	7.47	17286	5.68	1551	7.87	21650
所有面積	18.54	17687	6.32	14624	4.15	1133	5.28	14525
可耕面積	8.77	8367	5.21	12056	4.00	1092	4.01	11032
耕作面積	1.25	1193	1.10	2545	1.63	445	2.83	7791
耕作率（%）*	14.3		21.1		40.8		70.6	

* 耕作率＝耕作面積／可耕面積×100.
出所：Rutten［1992：151］

表2-5　1980年代末のカジァド県における民族別の農耕の目的

	カジァド県				ロイトキトク郡（天水農耕）			
農耕従事世帯数	7846				2751			
民族	マサイ	キクユ	カンバ	その他	マサイ	キクユ	カンバ	その他
農耕従事世帯数	2164	3757	873	1052	559	1169	250	773
自給目的（%）	45.6	51.3	49.9	19.1	25.0	16.0	43.2	19.5
販売目的（%）	12.6	5.3	6.1	8.3	0.6	1.3	0.4	1.7
自給・販売（%）	41.8	43.4	44.0	72.6	74.4	82.7	56.4	78.8

出所：Rutten［1992：154］

一〇〇〇米ドル）である。ここから明らかなのは、生計の多様化が進むなかで収入が小さいのは牧畜以外の生計に従事していない世帯であるということである。

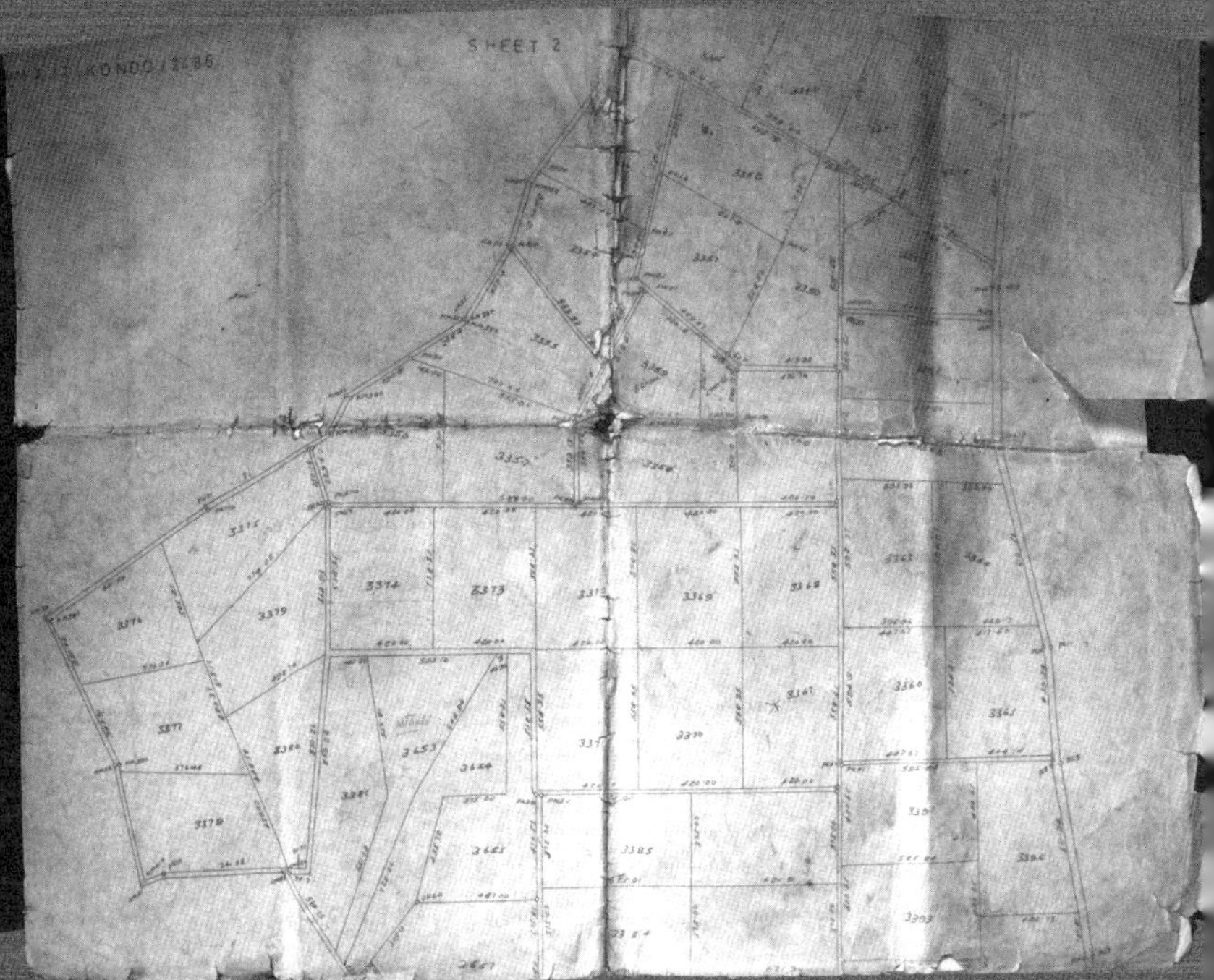

第3章 保全を裏切る便益

——コミュニティ・サンクチュアリからの地域発展

集団ランチの共有地を私的分割するために専門の測量士によってつくられた地図.

はじめに

ケニアにおける国立公園設立の五〇周年を記念して、一九九六年に開始されたのが「公園を超えた公園」プログラムである。その記念冊子『ケニアの国立公園一九四六〜一九九六――五〇年の挑戦と達成「公園を超えた公園」』のなかで、「この政策〔CBC〕の恩恵を受ける最初の事例」であり、「地域コミュニティの完全な参加と関与」が実現している取り組みとして紹介されていたのが、この章で取り上げるキマナ・サンクチュアリである〔KWS 1997:53〕。

写真3−1　キマナ・サンクチュアリの看板（2006年5月）.

一九九六年にオープンしたときのサンクチュアリの正式名称は、キマナ・コミュニティ野生動物サンクチュアリ。『ケニアの国立公園一九四六〜一九九六』では、それがアンボセリ国立公園の東に位置するキマナ集団ランチの共有地のなかでも、多くの野生動物が日常的に利用しており国立公園外の重要な生息地であるキマナ沼の周りに建てられていることが説明されていた。最初にその説明を読んだとき、わたしは「地域コミュニティの完全な参加と関与」が具体的にどのようなものであるのかを想像できないでいた。とはいえ、CBCの理想と思しき「地域コミュニティの完全な参加と関与」がキマナで実現しているというのであれば、まずはそこに行って実際の様子を見るのが一番早いだろうと思い、わたしは二〇〇五年一〇月に現地を訪れた。そして、すでに「地域コミュニティの完全な参加と関与」は放棄され、その名前から「コミュニティ」の文字も外されていることを知った（写真3−1）。

キマナ・サンクチュアリは現在もキマナ集団ランチの北東部に存在している。すでに二〇年近い歴史を持つサンクチュアリであるが、「便益基盤のアプローチ」として始まり、「地域コミュニティの完全な参加と関与」をいったんは実現したものの、結局はコミュニティ・サンクチュアリではなくなっていく前半一〇年ほどの経緯と結果を、この章では見ていきたい。

1 「便益基盤アプローチ」のもとでの「完全な参加と関与」

まず本節では、国際援助を受けたKWSのもとでいかにキマナ・コミュニティ野生動物サンクチュアリが設立されたのか、そして、それが地域社会の管理するコミュニティ・サンクチュアリから民間企業が経営するプライヴェート・サンクチュアリへと変わっていく経緯とその成果を説明する。

◎コミュニティ・サンクチュアリとしてのオープン

一九九〇年にKWSが設立されると、初代長官リーキーはその年のうちにアンボセリを訪れ、すべての集団ランチの「オフィシャル」と会った［Smith 2008:204］。そのさい、一九七〇年代に建設されたものの一九八〇年代半ばから放置されていた給水場を修理することやアンボセリ国立公園の入園料の二五パーセントを集団ランチに支払うことを約束し、住民を大いに喜ばせた。また、生物多様性資源地域保全プロジェクトの一環として、KWSは一九九二年にキマナ集団ランチの代表者をライキピアとナロックというアンボセリとならぶ野生動物観光の名所に連れて行ったた［Rutten 2004:12］。KWSの意図としては、野生動物が便益をもたらすことを住民に理解してもらい、地域社会がその保全に関心や関与を持つようになることがあった。そもそも、キマナ集団ランチは「アンボセリ開発計画」のなかでも観光開発の候補地として名前が挙げられており［Rutten 2004:11 における Western and Thresher 1973:60–61 の引用］、観光地としてのポテンシャルは以前から認められていた。

このスタディー・ツアーについては、一九九四年に開かれた集会で集団ランチのメンバーに報告され、その場で野生動物サンクチュアリを設立することが参加者のあいだで合意された。その

写真3-2 サンクチュアリ開設を記した看板(右)と,
英国旅行作家組合から贈られたシルバー・オッター賞の記念碑(左).

後、集団ランチの運営委員会はKWSの支援を受けながら具体的な計画を作成し、一九九五年には長老たちの賛同を得ることに成功した[Rutten 2004:12]。先行研究によれば、サンクチュアリの建設計画が受けいれられた理由としては、キマナ沼の周辺で農地を新たに開拓することが政府によって禁止されたこと、KWSや政府には土地を奪い取る意図がなく、むしろ、生物多様性資源地域保全プロジェクトの援助を受けられることを知ったこと[Rutten 2004:12]、また、一九九四年に新たに選出された「オフィシャル」が観光開発に積極的であったことがある[Smith 2008:227–228]。それに加えて、わたしが聞き取りをするなかでは、政府が持ち込む保全プロジェクトへの不信感(土地をさらに奪われるのではないかという危惧)が完全に解消されていたわけではなかったが、国立公園の内外で観光業が発展してきた様子を見て、サンクチュアリをつうじて経済的な利益が得られると期待するようになっていたことも賛同理由の一つであったという話を聞いた[1]。

一九九六年の二月二八日、キマナ・コミュニティ野生動物サンクチュアリは、キマナ集団ランチの北東部に位置するキマナ沼を中心とする六〇平方キロメートルの土地を敷地としてオープンした。そのさいには、当時のKWS長官であるウェスタンをはじめ、サンクチュアリの設立にかかわったドナーの関係者や報道陣も含めて数百人が集まり、盛大に式典が開かれた［Smith 2008: 228］。また、コミュニティ・サンクチュアリとして、地域社会が所有する土地上に建てられて住民が自ら管理・経営をしているという点が評価され、英国旅行作家組合（British Guild of Travel Writers）から優れた国際的な観光プロジェクトに贈られるシルバー・オッター賞（Silver Otter Award）を一二月に受賞した。さらに、イギリスの英国放送協会（BBC: British Broadcasting Corpration）によってドキュメンタリー番組が作成されもした。そうした一連の宣伝の効果もあってか、年末までに八〇〇人以上の観光客がサンクチュアリを訪れた［Watson 1999: 19］（写真3-2）。

◎「便益基盤のアプローチ」としての国際的な支援

国際的な注目を集めたコミュニティ・サンクチュアリのオープンであったが、そこでキマナ集団ランチは数多くの外部支援を受けていた［Rutten 2004: 13-14; Smith 2008: 227-228; Watson 1999: 19］。世界銀行やUSAIDなどが支援する生物多様性資源地域保全プロジェクトをつうじて、敷地内の道路や職員宿舎の建設費用や、一七人のゲーム・レンジャーと七人のコミュニティ・スカウト、集団ランチのなかから選ばれたマネージャーの訓練費用や給料が支払われていた。また、欧州連合の支援で、サンクチュアリを利用する野生動物が周囲に暮らす人びとに害をもたらさないようキマナ町とナメロック沼の周囲に電気柵が設置されたほか、国内外のNGOや民間企業はインフラ整備の費用に加えて事務処理も含めた管理業務の支援やサンクチュアリの宣伝などにも協力した。

オープンしたあともサンクチュアリはさまざまなかたちで外部からの支援を受けており、ゲーム・レンジャーを統括する上級監督官（senior warden）がKWSの元職員であり、その訓練はKWSの施設を用いて行われてもいた。しかし、サンクチュアリのマネージャーは集団ランチのなかから選ばれた男性であり、彼と運営委員会がサンクチュアリの管理と経営の責任者であった。この点を指して、KWSはキマナ・サンクチュアリを「地域コミュニティの完全な参加と関与」が実現している事例と表現していたと考えられる。

なお、『ケニアの国立公園一九四六〜一九九六』のなかでウェスタンは、CBCを「現場の人びとをエンパワーメントして、彼ら彼女らが野生動物の便益に与るようになること、その結果として、野生動物を保全するイニシアティブを取るようになること」をめざす試みと説明している［KWS 1997:37］。コミュニティ・サンクチュアリというアイデアはKWSが一方的に押しつけたものではなく、それは集団ランチ内の話し合いを経て合意されたものであった。ただし、外部支援者からさまざまな援助が提供されはしたものの、新たな権限の移譲や保全をめぐる対話が行われていたわけではなかった。こうした点で、CBCとしてのコミュニティ・サンクチュアリの基本的な性格は「便益基盤のアプローチ」であったといえる。また、『ケニアの国立公園一九四六〜

一九九六』では、ケニアの野生動物の多くは国立公園などの公的に設立された保護区の周囲、つまりは住民の土地を利用して生息していることが強調されていた。キマナ・サンクチュアリの場合も、野生動物がアンボセリ国立公園とそれとのあいだを移動することが前提にされており、野生動物が住民の土地を利用することを保全の前提として、人間と野生動物の分断ではなく共存をめざしていたことになる。

◎プライヴェート・サンクチュアリとしての再開

オープンから二年が経過した一九九八年に生物多様性資源地域保全プロジェクトが終了した。KWSはすべての責任をキマナ集団ランチに委ねてサンクチュアリへの支援を撤収させた。そして一九九九年、キマナ集団ランチの運営委員会は、スイスに本社を持つホテル・チェーンでありケニア国内でいくつものホテルやロッジを経営していたアフリカン・サファリ・クラブ(ASC: African Safari Club)と契約を交わし、翌年から一〇年間にわたってサンクチュアリを賃貸することに合意した。華々しいオープンからわずか三年目にこうした決定が下された基本的な理由は、満足のいくような経済的な利益がサンクチュアリから得られない状況がつづき、それは集団ランチに観光業を経営するだけの能力が欠けているからであると多くの住民が考えるようになったからであった。

集団ランチに代わってサンクチュアリを管理・経営する主体としては、いくつかの観光会社が候補に挙がっていた。そのうち、多くの住民が望んでいたのはアバークロンビー・アンド・ケント(AK:Abercrombie & Kent)だった[Rutten 2004:16]。AKは全世界に支社を持つグローバルな旅行代理店であり、一九六〇年代からアフリカでサファリ観光を展開してきた企業である。一〇年間という契約期間にたいしてASCは六五〇万ケニアシリングを提示したのにたいし、AKは一五年間で五〇〇万ケニアシリングの契約金を提案した。金額面ではASCのほうが好条件であったが、メンバーの多くは、敷地内の利用を禁止するつもりでいたASCではなく、そこにおける放牧や資源利用を今までどおりに認めるAKを支持した。しかし、最終的に運営委員会はより多くの契約金を提示したASCとのあいだで契約を取り交わした。

二〇〇〇年三月からASCはサンクチュアリの管理・経営を開始した。キマナ集団ランチとの契約内容としては、毎月の土地の賃料が二〇万ケニアシリング(毎年一〇パーセント増額)、滞在する観光客一人一日あたりの宿泊料が二五〇ケニアシリング、また、職員はできるかぎりキマナ集団ランチから雇用すること、地元で生産している商品を購入することが約束された[Rutten 2004:16]。こうしてサンクチュアリはASCの本社から派遣されたマネージャーによって管理されることとなり、その敷地を集団ランチの人間や家畜が利用することはできなくなった。また、サンクチュアリの管理に集団ランチ(運営委員会)が関与することは認められなくなり、その名前から「コミュニティ」が外されることになった。

2 「完全な参加と関与」を放棄した結果

前節ではキマナ・サンクチュアリを管理・経営する主体が集団ランチからASCへと交代する経緯について説明をした。そこではサンクチュアリから得られる便益の多寡が大きな理由となっていたわけだが、実際のところ、それぞれの時期にサンクチュアリはどれほどの便益を生み出していたのだろうか？　正確な記録が残されていないため詳細な実態はわからないのだが、管理・経営主体の転換にともなって集団ランチが受け取る便益が大きくなったことは確かであると考えられる。この点を本節では可能な範囲で確認していきたい。

◎コミュニティ・サンクチュアリからの便益

まず、コミュニティ・サンクチュアリの時期、すなわち、集団ランチから選出されたマネージャーが運営委員会とともに働いていた一九九六年から一九九九年についてである。この時期のサンクチュアリへの入場料はケニア人が一〇〇ケニアシリング、それ以外は一〇米ドルであった。入場者数の正確な記録は集団ランチにも残っていないが、KWSや生物多様性資源地域保全プロジェクトなどで引用される数値として、一九九六年の入場者数が「八〇〇人以上」であったというものがある［KWS 1997:53; Watson 1999:19］。これは三月から一二月までの一〇カ月間の数値であり、

入場者がすべて外国人であったとすると、一九九六年の入場料収入は八〇〇〇米ドル以上ということになる。(2)

一九九七年以降の観光収入については具体的な金額はわかっていないが、それが一九九六年を上まわっていたとは考えにくい。その理由としては、第一にマルセル・ルテンによれば、一九九八年にKWSが支援を停止したあとでサンクチュアリの経営状態が悪化したからである[Rutten 2004:15]。また、当時のサンクチュアリで上級監督官の仕事をしていた元KWS職員に聞き取りをしたところ、一九九六年にオープンして以降、サンクチュアリを訪れる観光客数も収入も毎年減っていったと述べていた。この点に関連して無視できないこととして、ケニアを訪れる観光客が一九九〇年代後半に激減したという事実がある。ケニアでは、一九九七年末の総選挙のさいに東アフリカ大地溝帯や海岸部で「民族紛争」が発生したことに加えて、一九九八年八月にはナイロビのアメリカ大使館を狙ったイスラム過激派による爆破テロが起きた。これらの結果、ケニアを訪れる観光客数は一九九七年の一四〇万人から一九九八年には一〇七万人へと急落しており、アンボセリ国立公園の年間入園者数も、それまでの年間一一万人前後から一九九八年には六万二八〇〇人にまで激減した(表3−1)。少なくとも、KWSの金銭支援が停止するのとあわせてサンクチュアリを訪れる観光客も大幅に減少していたことはまず間違いない。

こうした情報からは、一九九七年に入場者数が前年よりも増加していた可能性を完全に否定することはできない。とはいえ、一九九八年には収入が大幅に(おそらくは一九九六年以下の水準にまで)

表3-1　主要保護区の入場者数（単位：1000人）

年	動物孤児院（ナイロビ）	ナイロビ国立公園	アンボセリ国立公園	西ツァボ国立公園	東ツァボ国立公園	ナクル湖国立公園	マサイ・マラ国立リザーブ	公的保護区の合計
1995	212.1	113.5	114.8	93.1	228.8	166.8	133.2	1493.1
1996	210.6	158.3	109.1	93.6	137.5	156.9	130.3	1530.0
1997	193.7	149.6	117.2	88.6	123.2	132.1	118.3	1403.2
1998	164.7	122.3	62.8	54.9	66.8	111.0	100.4	1072.2
1999	235.1	139.2	77.0	60.9	111.5	189.3	171.0	1533.0
2000	266.1	130.3	93.5	78.6	124.9	193.3	193.5	1644.8
2001	151.1	101.6	91.5	78.7	132.7	209.4	207.2	1650.6
2002	254.5	90.4	92.0	76.3	152.8	229.8	231.1	1784.1
2003	205.3	71.3	54.7	62.6	119.2	216.7	233.0	1576.4
2004	239.4	92.5	101.6	92.7	158.5	257.0	240.0	1820.5
2005	257.8	99.9	126.2	105.7	180.1	344.6	285.2	2132.9
2006	227.9	101.8	153.2	130.9	223.3	327.0	316.5	2363.8
2007	264.8	93.0	156.4	134.8	237.1	346.8	279.7	2462.9
2008	284.5	91.8	84.7	71.2	110.9	137.7	60.0	1634.2
2009	450.4	102.7	133.0	102.7	203.8	189.3	157.9	2385.3

出所：MTK［n.d.］より筆者作成．

減ったことは確実に思われる。というのも、この時期には積極的なマーケティングが行われていなかったからである。集団ランチ内から選ばれて一九九九年までマネージャーを務めた男性に聞き取りをしたところ、彼はそれ以前に観光業について専門的な教育は受けておらず、採用が決まったあとでKWSの施設で六カ月間の訓練を受けていた。彼によれば、当時の自分の仕事内容に問題はなく、マネージャーの職をつづけられなかったのは集団ランチ内のポリティクスに巻き込まれたからだという(3)。ただ、彼一人がマネージャーとしての仕事をしていたというとき、より多くの観光客を獲得するために不可欠なマーケティングはすべて

KWSに任せていたとのことであり、全国的に観光業が低迷していた時期についてもとくに何らの対策も講じず、そうした問題が起きていたことも理解していなかった。

民間企業のもとでの便益

ASCが管理・経営を始めたことで状況は大きく変わった。まず、集団ランチが受け取る金銭収入を二〇〇五年一一月に当時のマネージャー(ASCの社員)に聞き取りをしたところ、二〇〇四年一一月から二〇〇五年一〇月までの一二カ月間の宿泊人数はのべ二万三三三九人とのことであった。キマナ集団ランチの会計によれば、二〇〇五年の土地使用料は月二四万五〇〇〇ケニアシリング(4)、宿泊料は契約をした当時から変わらず一人一泊二五〇ケニアシリングとのことなので、集団ランチは契約にもとづき一年間に約二九四万ケニアシリング(二〇〇五年の為替レートで約三万七四〇〇米ドル、以下同様)の土地使用料と約五八三万ケニアシリング(約七万四二〇〇米ドル)の宿泊料、合計約八七七万ケニアシリング(約一一万二〇〇〇米ドル)を受け取っていたことになる。

また、二〇〇八年九月に新たにサンクチュアリに赴任したマネージャーに聞き取りをしたときは、土地使用料は毎月約三〇万ケニアシリング、前年(二〇〇七年)の宿泊人数は年間で一万八〇〇〇人ほどとのことであった(宿泊料は変わらず二五〇ケニアシリング)。土地使用料・宿泊者数ともに正確な数値ではないが、これらの数値にもとづけば、集団ランチへの一年間での支払額は八一〇万ケニアシリング(二〇〇七年の為替レートで約一一万九〇〇〇米ドル)となる。その内訳は、土地使用料が三六〇〇万ケニアシリング（約五万二七〇〇米ドル）、宿泊料が四五〇〇万ケニアシリング（約六万五九〇〇米ドル）である。二つの時期で内訳が異なっているうえにコミュニティ・サンクチュアリの時代の収入は不確かであるとはいえ、外部の民間企業に貸し出されることで現金収入が一〇倍以上にまで増えていた可能性があることになる。

また、雇用人数も大幅に増えていた。二〇〇五年一一月に聞き取りをしたさいには、サンクチュアリでＡＳＣが雇用している人間は全部で一四九人であり、そのうち一〇七人がマサイとのことであった。この一〇七人全員がキマナ集団ランチのメンバーであるのかどうかは確認できなかったが、⑸ コミュニティ・サンクチュアリの時代の雇用者数が一五人ほどであったのと比べると大幅な増加といえるだろう。マネージャーによれば、そうしたマサイの多くが就いている職種はゲーム・レンジャー、警備、室内清掃、庭師など英語が話せずともできるもので、その月給は六〇〇〇ケニアシリング（二〇〇五年の為替レートで約七六米ドル）からスタートするとのことだった（運転手など専門的な技能が求められる職種であれば、最低でも九〇〇〇〜一万ケニアシリング）。国立公園周辺の観光ロッジのマネージャーに聞き取りをしたところ、それらにおいても門番や警備などの給料はほぼ同額であった。ちなみに、キマナ集団ランチで農夫や牧夫として雇用される場合の平均的な月収は二〇〇〇ケニアシリングである。少なくとも金額面でいえば、そうした仕事よりもサンクチュアリ（および観光業）への就職は好条件ということになる（なお、コミュニティ・サンクチュアリのころのマネージャーはＫＷＳより毎月二万ケニアシリングを支払われていたという）。

こうした現金収入・雇用機会以外の便益として、サンクチュアリのすぐ近くに観光集落が建てられたことで一部の住民が新たな現金収入源を得るようになってもいた。ここでいう観光集落とは、その名のとおりに観光客向けにつくられた集落であり、そこには「伝統的」な住居が集落の中心につくられた家畜囲いの周りに円状にならんでおり、さらにその外周は有刺状の枝などでつくられた垣根によって囲まれている。そして、観光客から入場料を徴収する代わりに、「伝統的」な歌と踊りを観光客に披露し、マサイの「伝統的」な暮らしや「近代化」した現在の生活を説明して、

写真3-3　キマナ・サンクチュアリ近くの観光集落の家屋.

写真3-4　観光集落で観光客に販売される土産物.

最後にビーズ・アクセサリーなどの土産物が販売されるという流れが定番である(写真3-3・3-4)。

ケニアからタンザニアにかけてのマサイランドでは、野生動物観光をするための保護区の周囲に観光集落をよく見かけるし、アンボセリ国立公園の周囲にもいくつもつくられてきた。そのうちの一つが、ASCがサンクチュアリの管理・経営を始めてから、そのすぐ近く(徒歩で一〇分ほど、自動車であれば数分)につくられた。そこには十数軒の家屋があり(居住者の数には変動あり)、入場料は三〇〇〇ケニアシリングである。観光集落の運営委員も断片的にしか訪問者数を記録していなかったが、記録が残っていたところでは、二〇〇六年一二月が二四二人、二〇〇七年六月が三四五人、七月が三一二人とのことであった。入場料は観光集落の運営委員会が管理しており、基本的にはそこに居住する世帯のあいだで均等に配分される。土産物の売り上げはすべて売った個人の収入となる。そこに暮らす住民によれば、一日に何回も観光客が来る日であれば三〇〇〇ケニアシリング以上を売り上げることもあったという。(6) そこで販売される土産物のなかでも最も安い腕輪やネックレスは、ナイロビの土産物屋であれば一つ一〇〇ケニアシリングで売られている。観光集落で売られるときはその数倍の値段で売られることも多いし、手の込んだビーズ・アクセサリーは住民のあいだであっても一〇〇〇ケニアシリングを超える値段で売買される。

このようにサンクチュアリがより多くの便益を集団ランチにもたらすようになったのは、ASCがそれだけの資本投下をしたからであった。オープン当時のコミュニティ・サンクチュアリには宿泊施設もなければ自前の交通・輸送手段もなく、アンボセリ国立公園を目当てとする観光客が副次的に立ち寄ることを期待する以上に集客を行うことは困難だったと考えられる。そうした状況であったからこそ、オープン初年度に八〇〇人以上の入場者を記録したとはいえ、それはアンボセリ国立公園の入園者数（一〇万九一〇〇人）の一〇〇分の一以下であったことになる。しかし、そうした状況はモンバサを拠点にビーチ・リゾートも展開しているASCが経営を開始してから変わった。ASCは、宿泊施設（ロッジとキャンプ場）を整備するだけでなく、移動・輸送手段（自動車とセスナ、その発着場）も用意し、サンクチュアリを野生動物サファリの拠点につくり変えた（写真3-5・3-6）。

写真3-5　キマナ・サンクチュアリのゼブラ・ロッジの入り口．1泊2食の宿泊で70米ドルだった（2006年4月）．

写真3-6　ゼブラ・ロッジ内で観光客が宿泊するロッジ調の寝室（2008年10月）．

現在ではASCは観光ビジネスを停止しており、ウェブ・サイトも閉鎖されてしまっているが、以前であれば四カ国語（英語、フランス語、ドイツ語、イタリア語）で閲覧可能なウェブ・サイトでは、野生動物や宿泊施設の写真も数多く見ることができた。そして、アンボセリだけでなくツァボやマサイ・マラも目的地に含む野生動物サファリのパッケージ・ツアーを販売するなかでは、アンボセリにおける宿泊場所としてキマナ・サンクチュアリ内のロッジが利用されていた。こうした設備投資と宣伝があったからこそ、サンクチュアリが集団ランチに提供する便益として契約料だけでなく雇用機会も増加したことになる。こうした事実を踏まえると、コミュニティ・サンクチュアリの管理・経営がいかに不充分なものであったかが明らかだろう。

◎便益のゆくえ

先行研究によれば、オープン当初のサンクチュアリでは収入の三〇パーセントが維持管理費、八パーセントが個人への分配、そして、六二パーセントが集団ランチ全体の共有地分割のために使われていたとされる[Rutten 2004:15]。ただし、ここでいう個人への分配が具体的に何を意味しているのかは不明である。二〇〇五年から二〇〇六年にかけて、過去および当時の運営委員会などに聞き取りをしたさいも、収入が共有地分割のために使われていたという話はコミュニティ・サンクチュアリ当時のマネージャーからしか聞けなかった。

それとは対照的に、ASCによる経営が開始されて以降については、おもには奨学金と共有地分割の二つに用いることが、年次総会をはじめとする集会やメンバー間の日常的なコミュニケーションをつうじてキマナ集団ランチのメンバーであればほぼ全員に知れわたっていた。ただし、収入は会計と書記が管理しており、運営委員だけでなく委員長ですら具体的な収入額や各項目の支出額などを把握していなかった。そして、集団ランチのなかでは、会計や書記がサンクチュアリからの金銭収入を着服しているということを多くのメンバーが話してもいた。

集団ランチの共有地分割ということでは、学校や教会、道路、それにサンクチュアリや市場、家畜が利用する水場などは共有地として分割の対象から外された。そして、それを除いた土地が八四四人のメンバーに均等に分割された。各人は農耕に適した水場周辺の土地二エーカー(約〇・八ヘクタール)をナメロックの電気柵内あるいはサンクチュアリの西方のイシネッティに、また、放牧用の乾燥地六〇エーカー(約二四ヘクタール)をそれ以外の集団ランチ内の土地から獲得することになった。

集団ランチのなかで共有地をどのように分割するかが議論されるなかでは、農地の分割についてはとくに反対意見は出なかったが、放牧地も細分化することについては反対する者も多かった。というのも、二四ヘクタールだけでは家畜の放牧地として狭すぎることは明らかだったからである。二〇一二年の八月から九月にかけて行った一一六世帯を対象とする質問票調査のなかで、共有地分割を実施するまえの評価を聞いたところ、実際に共有地分割を行うまえであれば、回答者の五〇パーセントがそれを支持していたいっぽうで、四〇パーセントは不支持であったという(「わからない」一パーセント、n.a.=11)。それにもかかわらず放牧地までもが分割された理由としては、リーダー層の影響があったようである。共有の放牧地として(何の開発もされずに)放置していると政府に取り上げられて農耕民に分配されてしまう恐れがあるとして、当時の国会議員が共有地分割を強く勧めていたということを何人ものメンバーが口にしていた。また、集団ランチの元委員長の家族をはじめ、アンボセリ国立公園のすぐ近くに親族や家族で獲得した（複数の）放牧地にホテル・チェーンを誘致して観光ロッジを建てたという事例がいくつかあるとき、多くの住民は、それらの土地が特定の人びとに意図的に割り当てられたと考えており、そうした人物は観光開発を意図して共有地の分割を推進していたと考えてもいる(7)。

なお、キマナ集団ランチの住民であれば、個人ランチとして過去に分割されていたキマナ町の周辺ですでに土地の売買や開発が行われているのを見知っていた。そのため、土地の私的所有権を獲得することで何が可能となるのかをわかったうえで総じて肯定的に受けとめられていた。二〇一二年の時点で共有地分割をどう評価するかを質問票調査で聞いたところ、それを支持する回答者は七六パーセント、支持しない回答者は二二パーセントであった（n.a.=2）。ここで、先に紹介した実施前の評価の場合も、共有地分割が支持・評価される一番の理由は私有地を獲得できたことであった。いっぽう、実施前に支持をしていなかった人びとの理由としては放牧地の不足（の懸念）が六三パーセントで最多であり、二〇一二年の時点でそれを支持しない理由としては土地の売却が三九パーセントで最多で、放牧地の不足を挙げた人びとの割合はそれに次ぐ二〇パーセントであった。実際に土地が分割されたあとで放牧地が不足しているとの意識はあまり持たれておらず、それよりも土地を売ることで生活の拠点を失う人びとが現れていることのほうが問題として考えられていることになる。

ところで、ケニア全体で見れば、共有地分割は一九八〇年代に入ってからマサイランドの各地で実行されてきたが、キマナ集団ランチのなかでも一九九〇年代から共有地分割を求める声が出てきて運営委員会で話し合われてもいた。しかし、集団ランチ全体を分割するためには、専門家を雇って土地の測量と地図の作成、土地の境界となる目印の設置、そして、政府に各人の権利証書の発行を依頼しなければならず、莫大な費用がかかる（写真3-7）。そうした費用を捻出する手立てがなかったために分割の話が具体的に進みはしなかった。それがASCと契約を交わして毎年一定の金銭収入が受け取れるようになったことで、その年のうちに運営委員会のなかで合意が形成されて、メンバーも含めた集団ランチ全体としても二〇〇一年には合意ができあがった（ただし、二〇一四年の時点で権利証書の取得は完了していない）。当時の集団ランチの委員長も述べていたように、膨大な費用がかかることは明らかななかで共有地分割という開発行為を決

写真3-7　私有地の境界を示すために埋められた杭．

断できたのは、ASCにサンクチュアリを貸し出すことで毎年一定額の金銭収入を得ることが期待できるようになったからであった。

3 住民にとって重要なこと

キマナ集団ランチは、KWSなどが支援したコミュニティ・サンクチュアリへの「完全な参加と関与」を放棄することで、より多くの経済的な便益を獲得していた。たしかに、コミュニティ・サンクチュアリとして見れば、それは失敗に終わっていたことになる。とはいえ、それによって共有地分割を可能にするほどの便益を得ていたわけであり、そうした状況にあって、「便益基盤のアプローチ」が想定するように住民が野生動物保全にたいして肯定的な態度を持つようになったのか、そこで人びとが考える野生動物保全とはどのようなものなのかを検討していきたい。

保全もサンクチュアリも好評価？

ここでは、二〇〇八年の一〇月から一一月にかけてキマナ集団ランチに暮らす二〇三世帯（所属する集団ランチのメンバーは合計三一八人）を対象として行った質問票調査の結果をもとに、住民の野生動物保全にたいする考えを見ていく。第5章で説明するように、この調査を行った当時、キマナ集団ランチとASCの関係は非常に悪化しており、できるならばすぐにでもASCをサンクチュアリから追い出したいと多くのメンバーが公にいっているような状況であった。それでも、以下で見るように保全およびサンクチュアリにたいする住民の回答は総じて肯定的なものであった。

まず、サンクチュアリが目的としていた野生動物保全について、それを重要であると思うかと聞いたところ、八一パーセントの住民が「はい(重要である)」と答え、「いいえ(重要ではない)」の一六パーセントを大きく上まわった(n.a.=6)。そして、新しいサンクチュアリを建てることをどう思うかと聞くと、賛成が七六パーセント、反対が二一パーセント、「わからない」が三パーセントであった。こうした結果からは、少なくともキマナ集団ランチの大多数の人びとが野生動物保全を支持しており、サンクチュアリのようなかたちで自分たちの土地を野生動物のために提供することに意欲的であることがわかる。

ただし、新しくサンクチュアリを建てることに賛成した人びとにその理由を聞いたところ、保全との回答は四パーセントだけであり(n=155)、それよりも便益に関連する項目のほうが多かった。最も多かった回答が、雇用機会を生み出すからというもので五二パーセント、次いで何らかの便益をもたらすからという回答が四三パーセント、それら以外の少数回答として、被害の減少(五パーセント)、地域発展(二パーセント)、被害への補償(二パーセント)、奨学金(一パーセント)、電気柵(一パーセント)、共有地分割(一パーセント)があった。これらのうち、被害の減少と被害への補償、電気柵は野生動物管理学における獣害管理とみなすこともできるが、保全か獣害管理のみを回答した住民は八パーセントだけであり、サンクチュアリが評価される理由として保全が占める割合は相当に小さいことになる。なお、サンクチュアリを新しくつくることに反対する理由として一番多かったのは獣害が増えるからというもので四〇パーセントであり、それ以外では、放牧地が減る(二六パーセント)、何も便益がない(九パーセント)、必要性を感じない(七パーセント)、それを建てるための土地がない(五パーセント)、便益が少ない(五パーセント)などであった(n=43, n.a.=2)。

住民がサンクチュアリの新設に賛成するおもな理由が便益であるとき、そもそも住民は設立の目的をどのように理解していたのだろうか？　それを確認するために、最初にサンクチュアリが設立されたときの目的は何であったのかを質問したところ、便益の獲得との回答が五四パーセントで最も多く、それ以外の便益に関連するものとして、観光開発(一一パーセント)や雇用機会の創出(〇パーセント＝一人)といった回答もあった。それと同時に、野生動物保全を回答に含む者は四三パーセント、野生動物保全だけを回答した者も二九パーセントいた。つまり、半数には達しないとはいえ、サンクチュアリが野生動物保全を意図して設立されたことを一定数の住民は理解していたことになる。

また、キマナ・サンクチュアリがそれまでに生み出した良い結果と悪い結果として何があるかを聞いたところ、良い結果として保全を回答した人は、補償と同じく一人だけだった。そして、「わからない」という答えが一一パーセント、「(良い結果は)何もない」という答えが六パーセントとなった以外では、共有地分割(六一パーセント)を筆頭に、雇用機会(二〇パーセント)、奨学金(八パーセント)、便益(四パーセント)、医療費(〇パーセント=一人)など、大きくは「便益」という言葉で括ることができるような回答が多数を占めた。この結果からは、サンクチュアリがこれまでに何かしらの良い結果(便益)を生み出したというとき、雇用機会や奨学金以上に共有地分割が大きな成果として考えられていたこともわかる。

いっぽう、サンクチュアリの悪い結果については、「わからない」と「何もない」がどちらも一六パーセントであった。それ以外であれば、多い順に雇用機会の少なさ(二〇パーセント)、敷地内での放牧の禁止(一八パーセント)、職員の給料の遅配(一五パーセント)、職員の給料の低さ(九パーセント)、「オフィシャル」の汚職(八パーセント)、集団ランチへの便益の小ささ(六パーセント)、獣害(五パーセント)、管理の拙さ(一パーセント)となった。七割弱の人びとは、サンクチュアリには何かしらの負の側面があると考えているわけだが、ここで重要なのは、そうして挙げられる問題点の多くが便益にかかわる不満であって、獣害のような野生動物にかかわる問題ではなかったということである。

このように、何かしらの問題があるといいながら、多くの住民が新しくサンクチュアリを建てることに賛成しているのは、サンクチュアリが便益を生み出す可能性を認めているからだと考えられる。それは例えば、野生動物からの受益感を聞いた結果からもわかる。つまり、自分の世帯が野生動物から便益を得ていると考えている世帯は三四パーセントであり、そうは考えない世帯のほうが六六パーセントと多かった(「わからない」〇パーセント＝一名)。しかし、六一パーセントの回答者は野生動物の便益が集団ランチに還元されていると考えており、そうは考えない人びと(二四パーセント)との割合は世帯の場合と逆転していた(「わからない」一四パーセント)。

そもそも、野生動物保全を重要と考える人びとが多数派を形成しているという事実からは、「便益基盤のアプローチ」の想定したとおりにサンクチュアリからの便益によって住民が保全を支持するようになった、つまり、「便益基盤のアプローチ」が成功したかのようにも見える。しかし、アンボセリ生態系に生息する野生動物のなかでも保全の対象として最も重視されているゾウについて質問すると、とても保全を支持しているようには思えない回答が返ってきた。つまり、ゾウが増えることを無条件に認める人が九パーセント、現状の維持を認める人であっても三パーセントにすぎなかった。現状では反対であるが、適切な獣害対策が施されたならば個体数の増加を認めるという人びとが七パーセントいたものの、回答者の七三パーセントが個体数の減少を望んでおり、四パーセントの人びとはゾウの絶滅を求めてさえいた(n.a.=4)。そして、そうしてゾウの減少や絶滅を希望する人びとのうちの七七パーセントが、野生動物保全は重要であると回答してもいた。こうした住民の意見は、絶滅危惧種であるゾウを保全する目的で密猟の取り締まりに力を入れているKWSやグローバルNGOには、とても受けいれがたい考えである。

◎住民にとっての野生動物保全の意味

多くの住民にとって、野生動物保全は何を意味しているのだろうか？　その答えを考えるために、まずは具体的に野生動物保全としてどのような活動が取り組まれるべきかという質問への回答から見ていきたい。複数回答の結果を回答率が高い順に挙げていくと、電気柵の設置（三八パーセント）、人間・農地から遠ざけること（二七パーセント）、保護区（国立公園・サンクチュアリ）への追い払い（二三パーセント）、密猟者の取り締まり（一五パーセント）、「わからない」（七パーセント）、被害への補償（四パーセント）、パトロール（一パーセント）、保護区の増設（一パーセント）、ゲーム・スカウトの増員（一パーセント）、害獣駆除（〇パーセント＝一人）であった。ここで、八〇パーセントの住民は上位三つの回答のうち少なくとも一つを回答していた。それらはいずれも人間と野生動物を分離すること、あるいは、少なくとも両者のあいだに距離をつくろうとする行為である。また、聞き方を変えて、野生動物はどこで暮らすべきかと尋ねたところ、答えとして出てきたのは国立公園（七一パーセント）、サンクチュアリ（四八パーセント）、家屋や農地から遠い場所（一六パーセント）であった（「わからない」一パーセント、複数回答）。このうち三番目の回答であれば、野生動物が集落や農地から離れた放牧地を利用することは許容されるが、それ（と「わからない」）以外の八三パーセントの住民は、野生動物が保護区のなかにとどまってそとに出てこないことを求めていたことになる。

このように住民が野生動物とのあいだに距離を求める基本的な理由は、それが農作物被害をもたらしているからであった。質問票調査を行った二〇三世帯のなかで農耕を行っていた一九六世帯のうち、九五パーセントの世帯が過去に農作物被害の経験を持っていた（写真3-8・3-9）。さら

写真3-8　ゾウに荒らされたメイズ畑とその持ち主（2008年8月）.

写真3-9　畑の地面に広がるメイズの残骸.

に、質問票調査を行った二〇〇八年についても、各世帯を訪問した一〇月から一一月までに八〇パーセントの世帯が農作物被害を受けてもいた（n.a.=2）。そして、野生動物がもたらすものとして、便益と被害のどちらが大きいかと質問したところ、便益のほうが被害より大きいと答えた人びとは一一パーセントにとどまり、被害のほうが便益よりも大きいという回答が七四パーセントに上った（ほかに「わからない」「どちらともいえない」など判断を避ける答えが一四パーセント）。

実際、第5章で中心的に取り上げるグローバルNGOが二〇〇八年七月一四日に開いた集会では、キマナのおもな生計活動である農耕・牧畜・ビジネス・野生動物（観光業）についてのグループ・ディスカッションが行われた。そのさい、農耕からビジネスまでは議論が盛り上がったが、野生動物の話題へ移ろうとすると、二人の長老が立ち上がり、「何の便益ももたらさない野生動物について話し合うことなどない」、「法律が禁止していなければマサイはゾウなどすべて殺すだけ

表3-2　野生動物にかんする受益感と評価の関係

		便益と被害の大小			合計
		便益＞被害	被害＞便益	わからない	
世帯レベルの受益感	ある	18	30	20	68
	ない	5	120	8	133
合計		23	150	28	201

出所：質問票調査より筆者作成.

だ」などと叫び出した。その後、二人の年長者はほかの参加者になだめられ、野生動物にかんする話し合いはつづけられた。そして、住民から最初に出された意見は、野生動物がいるからこそウシを売ることなしに集団ランチの共有地分割ができ、KWSからも奨学金をもらえているのだというものであった。しかし、ほかの参加者からは、野生動物を守りたいのならばKWSはそれを国立公園のなかに閉じ込めたうえで国立公園を柵で囲んで出てこられないようにすべきだといった意見や、政府が真剣にマサイの声に耳を傾けないのであれば野生動物を殺すだけだといったことがいわれていた。その後、グループ・ディスカッションが行われ、最終的な意見がまとめられた。野生動物については、「農地に一緒に住める野生動物はいない」、「政府は被害を補償すべきである」ということがまずいわれた。そして、今後の課題としては、「野生動物は人びとを悩ませている」、「観光収入はすべて政府が得ている」、「野生動物が人びとの農地に侵入しないようにしなければならない」という三点が挙げられていた。

そして、野生動物の便益と被害のどちらが大きいかという質問と、自分の世帯が野生動物の便益を受け取っていると考えるかどうか（受益感があるかないか）という質問の結果をクロス集計したものが表3-2である。自分

表3-3
野生動物保全を担うべき主体
（%, n=203, 複数回答）

政府	41
KWS	38
ゲーム・レンジャー	18
リーダー	5
わからない	5
地域社会	4
すべての人びと	2
観光会社	2
受益者	1
保全NGO	1
青年（戦士）	0*
担うべき人はいない	0*

＊ 回答者1人（0.49%）.
出所：質問票調査より筆者作成.

の世帯が野生動物の便益を受け取っていると感じているグループとそうでないグループとのあいだには、野生動物がもたらす便益と被害の大小について統計学的に有意な差が現れていた（χ^2=50.8, *df*=2, p<.001）。いいかえると、世帯レベルの受益感がある住民ほど野生動物は被害よりも便益を多くもたらすと考える傾向があるということで、これは「便益基盤のアプローチ」の想定どおりの結果ということができる。しかし、そうした有意差があったとはいえ、受益感を持つ人びと全体のなかで、野生動物の便益が被害を上まわると答えた人の割合は二六パーセントであり、被害のほうが便益よりも大きいと答えた人びと（四四パーセント）だけでなく、「わからない」という回答者（二九パーセント）よりも少なかった（n=68）。これはつまり、サンクチュアリの便益は住民の態度を変える可能性を持っているものの、それは現在の深刻な被害を解消するほどのものではないということになる。

いっぽう、保全活動を担うべきは誰なのかを聞いたところ、六九パーセントの人の回答に政府またはＫＷＳが含まれていた（表3-3）。地域社会や「すべての人びと」など、地域社会全体ないしは回答者自身を明確に含むような回答をしたのは七パーセントの人びとだけであった。このように野生動物保全は政府が対処すべき問題であると住民が考える理由としては、地域社会から土地を奪ってアンボセリ国立公園が設立されたように、それが政府主導で地域社会の意向を無視して取り組まれてきた歴史が強く影響している。キマナ集団ランチの長老に聞き取りをしていても、「アンボセリ開発計画」をもとにした一九七〇～八〇年代の経済・社会開発のことを知っている人は少ない。そのため、大半の住民は野生動物が生み出す便益はこれまで政府によって独占されてきたと考えているし、被害にたいして対策らしい対策も採られてこなかったことも不満と不信の理由となっている。

以上より、キマナ集団ランチにおいて多くの人びとが考える野生動物保全とは、野生動物を住民の生活圏から排除して地域社会がこうむっている獣害を解消するために政府(KWS)が取り組むべき活動というようにまとめることができる。たしかに、便益が理由となって住民はサンクチュアリを支持しており、保全も重要と答えていた。しかし、じつは保全の意味が根本的にずれていたからこそ、サンクチュアリも保全もKWSのような外部者が想定していたのとは違う理由で是認されていたことになる。

4 便益の裏切り

住民の多くは、サンクチュアリが共有地分割を実現させるほどの便益を集団ランチにもたらしたとして肯定的に評価していた。ただし、野生動物保全が重要であると述べてはいたものの、そこで人びとがいうところのめざすべき野生動物保全はＣＢＣとは大きく違っていた。野生動物の便益を受け取っていると思うことで態度が変わる可能性も示されていたものの、「便益基盤のアプローチ」としてのキマナ・サンクチュアリが成功したとはいいがたいことになる。それでは、今よりも住民が受け取る便益を増やしさえすれば、「便益基盤のアプローチ」は成功するのであろうか？　住民にとっての野生動物保全とサンクチュアリとの意味の違いを入り口に、この問題を本章の最後に考えてみたい。

別物としての野生動物保全とサンクチュアリ

現在のキマナ集団ランチでは、サンクチュアリが野生動物を目当てとする観光客が訪れて滞在する場所であることを、およそすべての住民が理解している。そうしたとき多くの住民は、観光業をつうじて大きな便益を生み出すサンクチュアリを評価するいっぽうで、観光資源である野生動物にたいしては否定的な態度をとっていたわけである。そのさい、サンクチュアリの「良い結果」として共有地分割があると答えていた住民のうち六一パーセントは、私有地を得ているにもかかわらず自分の世帯は野生動物が生み出す便益を受け取っていないと答えていた。あるいは、野生動物は便益よりも被害を多くもたらすと四分の三ほどの住民が答えているとき、そのなかで、そうした被害をサンクチュアリの「悪い結果」とみなす人は五パーセントだけであった。ここからわかるのは、大半の住民が野生動物がもたらす便益／被害とサンクチュアリの「良い／悪い結果」を別物と考えているということである[8]。

たしかに、サンクチュアリが建てられた目的を聞けば、半数ほどの住民は野生動物保全を挙げていた。しかし、サンクチュアリをどのように評価するかを質問したときに回答されたのは、肯定的なものであれ否定的なものであれ、ほとんどが便益の大小にかかわるものであり、保全の進展や被害の有無についてはまったくといっていいほどに言及されなかった。多くの世帯が被害をこうむっているにもかかわらずこのような結果になったのも、それが深刻な問題と考えられていないからというよりも、あくまでそれがサンクチュアリの「結果」と考えられていないからだと考えられる。実際、ある住民は、「サンクチュアリがなくても獣害は起きてきたのだから、それはサンクチュアリの悪い結果ではない」と述べていた。

ここで表3-3を確認してみると、政府やKWSが保全（＝獣害対策）の担い手として多く回答されているいっぽうで、ASCも含めた観光会社はほとんど挙げられていなかった。この事実からは、KWSなどの外部者がサンクチュアリを観光開発と生息地保護の両方を意図して支援したにもかかわらず、住民の多くはそれが野生動物保全を担うことを期待していないのではないかということが考えられる。サンクチュアリの評価が多くは便益の観点からなされていたこととあわせて考えると、結局のところ、住民にとってサンクチュアリとはそれをつうじて便益を獲得する場所であり、そこを管理する観光会社が保全に貢献するかどうかは第一義的に重要なことではないことになる。この理解が正しいとしたら、サンクチュアリからの便益がどれだけ増えたとしても、それはたんに観光開発が成功したということであって、「コミュニティ主体」の保全活動が必要であるという理解にはつながらないだろう。また、そのかたわらで獣害が発生したときには政府やKWSに批判の矛先が向けられるのみで、自分たちで何かしら取り組みを始めようという考えにはならないだろう。

◎被害と軋轢を増大させる地域開発？

ここまで、二〇〇八年に行った質問票調査の結果をもとに、キマナ・サンクチュアリが「便益基盤のアプローチ」として成功したとはいえないことを説明してきた。ただ、そこで住民が被害を理由に野生動物との共存を拒んでいるというとき、それは便益還元の結果として共有地分割が実行されたことでつくり出された状況でもあった。

これまでケニア各地で、集団ランチの共有地分割が土地への権利の確保や私有地を基盤とする開発のために拡大してくるなかでは、私有地の囲い込みや各種の開発によって野生動物の生息地が破壊・分断される危険性が指摘されてきた［Boone et al. 2006; Lamprey and Reid 2004; Okello 2005; Seno and Shaw 2002; Woodhouse 2003］。また、アフリカのサバンナにおいては、農耕がゾウの生息地の破壊・行動圏の縮小を引き起こしてきた最大の人間活動であるとされ［Hoare and Du Toit 1999:637］、農地の拡大も保全にかかわる大きな問題として捉えられてきた。そうした議論が研究者・専門家のあいだで交わされてきたとき、キマナ集団ランチで共有地が分割されるなかでは土地が農地と放牧地とに分けられていた。それはつまり、農耕という土地利用を明確に意識して分割が行われたことを意味しており、野生動物が生み出す便益を用いて生息地の縮小や分断につながる開発がめざされていたことになる。キマナ集団ランチの人びとが野生動物との共存を拒否する理由として農作物被害があるとき、そうした軋轢はサンクチュアリをつうじて農地が私的分割されたことで深刻化している面があることになる。

表3-4 農耕の開始年（n=203）

年	世帯数	割合（%）	累積割合（%）
1960–69	3	1	1
1970–79	10	5	6
1980–89	40	20	26
1990–94	25	12	38
1995–99	63	31	69
2000–04	29	14	84
2005–	23	11	95
未開始	8	4	99
n.a.	2	1	100

出所：質問票調査より筆者作成.

ただし、ここで注意しなければいけないのは、ロイトキトク地域で農耕はかならずしもごく最近の変化ではないという点である。二〇世紀の前半から他民族によって農耕が開始されてきたなかでは、一九五〇年代に個人ランチが分配されると、ナメロック沼の周辺で灌漑農耕を試みて蓄財に成功するマサイも現れていた[Southgate and Hulme 2000: 104–105]。そして、一九七二年から一九七六年にかけて長期的な干ばつが起き家畜が多く死亡したことで、より多くのマサイが農耕に目を向けるようになっていった。その結果として、前章の最後に見たように、一九八〇年代の末には少なからぬ数のマサイが灌漑農耕に従事するようになっていたのである。また、表3-4は二〇〇八年の質問票調査のさいに、世帯の構成員が自ら農耕を行うようになったのは何年ごろかを聞いた結果である。約四分の三にあたる世帯が一九九〇年代以降に農耕を開始しているものの、共有地分割が実行される以前に七割近い世帯が農耕を開始しており、共有地分割の結果として突然に農耕が広まり農作物被害が発生したわけではないことがわかる。

じつは、共有地が分割されることで土地が柵で囲まれて生態系が断片化されてしまう危険性や、農耕が拡大するなかで野生動物(とくにゾウ)との軋轢が高じる可能性は、生物多様性資源地域保全プロジェクトのドナーに認識されていた。そして、その問題については「開かれた対話への広範な参加」のもとで利害関係者が議論し合意をつくっていくことが必要だとさえいわれていた[Watson 1999:19]。それにもかかわらず、そこで危惧されたとおりの問題が起きたのは、保全の目的や地域の開発の方向性などについて住民と話し合わないままに、KWSが「便益基盤のアプローチ」の想定にもとづいて活動を推し進めたからであった。

便益だけでは裏切られる理由

「便益基盤のアプローチ」の妥当性を検討してきた態度研究の問題点として、便益を獲得したあとの住民の行為や、住民が賛否を示す野生動物保全の具体的な意味が検討されてこなかったことを第1章で指摘した。キマナ・サンクチュアリの場合、前者については、今まさに説明したように、便益を還元したところ外部支援者が想定していた保全の障害となるような開発行為が選択されていた。「便益基盤のアプローチ」でそうした問題が生じることを予防できなかった理由の一つとして、住民と外部者とで目標とするべき野生動物保全の理解が異なっていたことがある。それに加えてこの事例から見えてくるもう一つの問題点として、便益が新しい開発を行うための手段となる可能性が考えられてこなかったということがある。

「便益基盤のアプローチ」では便益を提供することが取り組みの直接的な目的であり、態度研究ではその目的が達成されることで住民の態度や行動がいかに変わるかが検討されてきた。そして、便益の結果として住民の態度が期待したとおりに変わる／変わらない理由が検討されてはきたものの、便益（とくには現金収入）を用いることで保全に反するような開発行為が行われる可能性は想定されてこなかった。『自然なつながり』のなかでウェスタンは、野生動物の価値を理解すればするほどに住民はその保全の必要性も理解するようになると述べていた［Western 1994b:500］。しかし、キマナ・サンクチュアリの事例が示すのは、共存や「コミュニティ主体」といった目標が共有されていない状況では、住民がいかに巨額の金銭的な利益を獲得して野生動物の資源としての価値を理解するようになったとしてもその保全に積極的になるとはかぎらず、むしろ、保全を政府の仕事と考えている状況では、保全に逆行する大規模な開発が行わる可能性があるという事実である。それはいわば、「便益の失敗（便益の効果がなかった、状況が改善しなかった）」という以上に「便益の裏切り（便益が逆効果になった、状況が悪化した）」というべき結果である。そうした状況では、より多くの便益はより深刻な「裏切り」をもたらすことになるかもしれない。

なお、「裏切り」と書いてはいるものの、わたしの意図としては「便益基盤のアプローチ」の想定どおりに行動しない住民を非難するつもりはない。むしろ、地域社会と話し合ってそれぞれの開発・保全についての理解を確認し、たがいに納得できる目的意識を共有することをしないで、一方的にプロジェクトを進める政府や国際援助機関、NGOなどの姿勢こそが批判されるべきだろう。野生動物と実際に隣り合って暮らしている（きた）人びとにとって何が問題なのかは、これ以降の章でさらに議論をしていくが、ひとまずここでは、経済的な便益だけを誘因として人びとを「コミュニティ主体」な「人間と野生動物の共存」に向けて駆り立てようとしても、うまくいくわけではないことを確認しておきたい。

キマナ集団ランチでは便益還元の結果として住民は土地の私的所有権を獲得しているが、そうしたかたちで便益と権利がつながることはこれまでの野生動物保全の議論では考えてこられなかった。「便益基盤のアプローチ」の議論では、便益を還元することが目的となってしまってそれが手段として使われる可能性が考えられていなかった。また、「権利基盤のアプローチ」の場合であれば、権利は政府から移譲されるべきものとしてばかり議論されており、住民の経済状況が変化することで共的な権利が私的なものへと合法的に変化する可能性は考慮されていなかった。こうしたかたちで土地所有権が変化することで、そこにおける野生動物保全の取り組みにどのような変化が生じたのか？　それは次の章でオスプコ・コンサーバンシーを事例として考えてみたい。

第4章

権利者としての選択

——コンサーバンシーと生計のすれ違い

オスプコ・コンサーバンシーの敷地内で放牧される家畜と，道端に落ちているゾウの糞.

はじめに

二〇〇七年の七月二〇日、わたしは調査助手と一緒に、NGOが開催した一つの集会に参加した。わたしも調査助手も（そして、おそらくは参加した住民の大半も）、それが何のためのものなのか知らずに参加していたのだけれども、じつはそれこそが、この章でこれから取り上げるコンサーバンシー（民間保護区）の設立に向けた最初の説明会であった。

今まさにNGOが新しい保護区をつくろうとしていることを知って、わたしはとても興味をひかれた。というのも、CBCプロジェクトが具体的にどんなふうに進んでいくのか、そのプロセスを最初から追っていくことができると思ったからである。ただしその後、何回か集会に参加して話し合いの様子を観察するなかで、わたしは住民の「聞き分けのよさ」に物足りなさというか不満のようなものを感じるようになった。というのも、住民はNGOが説明するままにコンサーバンシーの設立を受けいれているように見えたからである。わたしは住民がもっとNGOに質問や要求をぶつけたり、野生動物保全という目標それ自体を批判したりするのではないかと予想（期待）していた。しかし、実際には議論が紛糾するようなこともなく話し合いは進んでいった。

ところが、一年以上ののち、わたしは自分の理解の甘さを思い知らされた。それは、住民が契約直前に見せた突然の強硬な態度であり、契約を結んだあとの違反であった。最初、そうした事態が生じた理由がわたしにはよくわからなかった。ただ、前章で説明したような住民の保全観に加えて、集会に参加するかたわらつづけていた生計にかんする調査の結果をあわせて考えるなかで、しだいに住民にとってのコンサーバンシーおよび観光業の意味が見えてきた気がした。

この章では、二〇〇八年に設立の契約が成立したオスプコ・コンサーバンシーをめぐるやりとりを前半で紹介する。それは土地の私的所有権を前提として人びとの組織化が図られていた点に一つの大きな特徴がある。そうしたなかで、住民とNGOとのあいだでどのように対話と交渉が行われてきたのかということをつうじて、私的権利を基盤とする保全アプローチに人びとがどのように対応しているのかを考える。そして章の後半では、わたしが当初に感じていた住民の「聞き分けのよさ」について、そうした態度がとられる理由を生計についての住民の考えを検討するなかから議論する。

1 「権利基盤のアプローチ」としてのコンサーバンシー

具体的な事例の話に入るまえに、まず、コンサーバンシー(conservancy)と呼ばれるものの説明をしたい。二〇〇〇年代以降のケニアでは、マサイをはじめとする牧畜民の土地に設立される民間保護区の名称としてコンサーバンシーが多く使われている(1)。コンサーバンシーは南部アフリカで以前から使われてきた名前であり、CBNRMの理論が考え出されるときの事例にも多く含まれていた。そして、それは「野生動物保全のような共通のゴールを持ち、協同管理の契約にもとづいて操業する複数の隣り合った野生動物ランチ〔牧場〕の集まり」と定義される［Bothma et al. 2009:157］。それにたいして、これまで東アフリカの牧畜民の土地でその名称が使われることが少なかった理由としては、以下の三つが考えられる。

まず、先の定義にもあるように、コンサーバンシーとは複数の私有地の集まりである。いっぽう、マサイランドをはじめとする牧畜民の土地には、最近まで（でも）土地の私的所有権が設定されてこなかった。また、コンサーバンシーが野生動物ランチ（牧場）の集まりであるというとき、それはスポーツ・ハンティングをはじめとする消費的で商業的な経済活動のための財として、野生動物を繁殖させるための場所であることを意味する。じつは現在のケニアにも、首都のホテルやレストランに食用肉を提供するための野生動物ランチがある［小林 2008］。とはいえ、一九七〇年代末にスポーツ・ハンティングやトロフィー産業が禁止されてのち、非消費的なサファリ観光を念頭にCBCが取り組まれるケニアでは、まさにキマナがそうであるようにコンサーバンシーよりもサンクチュアリ（聖域）のような保護のニュアンスが強い言葉が使われてきた。第三に、コンサーバンシーが私有地の集まりであるというときに、それがカバーする面積の問題がある。例えば、ナミビアのコンサーバンシーには六五〇平方キロメートルから三八七〇平方キロメートルの幅があり、最も小さなものでも公的な保護区よりも大きいという［Barnes and Jones 2009:120］。それほどの面積が求められるのは、一つのコンサーバンシーで野生動物の生息地として完結していることが必要だと考えられているからである[Barnes and Jones 2009:119; Child 2009c:432]。しかし、仮にロイトキトク地域(南カジァド・コンスティテューエンシー、面積六三五六・三平方キロメートル、人口約一三万七〇〇〇人[KNBS 2010])をアンボセリ生態系とみなしたとして、その全体を私有地に分割することも、かりに分割ができたとして一つのコンサーバンシーとして全土地所有者の合意を集めることも、現実にはとても難しいことは明らかだろう。

そうしたわけで、ケニアの牧畜民の土地にコンサーバンシーが増えているといっても、それは南部アフリカのものとは土地の権利関係や用途、規模の面で大きく違う[cf. Greiner 2012]。とはいえ、あえてこの言葉が使われるからには、そこには南部アフリカの土地の私的所有権を前提とする野生動物保全が意識されているはずである。オスプコ・コンサーバンシーの設立を主導した、アメリカを拠点とするグローバルNGOのアフリカ野生動物基金(AWF:African Wildlife Foundation)は、野生動物の生息地保護としてケニア各地でコンサーバンシーを立ち上げている(2)。そのプロジェクト・マネージャーは、「共有地分割のあとでは、土地所有者は何でも好きなことを自分の土地にたいしてできる」として、生息地の破壊や分断を阻止するためにコンサーバンシーが重要であると話していた(3)。このように土地の私的所有者の自由な意思決定が前提とされている点で、ケニアのマサイランドにつくられるコンサーバンシーにも「権利基盤のアプローチ」の要素が少なからず含まれているはずである。

2 何が、どのように契約されたのか?

この節では、これまでのコンサーバンシーをめぐる一連の出来事、つまりは契約までに話し合われた事柄、契約それ自体の内容、そして、契約が結ばれたあとに生じた問題を順を追って説明する。コンサーバンシーが「権利基盤のアプローチ」としての側面を持つとき、土地の私的所有者としての立場がいかに外部者によって説明されたり住民によって理解されたりするなかで、実際にどのような契約が交わされたのかを見ていきたい。

平穏なすべり出し

当初、AWFはキマナ集団ランチの全メンバーを四つの土地所有者組合(landowners associations)に分けて組織化することを提案していた。そして、最初の住民向けの説明会(二〇〇七年七月二〇日)では、土地所有者組合の意義、便益、結成方法、便益の使い道の四つを議題として挙げていた。

土地所有者組合の意義としては、共有地分割で獲得した私有地を安易に売ってしまうメンバーがいるという問題が話され、土地を売ってしまうと居住する場所を失うだけでなく潜在的な収入源を失うことになるということがいわれた。そして、土地所有者組合の便益ということでは、組合を結成すればキマナ・サンクチュアリのように野生動物から収入を得られること、また、組合は集団ランチのようなものであってメンバー間で相互扶助が行われるようになるということがいわれた。ただし、そのような便益を得るためには、野生動物が組合員の土地を自由に利用できるようにしなければならないということが注意されてもいた。

次に、土地所有者組合の結成方法が説明された。つまり、まず地域ごとに現在の土地所有者の名前を確認する。そして、土地所有者の人びとに組合に参加することで得られる便益を説明し、参加の意思を確認する。それで組合を設立することに合意した人びとのなかから一〇人の運営委員を選ぶとともに正式に組合を結成するという。そうした説明のなかで強調されていたこととして、組合にかんする意思決定を行うのは個々のメンバーであり、集団ランチの運営委員会もAWFも何の決定をする権限も持っていないという点があった。組合に参加するかどうかも含めて、コンサーバンシーにかかわることはすべてそれぞれの土地所有者が各自で判断すべきであって、他人に決定を強制されることはないということが強くいわれていた。ただし、何らかの合意や契約を外部者と結んだ場合は、その更新時期を迎えるまではメンバーであってもその内容に拘束されるということも同時にいわれていた。そして、最後の議題とされていた便益の使い道については、それは組合ができたあとでメンバーが話し合って決めるべき事柄であるとして、結局、この日は何も議論されなかった。

こうした説明のあとに、住民からの質問が受け付けられた。そこで出たおもな質問(とAWFの回答)としては、どうやって多くのメンバーに情報を伝えて理解を共有するのか(連絡役の人物に努力してもらうしかない)、各組合の土地につくられるコンサーバンシーを管理・運営する観光会社をどのように見つけるのか(ラジオや新聞で募集するか、AWFやKWSが見つけてくる)、誰が観光業を経営するのか(それは各組合で決めるべき事柄である)といったものがあった。なお、土地所有者組合に入るためには、集団ランチの各メンバーに分割された放牧地二四ヘクタールの権利証書を持っていることが条件であり、それに満たない面積しか持たない人間は参加できないとされた。

その後、地域ごとに説明や議論のための場が設けられた。そして、しだいに議論の焦点は土地(組合の結成、売却の制止)から野生動物(コンサーバンシーの結成、便益の獲得)へと変わっていき、そうして話し合いが行われるなかでは、外部の民間企業と契約して観光開発を進めていくことは当然の前提となっていった[4](写真4−1)。

写真4−1　2008年8月にキマナ/ティコンド泉の近くで開かれた集会の様子.前に立つ男性がAWFの職員.

突然の反発

AWFは二〇〇八年九月一九日にオスプコで開いた集会を、オスプコ・コンサーバンシー設立の契約を正式に交わすまえの最終確認の場と位置づけていた。この時点でAWFは、アンボセリ国立公園とキマナ・サンクチュアリのあいだの野生動物のコリドー（生態回廊）に該当する土地を所有する住民を組織化して、三つのコンサーバンシーを設立しようとしていた（図4-1）。そのうち、オスプコは最も東側、キマナ・サンクチュアリのすぐ西に位置しており、五〇人の土地所有者か

図4-1　コンサーバンシーの位置

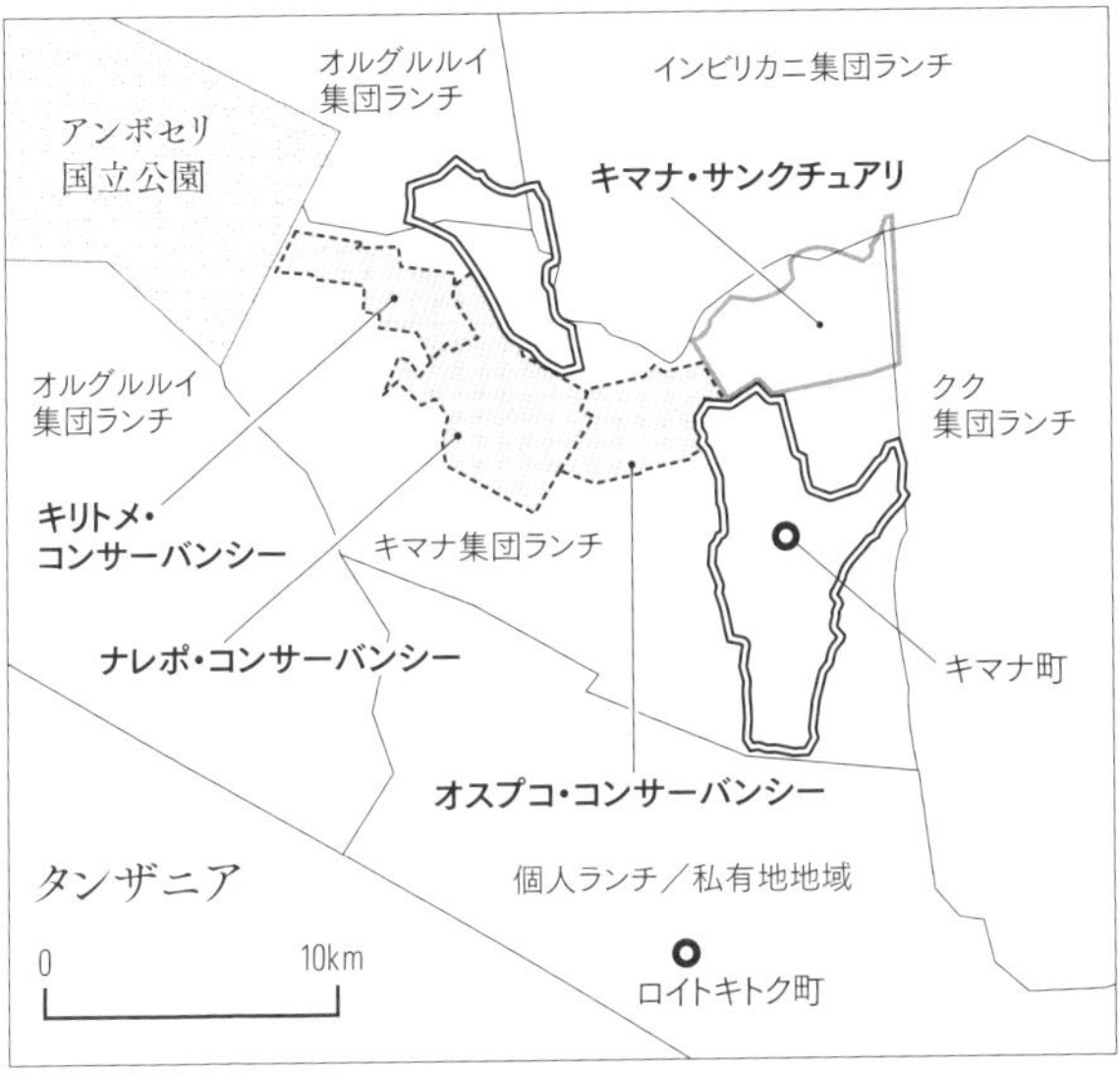

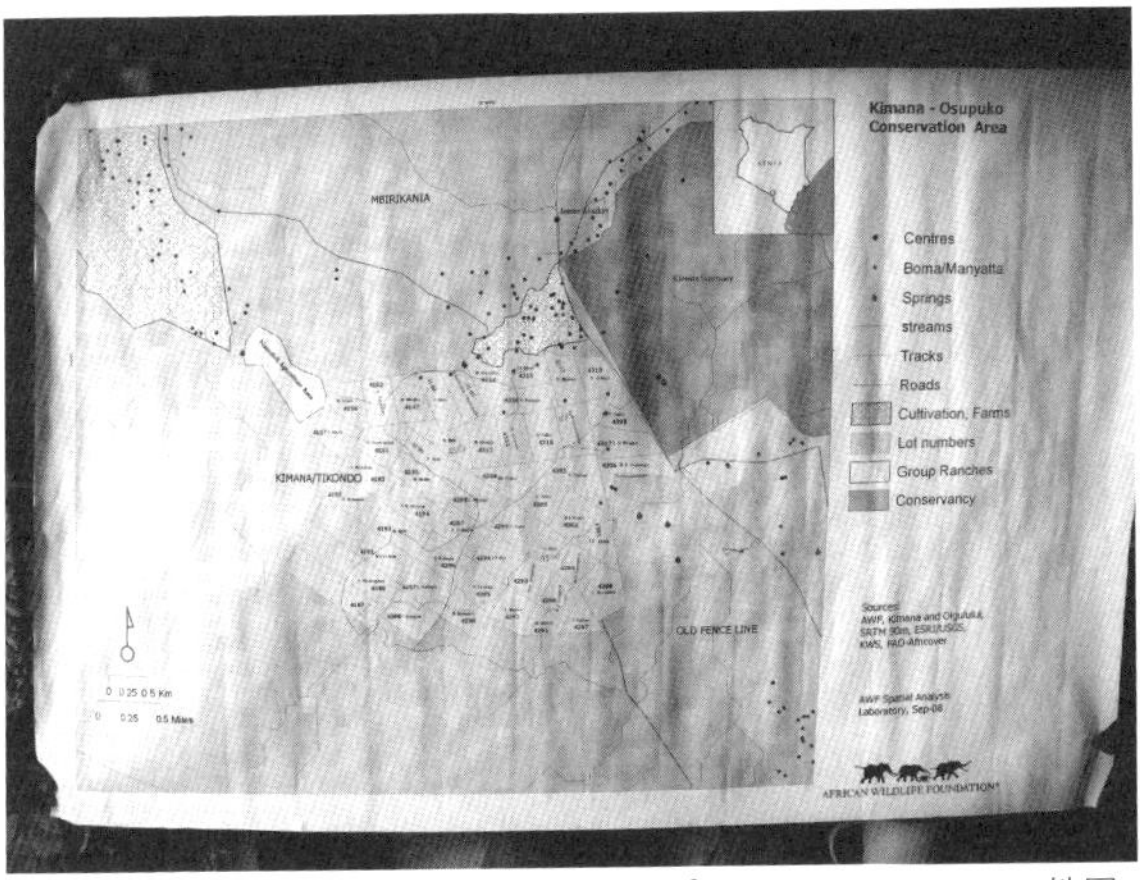

写真4-2　AWFが事前に作成していたオスプコ・コンサーバンシーの地図．

ら構成されている（写真4－2）。

この日、AWFとしては、オスプコのメンバーと契約を結ぶまえにコンサーバンシーの敷地内で放牧を行うさいの条件、AWFがメンバーに支払う土地使用料の金額、AWFが雇用するゲーム・レンジャーの人数と給料の三点について最後の確認をするつもりでいた。しかし、AWFの職員が集会を開始しようとすると、何人もの住民がAWFの取り組みが遅いと非難し始めた。それをひととおり聞いたのち、あらためてAWFの顧問弁護士が土地使用料の説明を行った。つまり、契約では一エーカー（約〇・四ヘクタール、面積の単位としてはエーカーが一般的に使われる）あたり五〇〇ケニアシリング（二〇〇八年の為替レートで約七米ドル、以下同）の土地使用料を支払うことが記されており、メンバーには所有する六〇エーカー（約二四ヘクタール）の放牧地にたいして年間三万ケニアシリング（約四三〇米ドル）が年二回に分けて（一万五〇〇〇ケニアシリングずつ）支払われる。もしも、契約後に所有地に家屋を建てたり農地を拓いたりしたら、それぞれ支払額は六〇パーセントと四〇パーセントに減らされる。

この説明にたいして住民はいっせいに反発した。とくに、家や畑をつくったら土地使用料が減らされるということと、土地使用料が年二回に分けて払われるということが非難の対象となり、会場は不満や非難の声をあげる住民で騒然となった。その混乱をおさめるように一人の参加者が発言し、住民全員からAWFへの要求として土地使用料は毎年八月に一括して払うことを求めた。その後もメンバーによるAWFへの攻撃は止むことがなく、二〇〇八年六月までに土地使用料を支払うと約束をしたのに守っていないとか、話し合いをくり返すばかりでいつまでたっても金を払わないといった非難とともに、土地使用料が今すぐ支払われないのであれば、自分の土地は柵で囲い込んで個人的に放牧地として利用する、あるいは野生動物のことは無視して農地を拓くなど、保全に逆行する開発を行うといってAWFを脅す者もいた。

この日、オスプコ・コンサーバンシーの委員長は集会を欠席し、その代わりに参加していた彼の妻は以下のような発言をしていた。「集会が何回もくり返されているけれど、いつこれが終わるのかわからない。乾季には仕事がたくさんあるのだし、集会のまえに議題が何かを知っておけば準備もできる(のに何の説明もない)。今日の集会だってよくない。紅茶も用意されていないけれど、紅茶なしで人びとを集めるのはよくないやり方だ。前回の集会では謝礼金があったのに、今回はそれが何もないのもよくない。いつもAWFから金をもらって紅茶などを準備しているのだし、今日もAWFは何かを払うべきだ」。さらに、委員長である夫からの伝言として、AWFは今日この場で契約を交わす日付を参加者に宣言すること、もし、それができないのであればAWFとは契約しないのでキマナ集団ランチから出ていくようにと述べた。ここからは、メンバーは自分たちが土地所有者であり、土地を自由に利用・開発することもできるし、自分たちの意にそわない外部者を追い出すことも可能であると理解していたことがわかる。

これにたいしてAWFの職員は、自分に契約内容を決める権限はなく、オフィスに戻って上司(プロジェクト・マネージャー)と相談しなければならないとして、明確な返答をしないままに集会を切

写真4-3　オスプコ・コンサーバンシーの委員長を務める長老と青年階梯に属する息子（2014年2月）.

りあげて帰ろうとした。すると、住民は職員を取り囲んで、年一回の一括払いを迫ったり、「何の交渉もしていないじゃないか！」(No negotiation!) と大声で叫んだりしていた。

　この日は四〇人弱の参加者がいて、そのうちの半分ほどが、帰ろうとするAWFの職員たちを取り囲んでは押し合いのようになりながら騒ぎ立てていた。それ以前に、住民がこのような態度を示したことはなく、それは最初にして最大の住民からAWFへの強硬な反発であり要求であった。そして、それはじつは、集会を欠席していた委員長によって指示された意図的な反抗であった。集会の日取りが決まったのちに委員長は、いつまでたっても土地使用料を支払わないAWFを急かすため、メンバーにいってAWFにたいして強く反対するよう指令を出していた[5]（写真4-3）。

◎プロジェクト・マネージャーの逆襲

最終確認のはずが、契約内容をめぐる予期せぬ反発に直面したAWFは、この問題を解決するべく、一〇月六日にプロジェクト・マネージャー自らコンサーバンシーの委員長宅で運営委員と話し合いをした。冒頭、まずは委員長が、これまで二〇回以上も集会が開かれてきたにもかかわらず、まだ契約は結ばれずにあまりに時間がかかりすぎていると述べた。そして、土地使用料についても長い時間をかけて話し合ってきたが、契約を交わす日にちを今日の話し合いで決定してメンバーに伝えられるようにしたいとつづけた。これを受けてプロジェクト・マネージャーが発言し、AWFが土地使用料の支払いを年二回とする二つの理由を説明した。つまり、第一に、実際に取り組みがうまく進むことを確認するまえに土地使用料の全額を払うことはAWFにとってリスクがあること、また第二に、AWFはドナーとのあいだで支払いは年二回に分けて行うという内容で契約を結んでおり、変更は不可能だということである。

この説明を聞くと運営委員たちは、これまでAWFの要求するままに雨季にコンサーバンシーの敷地内で放牧を行わないことや土地使用料を受け取るための銀行口座を開設することを受けいれてきたのに、いまだに金が支払われないことには嘘をつかれた気がするとか、土地使用料の支払い回数について合意したとしてもまた何か新しい問題をAWFが持ちかけてくるのではないかと不信感を持っているなどと発言した。これにたいしプロジェクト・マネージャーは、支払いが遅れている理由の一つとして、AWFのオフィスで事務的な問題が発生し、いろいろな手続きが遅れているということを認めてあらためて謝罪をした。

しかし、土地使用料の支払い回数に話題を移すと、それまでとは一転して契約書の草案を片手に運営委員たちへの反論を開始した。まず、AWFは過去の約束を守っていないという複数の運営委員からの非難にたいして、自分を含めたAWFの人間はつねに条件つきの話しかしておらず、何かを確約することは一度もしていないと主張した。そして、何か約束をした人物がいるというのであればその人物の名前を教えてほしいといった。それから、運営委員からの答えがないとつづけ、土地使用料の支払い回数にかんするメンバーたちの要求が正当なものではないことを論じた。つまり、契約書の草案に土地使用料の支払い回数は年二回と明記されているならば、それはこれまでの話し合いのなかで住民が合意したことである。そして、この草案は数カ月前にはAWFから運営委員会に配布されており、メンバーであれば誰でも見ることができた。それゆえ、内容に不満があれば話し合って変更することもできたのに、これまで何もいってこないでおいて今になって「嘘つき」(a liar)などと呼ばれるのは心外だと、一気呵成に話して運営委員たちを強く批判した。この反論にたいして運営委員は何も応じられず、その一人が契約書にサインをしたら何日ぐらいで土地使用料がもらえるのかと質問したところ、プロジェクト・マネージャーは苛立った様子を隠さず、(遅くとも一週間以内には振り込まれると)何度も説明していたはずであると答えるのみだった。ここで委員長が発言し、草案に書かれたとおりの内容でメンバーは合意するので次の集まりで契約を交わそうと話した。

その後も話し合いはつづいたが、土地使用料の支払い方法をめぐっても運営委員はプロジェクト・マネージャーの機嫌を損ねていた。つまり、それまでにAWFは、不正防止のために契約者であるメンバー本人の名前で開設された銀行口座以外には土地使用料を絶対に振り込まないことを説明していた。それにもかかわらず、委員長をはじめとする複数の運営委員が、契約者の父親が代わりに息子の分を受け取れないのか、委員長の口座にメンバー全員の分を振り込めないのかと質問をしては、契約書の内容をきちんと確認するようにとAWF側からいわれて質問を打ち切られていた(写真4-4)。

写真4-4　AWFとメンバーのあいだの連絡役を務める地元住民．持っているのは土地所有者を示した地図．

なお、そうしたやりとりのあとで、銀行口座を開こうとしない長老の処遇をどうするかが話し合われた。最寄りの銀行(支店)はロイトキトク町に行かなければないが、キマナ町で定期市が開かれる火曜日であれば、そこ(キマナ町)で手続きができるということでほかのメンバーも説得しているのだが、件の長老は頑として口座を開かないのだという(写真4-5)。その説明を聞いたプロジェクト・マネージャーは、銀行口座を開くことは契約者が個人の責任として行うべきことであり、それを果たさない人物には土地使用料を支払わないと述べた。そしてつけ加えて、この長老については、運営委員会もAWFもた

写真4–5　2010年にキマナ町にできた大手銀行の24時間ATM.
ロイトキトク町に支店がある.

がいを批判したりすることはしないでおこうといい、運営委員もそれ以上は何もいわなかった。最後に電気柵の修理や家畜用の水場の設置がどうなっているのかという質問が出されたが、それは契約が結ばれたあとで話し合うとして議論はなされなかった。[6]

誤解のもとでの契約と違反

そうして二〇〇八年一〇月一六日、二年を期間としてオスプコ・コンサーバンシーの設立と土地使用料の支払いの契約が、五〇人の土地所有者とＡＷＦとのあいだで交わされた。実際にメンバーが契約書へのサインをし始めたのは午後四時前であったが、ＩＤナンバーを忘れた人や銀行口座を開設していなかった人、集団ランチの運営委員によって所有する土地の区画番号を（本人が知らぬ間に）変えられてしまった人などは契約を完了できず、最後の一人が契約書にサインしたのは夜七時半過ぎであった。ただ、契約当日、その内容をめぐって一悶着もあった。集会は昼まえから始まったが、その日の午前中にわたしと話をするなかで委員長は、以前からＡＷＦは、一九九〇年代に建設されたものの管理が放棄されていた電気柵を修理・増築することと獣害にたいして補償金を支払うことを約束しており、それらは契約書にも明記されていると断言していた。しかし、英語の契約書をその場に居合わせたメンバーと一緒に確認したところ、書かれていなかった。最初は「そんなことはない」「ＡＷＦは約束した」といっていた委員長であったが、そもそも彼は英語の読み書きができず、これまでの話し合いについての自分の理解だけを頼りに、契約書の正確な内容を理解しないままに契約を結ぼうとしていたことになる。(7)

とはいえ、契約の一週間後には各メンバーの銀行口座に最初の土地使用料一万五〇〇〇ケニアシリングが振り込まれ、それを受け取った住民は好意的な反応を示し、委員長もＡＷＦとの関係は良好だと笑顔で話してもいた。いっぽう、プロジェクト・マネージャーは、国立公園とサンクチュアリのあいだにコンサーバンシーが設立できた点に満足しつつも、メンバーがコンサーバンシーに参加しているのは保全の必要性を理解したからではなく土地使用料が欲しいからだと考えていた。そして間もなく、コンサーバンシーに提供した土地を契約に反して私的に開発しようとするメンバーが現れ、問題となった。

まず、二〇〇九年の四月に浮上した問題として、コンサーバンシー内における違法な採石工事があった。(8)当時、中国水力有限会社（ＳＣ:Sinohydro Corporation Limited）はエマリからロイトキトクへとつづく道路の舗装工事をしていた。そして、オスプコ・コンサーバンシーのメンバーの一人とのあいだで、彼がすでにコンサーバンシーに提供した放牧地から工事用資材となる石の採掘をするための契約を交わした。しかし、SCが工事のなかで爆薬の使用を計画していることが明らかになると、AWFはほかの保全NGOとともに反対運動を展開し、この問題は全国紙でも取り上げられることになった[*Daily Nation*, May 5, 2009]。四月二四日には、国立環境管理局[9](NEMA: National Environment Management Authority)がSCにたいして工事の即時中止を指示し、五月冒頭には高等裁判所が工事の一時差し止めを命じた。しかし、県知事(District Commissioner)はNEMAの指示を無視して工事を行うことを許可したため、爆薬の利用こそ差し控えたものの一部の住民の抗議も無視して、SCは重機を持ち込んで作業を実行した。

AWFなどの抗議にもかかわらずメンバーがSCと契約をした理由は、SCが支払った土地使用料にあったと考えられる。というのも、土地所有者にたいしてSCは一カ月あたり二万五三〇〇ケニアシリング(二〇一〇年の為替レートで約三二〇米ドル)の土地使用料を払うことを約束しており、八カ月間の工事にたいする総額は、AWFが支払う土地使用料の約七年分に相当していたからである。

また、五月に表面化した問題として、ほかならぬコンサーバンシーの委員長による観光開発の計画があった。観光ロッジを建てる場所を探しているというオランダ人夫婦を息子から紹介された委員長は、その夫婦にたいし、コンサーバンシーに提供した自分と家族の土地上にロッジを建てることを認めた。この計画を聞いたプロジェクト・マネージャーはオランダ人夫婦と会って話をし、二人が観光業の経験も持っていなければ具体的な事業計画も準備できていないことを確認し、委員長の開発計画に反対した。委員長はこのＡＷＦの介入に激怒し、それを無視して独自に観光開発を進めようとした。

その後、八月七日にオランダ人夫婦と委員長、その息子、コンサーバンシーのメンバー、そしてＡＷＦの職員が集まって話し合いを行った。その席上、オランダ人男性はＡＷＦが支払っている土地使用料の倍となる六万ケニアシリング（二〇〇九年の為替レートで約七八〇米ドル）を毎年支払うことを約束した。ただし、その金額はメンバー全員に支払われるのかロッジが建てられる土地の所有者（委員長の家族）だけに払われるのかという質問にたいしては、それは来年以降に話し合うべき事柄であると答えるのみだった。委員長は当初から、自分が土地所有者であるのに口出しをしてくるＡＷＦを許せないといっていたが、委員長（の家族）以外のメンバーは総じて彼の計画を批判していた。

ＡＷＦとの契約更新を二カ月後に控えた二〇一〇年七月に聞き取りをしたところ、委員長は依然として自分の土地上での観光開発を望んでおり、良い観光会社が見つかったらＡＷＦとの契約を破棄して開発をするつもりだと述べていた。しかし、書記は委員長のやり方はＡＷＦとの契約に違反しており支持できないと述べ、他のメンバーも委員長ではなくＡＷＦを支持していると話していた。書記によれば、オスプコのメンバーは自分たちで観光会社を連れてくる気はなく、ＡＷＦにすべてを任せている状況だという。いっぽう、ＡＷＦのプロジェクト・マネージャーは、充分な資金や計画、経験をもつ開発主体を見つけられたなら、ＡＷＦはそうした外部者と住民が契約できるように支援をすると話していた(10)(ただし、結局のところ、これまでにオスプコでは観光開発は何も試みられていない)。

3 土地所有者としての消極さ

コンサーバンシー以前であれば、野生動物保全にかんして地域社会が外部者とかかわるとき、そこには地域社会を代表する少数の権威者がいた。それにたいして、コンサーバンシーにおいてAWFは土地所有者一人ひとりの立場を重視すると説明していたわけであるが、コンサーバンシーをめぐり住民とAWFとが交渉を重ねて契約を取り交わすなかで、実際にメンバーは土地の私的所有権者としてどのようにふるまった/扱われたのだろうか? 土地所有権を得たことで住民はより多くの選択肢を持つようになったはずだが、そうした状況で住民が示した態度・行動の意味を考えたい。

◎不慣れな住民と不親切な外部者

コンサーバンシーの設立に向けた最初の集会で、AWFは土地所有者である住民(メンバー)一人ひとりが自律的な意思決定権を持っているということを強調していた。そして、実際に住民が土地の私的所有者としての選択肢と立場を理解していたことは、自らの要求をAWFに突きつけるなかで、土地の囲い込みや農地の造成といった分割のあとだからこそできる開発行為に言及したり、自分（たち）の意にそわない外部者は土地から追い出すといっていたりしたことから確認できる。ただし、彼ら彼女らがそれによって交渉を自分たちの望むように進めることができていたとまではいえない。というのも、長引く交渉にしびれを切らして強硬な態度をとったとき、AWFはすぐにも契約を結ぼうとしていたわけであり、契約の締結と土地使用料の支払いを早めようとしたメンバーの行動によって、むしろそれが遅れる結果になっていた。

そうなってしまった大きな理由としては、住民が交渉相手の意図を読み取ったり自分たちが交渉のどのような段階にあるのかを理解したりすることに不慣れだった点が挙げられる。委員長をはじめ何人ものメンバーは、それまでの話し合いのなかでAWFが電気柵の修理や補償金の支払いを確約したと考えていた。しかし、わたしが自分で観察した一〇回ほどの集会を見るかぎり、プロジェクト・マネージャーがいうように、AWFの職員はつねに、そうした開発援助は「もしも、新しいドナーが見つかったら」といったかたちで仮定の話として説明していた。それにもかかわらず、少なからぬメンバーは、そうした説明を確固たる約束と受けとめたうえで、自分たちとAWFとのあいだでは合意がすでにつくられたと考えていた。

こうした住民の誤解については、自分たちに都合が良い点だけを切り取って（都合の悪い説明は無視して）理解していた可能性もある。とはいえ、そうした態度を許したことも含めて、AWFの側にも契約の提示者として大きな非があった。
そもそも、個人の決定権を強調しておきながら、実際にはAWFがメンバー一人ひとりの理解と意見を確認していた事実は見受けられず、集会の場では委員長の合意や参加者から反対意見が出ないことをもって合意ができたものとして話を進めていた。また、これまでこうした交渉や契約を行ったことのない住民を相手に、仮定の話といいながらさまざまな便益の可能性に言及して期待をふくらませるようなレトリックを駆使していたのも問題に思われるし、契約書の草案が専門的な英語で作成されていた時点で、たとえそれが法律的に必要な手続きだとしてもメンバーの大半には理解ができないものであった(写真4-6)。これらの点で、AWFが住民ときちんと対話をし、一人ひとりが内容を理解したうえで自律的に意思決定を行えるような状況をつくっていたとはとてもいえない。このように、もともと住民が交渉に不慣れであったところに、AWFがきわめて不親切で不充分な説明しかしなかったからこそ、契約内容を誤解したメンバーがいたことになる。

また、二重契約の問題が発生したのも、一つには契約を結ぶことで私的権利がどのように制限

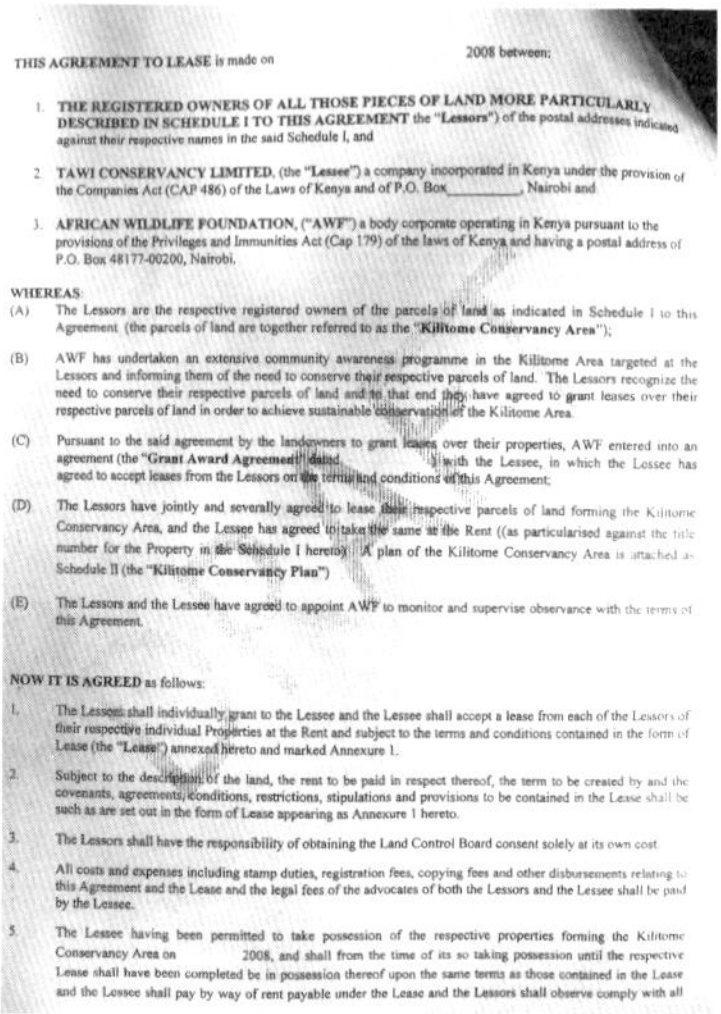

THIS AGREEMENT TO LEASE is made on 2008 between:

1. THE REGISTERED OWNERS OF ALL THOSE PIECES OF LAND MORE PARTICULARLY DESCRIBED IN SCHEDULE I TO THIS AGREEMENT the "Lessors") of the postal addresses indicated against their respective names in the said Schedule I, and

2. TAWI CONSERVANCY LIMITED, (the "Lessee") a company incorporated in Kenya under the provision of the Companies Act (CAP 486) of the Laws of Kenya and of P.O. Box__________, Nairobi and

3. AFRICAN WILDLIFE FOUNDATION, ("AWF") a body corporate operating in Kenya pursuant to the provisions of the Privileges and Immunities Act (Cap 179) of the laws of Kenya and having a postal address of P.O. Box 48177-00200, Nairobi.

WHEREAS:

(A) The Lessors are the respective registered owners of the parcels of land as indicated in Schedule I to this Agreement (the parcels of land are together referred to as the "Kilitome Conservancy Area");

(B) AWF has undertaken an extensive community awareness programme in the Kilitome Area targeted at the Lessors and informing them of the need to conserve their respective parcels of land. The Lessors recognize the need to conserve their respective parcels of land and to that end they have agreed to grant leases over their respective parcels of land in order to achieve sustainable conservation of the Kilitome Area.

(C) Pursuant to the said agreement by the landowners to grant leases over their properties, AWF entered into an agreement (the "Grant Award Agreement" dated) with the Lessee, in which the Lessee has agreed to accept leases from the Lessors on the terms and conditions of this Agreement;

(D) The Lessors have jointly and severally agreed to lease their respective parcels of land forming the Kilitome Conservancy Area, and the Lessee has agreed to take the same at the Rent ((as particularised against the title number for the Property in the Schedule I hereto) A plan of the Kilitome Conservancy Area is attached as Schedule II (the "Kilitome Conservancy Plan")

(E) The Lessors and the Lessee have agreed to appoint AWF to monitor and supervise observance with the terms of this Agreement.

NOW IT IS AGREED as follows:

1. The Lessors shall individually grant to the Lessee and the Lessee shall accept a lease from each of the Lessors of their respective individual Properties at the Rent and subject to the terms and conditions contained in the form of Lease (the "Lease") annexed hereto and marked Annexure 1.

2. Subject to the description of the land, the rent to be paid in respect thereof, the term to be created by and the covenants, agreements, conditions, restrictions, stipulations and provisions to be contained in the Lease shall be such as are set out in the form of Lease appearing as Annexure 1 hereto.

3. The Lessors shall have the responsibility of obtaining the Land Control Board consent solely at its own cost.

4. All costs and expenses including stamp duties, registration fees, copying fees and other disbursements relating to this Agreement and the Lease and the legal fees of the advocates of both the Lessors and the Lessee shall be paid by the Lessee.

5. The Lessee having been permitted to take possession of the respective properties forming the Kilitome Conservancy Area on 2008, and shall from the time of its so taking possession until the respective Lease shall have been completed be in possession thereof upon the same terms as those contained in the Lease and the Lessee shall pay by way of rent payable under the Lease and the Lessors shall observe comply with all

写真4-6　コンサーバンシーの契約書のドラフト．専門的な英語によって書かれている．

されるのかについて、充分な合意が事前につくられていなかったからであった。観光ロッジの建設計画を反対された委員長は、AWFにたいしてとても怒っていたが、わたしが何度か会って話をするなかでくり返し彼が主張していたのは、土地所有者である自分の決定を他人が否定することはできないはずだということであった。たしかに、最初の説明会でAWFは個人の権利を強調するいっぽうで、それは契約によって制限されるものだということを説明していた。それにたいして、この章の第1節で紹介したように、「共有地分割のあとでは、土地所有者は何でも好きなことを自分の土地にたいしてできる」とプロジェクト・マネージャーが話すとき、委員長はこの言葉が絶対的なものであるかのように主張していたことになる。メンバーのなかにはそうした委員長の主張に批判的な者もいたが、一口に(私的)権利といっても、それが認められる範囲は国の法律や地域の慣習によって変わってくるものであるし、くり返しになるが、私的に権利所有者として契約を結んで土地を他人に賃貸することはメンバーにとっても初めてのことであった。

「権利基盤のアプローチ」は、土地所有者の権利を認めて政府の規制を撤廃すること(ならびに市場に自由な競争を保障すること)で、望ましい野生動物保全が達成されると考えていた。そうした議論のなかでは、土地所有者が集まってコンサーバンシーを結成する道筋も示されていたが、人びとが組織化されるプロセスについての説明は欠けていた。それにたいして、オスプコ・コンサーバンシーの事例は、住民が権利および契約というものをどのような力を持つものと考えているのかについて、利害関係者のあいだで共通の理解が必要なことを示している。

◎消極さの理由

　メンバーはＡＷＦを相手にさまざまな要求をぶつけていたものの、委員長の指示で契約直前に敵対的な態度を演じた以外は、基本的にＡＷＦが提示した条件を受けいれていた。土地使用料の金額もＡＷＦが提示したものを受けいれていたし、二年後の契約更改のさいも増額はされなかった。また、観光開発についても、ＡＷＦが民間企業を連れてくる契約になっているとして委員長の計画に反対するメンバーは、ＡＷＦにたいして観光開発に向けて急かしたり圧力をかけたりすることはしていなかった。

　本章のはじめに、そうした住民の態度がとても「聞き分けのよい」ものに思えてわたしは違和感を持ったことを書いたが、それではメンバーが当初の契約内容に満足しているのかというと、そうでもない。二〇〇九年には、委員長は土地使用料の金額を増やしたいと話すようになっており、ほかの運営委員もそれを支持していた。また、集団ランチ内の一二七人を対象に行った二〇一〇年七〜八月の質問票調査のなかで、コンサーバンシーの土地使用料として（二四ヘクタールの土地にたいして）支払われている三万ケニアシリングという金額をどう思うかと聞いたところ、不充分であり増額すべきとの回答が六八パーセントで最も多く、それに次いで、何も現金が得られないよりもましとの回答が一九パーセント、充分な金額であるとの回答が九パーセント、放牧地として利用するほうがよいとの回答が二パーセントであった（n.a.=2, n=127）。この結果からしても、ＡＷ

Fとの契約内容がメンバーにとって満足のいくものであったとは考えにくい。

そのいっぽうで、住民の観光業にたいする期待が高いのかというと、そうともいいがたい面がある。というのも、二〇〇八年に行った質問票調査のなかで、農耕、牧畜、観光業、ビジネスのなかから最も重要と考える生計活動を選択してもらったところ、農耕が六五パーセント、牧畜が五三パーセント、観光業が一七パーセント、その他のビジネスが一三パーセントとなった。農耕だけが回答された割合は二五パーセントで、牧畜だけが回答された割合の一八パーセントを上まわっていた。今日のキマナ集団ランチにおいては、農耕が牧畜と同程度に生計の柱として重視されていること、それらとは対照的に、観光業の評価が明らかに低いことがわかる(観光業だけを回答したのは六パーセント)。

AWFのプロジェクト・マネージャーは、オスプコは農耕に適した土地であるけれども農地が拡がればコリドーが分断されたり農作物被害が起きたりするので、野生動物の生息地・移動路を守りながら人びとがその土地で農耕をしなくても暮らしていけるよう、野生動物関連の経済活動から現金収入をもたらすことをめざしていると話していた。そして、ロイトキトクのマサイは農耕をしなくても牧畜と観光業で生活していけるはずだともいっていたのだが、この質問票調査の結果からすると、AWFの期待とは裏腹に、住民の観光業への期待は農耕と比べて明らかに低いことになる。しかし、前章で見たようにサンクチュアリを多くの住民は高く評価していたはずである。コンサーバンシーをつくればサンクチュアリのように観光収入が得られるとAWFがいっていたにもかかわらず、住民が土地使用料や観光開発について受動的ないし消極的に見える理由は何なのだろうか？　次節では、この点について、農耕、牧畜、観光業といった生計活動を住民がどのように評価しているのかを検討することをつうじて考えたいと思う。

4　私有地を獲得したあとの生計

この節ではまず、オスプコ・コンサーバンシーの設立が合意される前後、二〇〇八年の一〇月から一一月にかけて行った質問票調査の結果を中心に、当時のキマナ集団ランチにおける生計の全般的な状況を説明する（その後に行った二回の質問票調査の結果は、終章で取り上げる）。そのうえで、二〇〇六年から現在まで断続的に聞き取りをつづけてきた人物の生計についての考えを紹介することで、共有地分割のあとで人びとの生計がいかに多様化しているのか、そのなかで観光業がどういう位置づけにあるのかを考えてみたい。

◎農耕と牧畜の二本柱

調査を行った二〇〇三世帯は平均で大人二・〇人と子ども五・二人から構成されていた。また、キマナ集団ランチのメンバーは一世帯あたり平均一・六人含まれており、全体では全メンバー

（八四四人）のうち三八パーセント（三一八人）をカバーしていた計算になる。

まず農耕についてだが、二〇三世帯中二〇二世帯（小数点以下を四捨五入すると一〇〇パーセント）が平均二・〇ヘクタールの農地を所有していた。そのうちの九七パーセント（一九五世帯）が実際に耕作を行っており、さらにそのうちの九四パーセントは雨季と乾季の両方で耕作を行っていた。全体の平均耕作面積は雨季で一・二ヘクタール、乾季で〇・六ヘクタールであった。乾季にも農耕を行

写真4–7　AWFの支援で舗装された灌漑水路.
左側にはメイズ畑が広がっている.

写真4–8
タマネギの苗を植えたあとに灌漑された農耕民の畑.

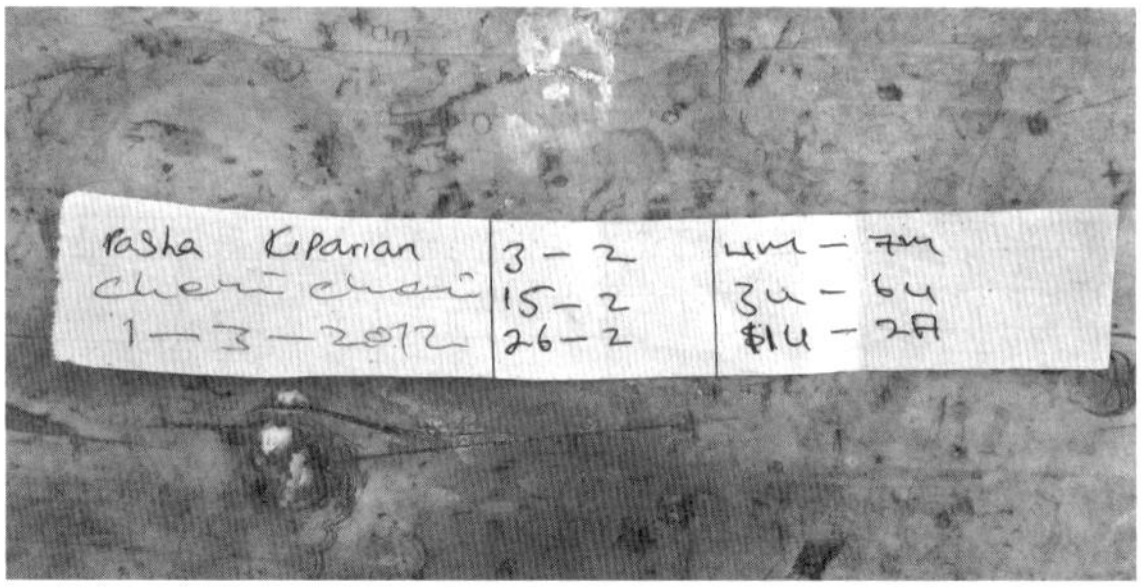

写真4-9　エレライ灌漑水路のメンバーにたいし，2012年2月は3日の10〜13時，15日の21〜24時，26日の5〜8時の3回にわたり取水を認めると書かれた紙．

うことができているのは、共有地分割によって分配された農地の周囲には集団ランチ内の川や泉、沼から引かれた灌漑があって一年中水が流れているからである（写真4-7・4-8）。キマナ集団ランチ内の灌漑水路としては、インペロン（Imperon）に三本、エレライ（Elerai）に四本、キマナ／ティコンド（Kimana/Tikondo）に三本、エンジョロ（Enjoro）に一本があり、それぞれ利用者のなかから選ばれた人間が委員を務める管理委員会がある。水路によって多少の違いはあるものの、おおよそ二週間に一度、一回につき二〜三時間、自分の畑に水を引くことができる（写真4-9）。

　畑で栽培されている作物として、自給用に大半の世帯が植えているのがメイズとマメである。そのほかに、自家消費されることもあるが商品作物としておもに植えられている作物として、タマネギやトマト、ケール、キャベツ、ピーマン、ジャガイモ、ニンジンが挙げられる。畑の周囲にオレンジやバナナ、マンゴーといった果物を植えている世帯も珍しくない。なお、バーンシルヴァーによれば、インビリカニ集団ランチの南部で行われている灌漑農耕から得られる利益（粗収入から各種費用を差し引いた額）は、農耕民の協力者がいない場合は一ヘクタールあたり平均六七六米ドル、協力者がいる場合は四六七米ドル（利益を協力者と折半した金額）とのことである［BurnSilver 2009:173］。

また、耕作を行っている世帯の五五パーセント（一一二世帯）は労働者として他民族を雇用しており、そのうちでも二桁の世帯が雇用している民族として、チャガ（三九パーセント）、キクユ（二九パーセント）、カンバ（二八パーセント）の三民族が回答された[11]。こうした農夫への対価としては、毎月一定額の現金を支払うこともあるが（二〇〇〇ケニアシリング前後が相場）、種や農薬、化学肥料などの購入費やトラクターの賃借料などの諸経費を引いた残りの収穫物や売上金を折半するというやり方が一般的に採られている。それとは別に、苗の植えつけや作物の収穫を一日で終えるために、近隣世帯を中心として女性や子どもを日雇いすることも行われている。その場合、雇用する相手との関係によって報酬は変わり、現金が支払われることもあれば昼食を提供する程度で済まされることもある。

表4-1　家畜の所有規模（n=203）

頭数*	ウシ	ヤギ・ヒツジ
0–20	169	115
21–40	15	41
41–60	4	13
61–80	2	11
81–100	8	5
101–200	4	13
201–	0	4
n.a.	1	1
n.a.	2	1

＊「X頭以上」という回答は「X頭」として計算．
出所：質問票調査より筆者作成．

家畜の所有規模は表4-1のとおりである。これは実測ではなく聞き取りによるが、ウシを所有しない世帯が七パーセントいたものの、ヤギ・ヒツジまで含めれば全世帯が何かしらの家畜を飼養していたことになる。多くのマサイが飼っているのは背部に

写真4-10　農耕民が飼育する乳牛.

写真4-11　乳牛用の牛舎. 搾乳もこのなかで行われる.

瘤のある肉牛であるが、瘤がなく畜舎のなかだけで飼われる乳牛は二一パーセントの世帯で飼育されており、それらの世帯における乳牛の平均所有頭数は二・〇頭であった(写真4-10・4-11)。また、三六パーセント(七四世帯)の世帯は牧夫を金銭雇用していたが、そのなかでマサイ以外の民族を雇っていた世帯は七パーセントであった。牧夫への賃金は一カ月あたり二〇〇〇ケニアシリング(二〇〇八年の為替レートで約二九米ドル、以下同様)が相場であるが、なかには三〇〇〇ケニアシリング(約四三米ドル)を払っている世帯もあった。そうした牧夫の雇用期間は流動的なものだが、六六パーセントの世帯は牧夫を一年中雇っていると明言していた。

世帯内に賃金雇用されている人間がいるという世帯は全体の三八パーセント(七八世帯)であった。そのうちの四一パーセント(全体の一六パーセント)は、国立公園やサンクチュアリなど観光関連の仕事から収入を得ていた。なお、この質問票調査を行った時点で、共有地分割で得た私有地上に観光ロッジが建てられた例としては、二〇〇五年八月に土地所有者とのあいだで契約が交わされたキボ・サファリ・キャンプ(Kibo Safari Camp)があった。これはアンボセリ国立公園近くの土地を分配された集団ランチの元運営委員とその家族・親戚五人が民間企業と一五年の期間で契約を交わしたものであり、敷地面積は一二〇平方ヘクタール

写真4–12　キボ・サファリ・キャンプ内のロッジ入り口.

写真4–13　ロッジ内のレストランの外観.

である。敷地内には七一棟のロッジ（一四〇人強が宿泊可能）が建てられており、ほかにレストランやバー、プールも備わっていて一泊約二〇〇米ドルの宿泊費である（写真4–12・4–13）。また、ナイロビとモンバサ、マサイ・マラにそれぞれ二つずつの宿泊施設を持つ大手ホテル・チェーンのマダ（Mada）は、住民六人の放牧地（一四四平方ヘクタール）上に七二棟のテント・ロッジとプール、マッサージ・センターを備えたキリマ・サファリ・キャンプ（Kilima Safari Camp）の建設を開始していた。どちらについても、土地所有者とのあいだのくわしい契約内容についての情報は得られなかった。ただし、三つの宿泊施設で合計約一六〇人の収容人数を誇っていたASCが、集団ランチに毎月二〇万ケニアシリング以上を払っていたことを考えると、それよりも収容力が小さいとはいえ保全活動を行う義務がないこれらの観光会社からは、コンサーバンシー（一カ月あたり二五〇〇ケニアシリング）とは文字どおりに桁が違う金額が土地所有者に対して支払われていることは確実だろう。

◎それぞれの選択と評価

共有地が分割されたあとであれば、キマナ集団ランチの大半の世帯は農耕と牧畜の両方を営んでおり、そして、先に質問票調査の結果を見たように農耕が牧畜と同程度に重要な生計と考えられている。とはいえ、一口に農耕と牧畜の両方を重要と考えて営んでいるといっても、それらへの打ち込み方や考え方は世帯によって異なっている。ここでは、農耕と牧畜、それに観光業について、六人の世帯主の考えを紹介する。キマナ集団ランチにおける生計の多様性を説明しようとしたら六人だけでは足りないし、六人を紹介するにしてもここで割いている紙幅はわずかなものである。ただ、この六人の話をつうじて、質問票調査で示された数値の裏にどのような考えがあるのかを多少なりとも具体的に想像できるようになったならば、そこからさらにコンサーバンシーをめぐってメンバーが示した消極的な態度の理由を考えることができるはずである。

写真4-14　顧問委員（Lは右から3人目）とそこを訪れた2人の青年（手前）.

事例1　地方行政官の顧問委員を務める長老

わたしが最初に長老L（男性七六歳、以下、年齢は二〇〇六年時点のもの）と会ったのは、集団ランチのなかでも顔が広い調査助手にマサイの伝統的な生活や野生動物との関係にくわしい長老の話を聞きたいとリクエストしたことがきっかけだった。Lは二〇〇八年から地方行政官に任命されて、そのオフィスで住民間のもめごとを裁く顧問委員を務めている（写真4-14）。この役職に選ばれた点で、地域社会にあって一定の尊敬を集めている人物とみなせるだろう。また、ほかの顧問委員だけでなく集団ランチの運営委員も含めて、そうした役職に就いている長老の多くが洋装をしているのにたいして、帽子をいつも被っているとはいえLは今でも「伝統的」な服装をつづけてもいる（もっとも、現在では彼が身につけている「伝統的」な布も工業的に生産されている）。三人の妻がおり、そのうちの二人は本人または息子の私有地（共有地分割により取得）に家を建てて暮らしているが（写真4-15・4-16）、Lが最もよく滞在しているのは、四家族五六人が暮らしていて現在のキマナでは比較的に大規模といえそうな集落である。

青年時代まで現在のインビリカニ集団ランチで暮らしていたLは、一九八八年に父親によってキマナ集団ランチのメンバーとして登録された。そして、一九九〇年前後にキマナに移住して農地を確保するようにいわれ、共有地が分割されるまえに運営委員会の許可を得て〇・八ヘクタールの土地で農耕を開始した。それ以前にインビリカニで放牧生活を送るなかで干ばつを何度も経験しており、農耕を始めることにとくに抵抗はなかったとLはいう。ただし、農耕の知識がなかったので、最初のころはカンバの農夫を一人雇って農作業はすべてを任せていた。その後、一九九八年からLも農夫と一緒に働くようになり、二〇〇一年からは家族だけで農耕を行うようになった。とはいえ、現在、農地の使い方や畑の管理は息子が担当しているうえに普段の農作業は妻が行っているとのことで、L自身が実際に農作業をしているわけではない。なお、おもに栽培しているのは自給用のメイズとマメである。

家畜については、キマナに移動してきたころであればウシ二五〇頭、ヤギ・ヒツジ一六〇頭ほどを持っていたという。その後、子どもに分け与えたりした結果、二〇〇七年に聞き取りをしたときにはそれぞれ四〇頭と一〇〇頭ほどに減っていた。ヤギ・ヒツジはLの孫が交代で放牧などの世話をしているが、ウシは家族の分とあわせて月二〇〇〇ケニアシリングで雇っているマサイの牧夫に面倒を見させていた。

Lの意見としては、以前は干ばつが起きると家畜が大量に死んで大変だったが、今は乾季でも畑から食料が手に入るので、農耕を始めて生活が良くなったという。今のキマナ集団ランチで農耕をせずに暮らしていくなど考えられないといい、畑から食料が得られるから家畜を売らずに済

写真4-15 長老Lと第1夫人(2005年2月).

写真4-16 第1夫人の土地.
右手奥には家畜囲いも見える(2005年2月).

んでいるし、集団ランチのメンバーでない(ので農地を分配されていない)としても土地を借りるなどして農耕をやるべきだと話していた。以前はウシがマサイにとって大切であったけれども、これからは教育と農耕がそれにとって代わるだろうし、農耕に専念するマサイはこれから増えていくだろうと話していた(彼の息子の一人は首都にあるナイロビ大学に通っている)。そして、観光業については、その利益によって共有地の分割や奨学金の支給が実現しているけれど、観光業よりも農耕のほうが便益は大きいというのがLの意見であった。住民は観光業に必要な知識を持っていないけれども、農耕についてはこれまでに知識や経験を蓄積してきたし、後者のほうが前者よりも大きな収入になると語っていた。

事例2　牧畜をつづけるために土地を買い集める長老

現在のキマナ集団ランチにあって、家畜を多く持っているとされる人物の一人がS(男性七五歳)である。二〇〇七年に聞き取りをしたとき、Sはウシなら二〇〇頭以上、ヤギ・ヒツジも二六〇頭以上を持っているとのことで、たしかに質問票調査の結果からしても、キマナ集団ランチのなかでウシ持ちの人物といえる(写真4-17)。

Sが生まれたのも現在のインビリカニ集団ランチとのことである。そもそも彼の年代の人びとが生まれたころであれば、現在のキマナ集団ランチの土地は、水が豊富ではあっても家畜が好む牧草が少なく、そこに暮らすマサイはほとんどいなかったという。とはいうものの、Sは一九八七年に父親からキマナ町の近くの土地八ヘクタールを相続し、それを機にそこに移り住んだ。

そして、Sは一九九〇年代の前半には農耕を始めた。理由は、家族が増えてより多くの食料が必要になったからである。彼もまた、最初はチャガの男性と一緒にメイズとマメを育てたという。この点もLと同様であるが、毎日のように畑で働いていたのはあくまでチャガの男性であって、Sは普段は様子を眺める程度で何か必要があれば手伝うという程度であった。その後、Sは二〇〇六年にナメロックの農地〇・八ヘクタールを一〇万ケニアシリング（二〇〇六年の為替レートで約一三六〇米ドル）で購入するとともに、インビリカニ集団ランチの土地〇・八ヘクタールを借りて農耕も始めた。この二カ所の農地にはそれぞれカンバとチャガの農夫を一人ずつ雇っており、普段の農作業は賃金雇用した彼らにすべて任せていた。それ以外に、キマナ町のほど近くに〇・八ヘクタールの農地を分割によって得ており、この土地については息子と母親が中心となって耕作を行っていた。なお、これら三カ所の農

写真4-17　Sと彼の孫（2009年6月）.

地のうち、乾季にも毎回耕作をしているのは水が充分にあるインビリカニの農地だけであった。

写真4-18　Sの息子たち（2008年8月）.

また、二〇〇六年に聞き取りをしたさい、Sは雨季には二人、乾季には四人の牧夫を雇用してもいた。そのいっぽうで、二〇〇七年には八ヘクタールの土地を放牧地として五〇〇万ケニアシリング（二〇〇七年の為替レートで約七三二〇米ドル）で購入していた。農地だけでなく放牧地も買ったのは、キマナの周囲の集団ランチでも土地が私的分割されたらメンバーではないSの家族は放牧で利用できなくなるし、将来的に土地が不足すると思うから自分の子どもたちのために今から土地を買い集めているのだという。とはいえ、そうして買い集めている土地だけで何百頭もの家畜を飼養できるとも思ってはおらず、ウシは農耕民が飼っているような舎飼いの乳牛へと買い換えて、今よりも少ない数をそれに充分な狭い土地で飼いたいと話していた。

Sの意見としては、農耕よりも牧畜のほうが収入は大きいという。だから子どもたちには牧畜をつづけてほしいと思っている。だが、実際には子どもたちは、学校を卒業して集団ランチのそとに働きに出ることに関心があるという（写真4−18）。Sも子どもを大学まで通わせたいと話しており、息子のなかにはナイロビの専門学校に通っている者もいた（ただし、学費が工面できず留年中）。そうして子どもたちが家を離れて家畜の面倒を見る人間がいなくなったら、学校に通えない近所のマサイの子どもを牧夫（牧童）として雇うと話していた。今のマサイ社会では教育が重要であり、もはや家畜の数や飼育の技能は昔ほどに重要ではないという。そして観光業については、初等教育を終えていなくても就けるような仕事であり、教育を受けた人ならばそれよりも医者や教師などの職業をめざすだろうといっていた。また、観光業は季節によって顧客が来たり来なかったりで不安定であり、それよりも農耕（市場で高値で売れる農作物をつくる）や牧畜（一頭あたりの売値が高いウシを飼養する）のほうが生計活動としてはよほど頼りになると話してもいた。

写真4−19　Kと子どもたち（2009年7月）．

事例3　農耕民になろうとする若者

K（男性三二歳）は一九八九年にキマナ集団ランチのメンバーとなった（写真4−19）。彼は学校教育をまったく受けておらず、一九九二年から二〇〇一年まではキマナ町でメイズ製粉機の操作役や食堂の調理人として働いていた。しかし、二〇〇二年に〇・八ヘクタールの農地を共有地分割によって獲得したことをきっかけとして、そうした仕事をやめて農耕を始めた。なお、彼の父親もキマナ集団ランチのメンバーであり、ナメロックに農地を分割されたが、二〇〇一年に死亡し、そのメンバーシップと土地は彼の妻（Kの母親）が相続した。

Kに継続的に聞き取りをするようになったのは、彼が人一倍農耕に精力を傾けている様子が見受けられたからである。彼が最初に農耕を始めたとき、農薬も化学肥料も使わずにメイズを育てたという。しかし、それだけでは収穫量も少なかったため、種苗や農薬・化学肥料などを販売しているキマナ町の専門店の人に聞いたり、毎月末に種苗会社などによって開かれる講習会に参加したりして知識を増やしていった。二〇〇六年の時点では、キマナ町近くの自分の畑（〇・八ヘクタール）に加えて、その近くの彼の姉妹が所有する土地の一部（〇・一ヘクタール）や彼の母がナメロックにその夫より相続した農地（〇・八ヘクタール）の管理・耕作も引き受けており、日常的に複数の畑のあいだを行き来していた。また、Kの妻もナメロックに農地（〇・八ヘクタール）を所有しているが、そこまでは手がまわらないということで四カ月一万四〇〇〇ケニアシリング（二〇〇六年の為替レートで約一五四米ドル）で他人に賃貸していた。Kとしては他人に貸すよりも農夫を雇用して耕作するほうが利益になるのだが、それだけの現金が用意できなかったので不本意ではあるが貸し出すことにしたという。

Kの特徴として、畑を細かく区分けしたうえにいろいろな種類の作物を植えているという点がある。二〇〇六年一〇月から二〇〇七年三月にかけてキマナの畑（〇・八ヘクタール）をどのように使ったのかを聞いたところ、メイズとマメの混植が〇・三ヘクタール、メイズとトマトの混植が〇・三ヘクタール（トマトが主でメイズは従）、メイズのみの〇・二ヘクタールと三つに分けて使っていた。二〇〇七年三月からは、メイズのみを〇・三ヘクタールに植えたほかに、販売用のキャベツを〇・三ヘクタール、同じく販売用のタマネギを〇・二ヘクタールにそれぞれ栽培していた。それらのあとには、〇・二ヘクタールはメイズだけ、〇・三ヘクタールにはメイズとマメの混植、そして、残りの〇・三ヘクタールではトマトを中心にしつつ、そのあいだにケールとピーマンを植えることをしていた。さらに二〇〇八年の一〇月からは、農薬や化学肥料にかかる費用が大きいうえに品質管理が難しいものの高値で売れるフレンチ・ビーンズを〇・一ヘクタールにも満たない面積で試みに育

写真4–20 収穫されたフレンチ・ビーンズ．
乾燥させないよう湿った布と日差しよけが設置されていた．

てることをしていた（写真4-20）。しかし、このときは期待していたほどの利益が上がらなかったとのことで、フレンチ・ビーンズの栽培は以後は行っていない。

また、既存の灌漑だけでは水が足りないということで、隣人と協力して畑近くの泉から小さな灌漑水路を引いたり、農耕民をまねて牛耕をすることでトラクターの費用を浮かせたりもしていた。二〇〇九年からは、連作障害を避けるべく自分の畑を休ませるために知人や親戚の農地を借りることも始めていた。二〇一〇年の五月には新たに約一・二ヘクタールの土地を相続したが、水や労働力が充分に確保できないということで耕作面積は雨季でも約〇・六ヘクタールにとどまっていた。

写真4-21　家のすぐ横に建てられた乳業用の畜舎（2007年8月）.

二〇〇七年当時、Kが所有する家畜は乳牛一頭だけであった（写真4-21）。これは周囲の農耕民が飼っているのを見て二〇〇四年に買ったもので、家の横に牛舎を建ててそのなかで飼っていた。共有地分割によって得た約二四ヘクタールの放牧地は、そこで放牧させるウシ（肉牛）も持っていないので友人に無料で使わせていた。乳牛を買った当初はメイズの茎や畑から刈ってきた草を食べさせていたが、農耕民に教えてもらってからは町で売っている乳牛用の飼料を買えるときは買って与えるようになった。そして、二〇〇八年の時点では、ミルクを朝夕の二回、五軒の家に売ることをしており、一日約七〇〇ケニアシリング(二〇〇八年の為替レート約で一〇米ドル)の収入を得ていた。Kは普段は畑で働いており、乳牛の世話は彼の妻がしていた。

Kによれば、キマナのマサイは家畜よりも農耕を好むようになっており、将来的にはキクユ(ケニアで最も人口の多い農耕民)のようになるだろうと話していた。そして観光業については、サンクチュアリの結果として共有地分割ができたことはよかったし、これからもサンクチュアリで観光業がつづいてほしいというい っぽうで、サンクチュアリの給料は低すぎると多くの人が不満をいっているし観光業よりも農耕のほうが頼りになるだろうと述べていた。他人と放牧地をあわせて観光ロッジを建てたりできるのであればやってみたいが、サンクチュアリを訪れる観光客が減っても農耕をやっている人間には影響はないし、観光業がなくなれば害獣である野生動物が近くからいなくなって農作物被害も減るから、それならそれでよいことだとも話していた。

事例4　教師をめざす若者

D(男性三一歳)が生まれたころ、彼の父親は四人の妻とその子どもたちとともに現在のインビリカニ集団ランチの北東部に暮らしていた。当時、彼の両親が所有していた家畜はウシが一二〇頭以上、ヤギ・ヒツジは三〇〇頭以上であったという。Dは一九歳のとき（一九九四年）に中等教育を修了し、その翌年に結婚して両親とは別に暮らすようになった。そのときに彼が所有していた家畜は、ウシ九頭にヤギ・ヒツジ一五頭だったという。

一九九五年から一九九八年までの三年間、DはKWSに調査助手として雇われ、月に三二五〇ケニアシリング（一九九五年の為替レートで約六三米ドル）の給料をもらいながら、ゾウの個体数や生態についてのフィールド調査を手伝う仕事をしていた。一九九九年から二〇〇一年までは国際NGOの食糧援助プログラムに雇用され、月給一万二〇〇〇ケニアシリング（二〇〇一年の為替レートで約一九九米ドル）を稼いでいた。その後、二〇〇一年から二〇〇八年までは、地域住民が資金を拠出しあって運営するインフォーマルな幼稚園で教師として働いていた（月給五〇〇〇ケニアシリング、二〇〇一年の為替レートで約八三米ドル）。そうした仕事のかたわら、KWSやAWFが集会を開くさいの通訳や書記として臨時的に収入を得たりもしており、その関係でわたしの調査をときどき手伝ってもらうこともしていた（写真4－1参照）。

Dは地域では「先生」（スワヒリ語で *mwalimu*）と呼ばれており、集団ランチの運営委員や長老などからも一目を置かれている（**写真4－22**）。Dはインビリカニ集団ランチのメンバーだが、キマナ集団ランチのさまざまな活動にもかかわってきており、「オフィシャル」からは将来的に集団ランチの一部を私有地として譲ってもらうことを約束されてもいた。二〇〇六年に一六万五〇〇〇ケニアシリング（二〇〇六年の為替レートで約二二四〇米ドル）でキマナ町の近くの土地約〇・八ヘクタールを購

松浦範子 文・写真

クルド人のまち

——イランに暮らす国なき民

ISBN978-4-7877-0820-5

山岳地帯の奥深く，急斜面にへばりついているかのような小さな村々——。クルド人映画監督バフマン・ゴバディの作品の舞台としても知られるイランのなかのクルディスタン。国境で分断され，歴史に翻弄され続けた地の痛ましい現実のなかでも，矜持をもって日々を大切に生きる人びとの姿を，美しい文章と写真で丹念に描き出す。大石芳野氏，川本三郎氏ほか絶賛の書評。

Ａ５判変型上製・288 頁・2300 円＋税

松浦範子 文・写真

クルディスタンを訪ねて

——トルコに暮らす国なき民

ISBN978-4-7877-0300-2

クルディスタンをくり返し訪ね続ける写真家が，苦難の中を生きる一人ひとりの姿を等身大で綴った出色のルポ。池澤夏樹氏，鎌田慧氏ほか各紙誌絶賛

Ａ５判変型上製・312 頁・2300 円＋税

中川喜与志，大倉幸宏，武田 歩 編

クルド学叢書 **レイラ・ザーナ**

——クルド人女性国会議員の闘い

ISBN978-4-7877-0500-6

厳しい同化政策がとられてきたトルコで，禁止された母語で議員宣誓を行い死刑求刑，10 年間を獄中に囚われた女性議員の半生からクルド人問題に迫る

Ａ５判・368 頁・2800 円＋税

木村 聡 文・写真

千年の旅の民

——〈ジプシー〉のゆくえ

ISBN978-4-7877-1016-1

伝説と謎に包まれた“流浪の民”ロマ民族。その真実の姿を追い求める旅。差別や迫害の中を生きる人の多様な生の現在を捉えた珠玉のルポルタージュ

Ａ５判変型上製・288 頁・2500 円＋税

八木澤高明 写真・文

ネパールに生きる

——揺れる王国の人びと

ISBN978-4-7877-0412-2

反政府武装組織マオイストとの悲惨な内戦が長年にわたって続いたネパール軋みのなかに生きる人々の姿を丹念に描ききった珠玉のノンフィクション。

Ａ５判変型上製・288 頁・2300 円＋税

〈表示価格は税抜〉

●地域研究・海外事情

高倉浩樹 編

極寒のシベリアに生きる

—トナカイと氷と先住民

地球温暖化の影響を最も受けやすいといわれる北極圏。その極北の地に人類はいつから進出し，厳しい自然環境の中を生き抜いてきたのか。寒冷環境に適応してきた人々の歴史と文化，暮らしと社会の仕組みを見つめる。人類学，保全生態学，水文学，土木学，言語学，宗教学など，文系・理系さまざまな分野の一線級の研究者たちがわかりやすく概説した一般向けシベリア入門書。

ISBN978-4-7877-1112-0

四六判上製・272 頁・2500 円＋税

赤嶺 淳 編

グローバル社会を歩く

—かかわりの人間文化学

少数言語や野生動物の保護など，かかわりあいのファールドワークの現場から，多様性にもとづくあらたな関係性をいかに紡いでいけるかを問いかける。

ISBN978-4-7877-1302-5

四六判上製・368 頁・2500 円＋税

小倉英敬 著

マリアテギとアヤ・デ・ラ・トーレ

—1920 年代ペルー社会思想史試論

ペルー独自の現実に立脚した社会変革思想を構築した異端の思想家と活動家。国民国家形成期に社会変革の思想と運動が立ち上がる過程とその意味を追う。

ISBN978-4-7877-1212-7

A 5 判上製・232 頁・3500 円＋税

上野清士 著

ラス・カサスへの道

—500 年後の〈新世界〉を歩く

コロンブスに〈発見〉された先住民を西洋人の暴虐から守る闘いに半生を捧げたラス・カサスの足跡を訪ね，ラテンアメリカを広く歩く。池澤夏樹氏推薦。

ISBN978-4-7877-0805-2

A 5 判変型上製・384 頁・2600 円＋税

宋芳綺 著　松田 薫 編訳

タイ・ビルマ 国境の難民診療所

—女医シンシア・マウンの物語

タイ・ビルマ国境の町。お金がなく，病院に行くことができない難民や移民に 20 年以上にわたり無料診察を続けている診療所の苦難の取り組みを紹介。

ISBN978-4-7877-1008-6

四六判上製・224 頁・1800 円＋税

〈表示価格は税抜〉

●民俗・地域社会

宇井眞紀子 写真・文

アイヌ，風の肖像

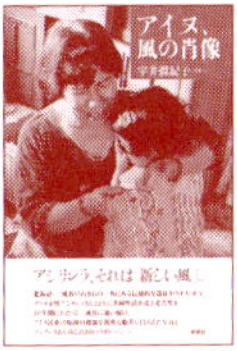

アイヌ文化に魅せられた人，自分の居場所を求めてやってきた人などなど。北海道・二風谷(にぶたに)の山ぎわにある伝統的な茅葺きのチセ(家)で，アイヌ女性アシリレラさんとともに共同生活を送る老若男女。20年間にわたって二風谷に通い続け，アイヌ民族の精神の深部を親密な眼差しでとらえた写真と，アシリレラさんのことばのコラボレーションによる珠玉の写文集。

ISBN978-4-7877-1007-9

Ａ５判上製・176頁・2800円＋税

野上ふさ子 著

アイヌ語の贈り物
—アイヌの自然観にふれる

アイヌ語の初歩会話やカムイへの祈りの言葉，ユーカラなどの伝承，物語を解説しながら，自然のなかで生きる人びとの叡智と豊かな自然観を紹介する

ISBN978-4-7877-1215-8

Ａ５判・204頁・1800円＋税

高倉浩樹，滝澤克彦 編

無形民俗文化財が被災するということ
—東日本大震災と宮城県沿岸部地域社会の民俗誌

形のない文化財が被災するとはどのような事態であり，その復興とは何を意味するのだろうか。震災前からの祭礼，民俗芸能などの伝統行事と生業の歴史を踏まえ，甚大な震災被害をこうむった沿岸部地域社会における無形民俗文化財のありようを記録・分析し，社会的意義を考察する。調査報告に加えてシンポジウム「民俗芸能と祭礼からみた地域復興」を収録。各紙書評で話題

ISBN978-4-7877-1320-9

Ａ５判・320頁・2500円＋税

高倉浩樹，木村敏明 監修

聞き書き 震災体験
—東北大学90人が語る3.11

一見平穏な日常を取り戻したように見えるなかで，一人ひとりの声に耳を傾け，聞き書きを続けて，はじめて知ることのできた多様な震災体験の記憶。

ISBN978-4-7877-1200-4

Ａ５判・336頁・2000円＋税

〈表示価格は税抜〉

●環境社会学・社会問題

宮内泰介 編

なぜ環境保全はうまくいかないのか
――現場から考える「順応的ガバナンス」の可能性

科学的知見による「正しい」しくみにもとづき，よかれと思って進められる環境保全策。ところが，現実にはうまくいかないことが多いのはなぜなのか。地域社会の多元的な価値観を大切にし，試行錯誤をくりかえしながら柔軟に変化させていく，順応的な協働の環境ガバナンスの可能性を現場から考える。「ズレ」と「ずらし」の順応的ガバナンス。地域に根ざした環境保全のために。

ISBN978-4-7877-1301-8

四六判上製・352頁・2400円＋税

赤嶺 淳 著

ナマコを歩く
―現場から考える生物多様性と文化多様性

グローバルな生産・流通・消費の現場を歩くなかで，資源利用者が育んできた地域文化をいかに守り，地域主体の資源管理を展望していけるかを考える。

ISBN978-4-7877-0915-8

四六判上製・392頁・2600円＋税

關野伸之 著

だれのための海洋保護区か
―西アフリカの水産資源保護の現場から

地域社会の持続可能な発展と生物多様性保全の両立が理想的に語られる現場で何が起きているのか。セネガルの現場から「理想の自然保護区」への問い。

ISBN978-4-7877-1409-1

四六判上製・368頁・3200円＋税

大鹿 卓 著　宇井 純 解題

新版 渡良瀬川
―足尾鉱毒事件の記録・田中正造伝

金子光晴の実弟，芥川賞候補作家が正造の生涯を描いた名作。「我々が直面している問題のほとんどすべては足尾の時にすでに存在した」（宇井純氏）。

ISBN978-4-7877-1313-1

四六判上製・352頁・2500円＋税

大鹿 卓 著　石牟礼道子 解題

新版 谷中村事件
―ある野人の記録・田中正造伝

鉱毒問題を明治天皇に直訴した田中正造は遊水池にされる谷中村に移り住んだ。村の復活を信じる正造と残留農民のぎりぎりの抵抗と生活を描いた続編。

ISBN978-4-7877-0914-1

四六判上製・400頁・2500円＋税

〈表示価格は税抜〉

●思想

田畑 稔 著

マルクスと哲学
——方法としてのマルクス再読

ISBN978-4-7877-0400-9

「マルクス主義哲学」の鎧を取り除きながら，哲学に対するマルクスの関係を読み解き，彼の思想を未来へとつなぐ途を考察する著者渾身の原典再読作業。

A５判上製・552頁・4500円＋税

植村邦彦 著

マルクスのアクチュアリティ
——マルクスを再読する意味

ISBN978-4-7877-0609-6

権威として祭り上げられた20世紀のマルクスではなく，試行錯誤を繰り返していた19世紀のマルクスの苦闘を追体験する，「21世紀のマルクス論」。

四六判上製・272頁・2500円＋税

グンター・トイプナー 著　土方 透 監訳

デリダ，ルーマン後の正義論
——正義は〈不〉可能か

ISBN978-4-7877-1405-3

正義とはなにか？　正義はどう語りうるのか？　社会において正義を可能にするもろもろの道具立てを抽出し，正義の社会理論の〈不〉可能性を問う。

A５判上製・320頁・3800円＋税

ヨハンナ・オクサラ 著　関 修 訳

フーコーをどう読むか

ISBN978-4-7877-1110-6

権力論から性／自由論まで，フーコーの鍵となるテクストのエッセンスをほぼ年代順に並べ，フーコー思想の全体を読者とともに解読していく入門書。

四六判上製・224頁・2000円＋税

恒木健太郎 著

「思想」としての大塚史学
——戦後啓蒙と日本現代史

ISBN978-4-7877-1307-0

戦後の代表的思想家として丸山眞男とならび称される経済史家，大塚久雄。その言説に焦点を当てた検証作業から危機の時代に対峙する思想の力を想起

四六判上製・440頁・3800円＋税

寺田光雄 著

生活者と社会科学
——「戦後啓蒙」と現代

ISBN978-4-7877-1311-7

丸山眞男，内田義彦，安丸良夫らの戦後社会科学の展開史から現代日本社会を考察し，社会科学のあり方を問う。国家主義に対抗する社会科学の視座。

A５判上製・468頁・4200円＋税

〈表示価格は税抜〉

新泉社

～人文・社会～

No. 34－A

株式会社　新 泉 社
〒 113-0033　東京都文京区本郷 2-5-12
TEL 03-3815-1662　FAX 03-3815-1422
http://www.shinsensha.com
振替 00170-4-160936

弊社出版物は全国の書店で購入できます。店頭にない場合は書店を通してご注文ください。弊社に直接ご注文の場合は前金制になります。表示価格に消費税を加算し，送料（1 回 290 円）をあわせて郵便振替にてご送金ください。
本カタログ掲載外の在庫書籍情報は，弊社ホームページをご覧ください。

宇井純セレクション　全 3 巻

① 原点としての水俣病
② 公害に第三者はない
③ 加害者からの出発

藤林 泰・宮内泰介・友澤悠季［編］

ISBN978-4-7877-1401-5／1402-2／1403-9
四六判上製・416 頁／384 頁／388 頁
各巻定価 2800 円十税

宇井純セレクション 1
原点としての水俣病
石牟礼道子氏
「小声で話される宇井さんが実に頼もしかった。
ニトロをポケットにいつもしのばせて」
原田正純氏
「権力には怖くて、弱者にはやさしい型破りの学者であった」
新泉社

公害とのたたかいに生きた環境学者・宇井純は，新聞・雑誌から市民運動のミニコミまで，さまざまな媒体に厖大な原稿を書き，精力的に発信を続けた。現代社会への切実な問いかけにあふれた珠玉の文章を全 3 巻にまとめ，その足跡と思想の全体像を次代へ橋渡しする。本セレクションは，現代そして将来にわたって，私たちが直面する種々の困難な問題の解決に取り組む際に，つねに参照すべき書として編まれたものである。

入して、妻一人子ども四人と一緒に暮らしている（写真4―23）。

Dは一九九六年ごろから家を建てた土地の残りの部分（約〇・六ヘクタール）で農耕を始めたが、仕事が忙しいこともあって実質的な労働は近くに住むキクユの農夫（一人）を雇って任せていた。また、インビリカニにも〇・八ヘクタールの畑を所有しており、これについてはチャガの農夫を一人雇っていた。いっぽう、家畜は二〇〇八年八月時点でウシ四頭とヤギ四頭を所有しており、子どもが学校に通っている時期にはインビリカニ集団ランチに暮らす親戚やキマナ集団ランチの近

写真4-22　Dと1歳になったばかりの末っ子（2008年8月）.

写真4-23　寝室，居間，客間の3部屋から成るDの家（調理は別の小屋で行う）.

所の知人に預けたりしていた。

二〇〇九年からDは教員免許を取得するために専門学校に通い始めた。もともとインフォーマルな幼稚園で働いていていたDだが、教員免許を持っていないために給料が低いことに不満を感じていた。そのため二〇〇六年には将来的に専門学校に通うための貯金をするようになり、親戚や集団ランチなど複数の方面から援助を得られるめどがついたことで実際に通うようになった。Dは専門学校に通う費用を捻出するため、幼稚園での仕事が終わった二〇〇八年九月には新しく国立公園の近くに建設される観光ロッジの工事現場で雇われることをめざしてもいた。そこで彼が応募していたのは倉庫番としてさまざまな備品の管理をする職で、月給は一万九五〇〇ケニアシリング（二〇〇八年の為替レートで約二八二米ドル）の予定であった。しかし、結局この職には就けず、その後は基本的に農耕に従事しながら学費を捻出しようとしていた。そのさい、観光業で何かしらの職を得るという考えはまったく見られなかった。

事例5　観光業に従事する男性

二〇〇七年一〇月に聞き取りをしたさい、当時四四歳であったMは妻一人と子ども六人、それに農業労働者であるチャガの男性一人と一緒に暮らしていた（写真4-24）。農地は世帯で約〇・八ヘクタール、家畜はウシ一〇頭とヤギ・ヒツジを約四〇頭所有していた。Mは干ばつでウシが多く死んだことをきっかけとして、一九九九年から共有地上で農耕を始めた。すでに農耕を始めていたマサイの友人の畑の一部を使わせてもらい、やり方も教わりながらであった。その後、二〇〇四年に〇・八ヘクタールの農地を分配されたが、灌漑から充分な水が得られないため、雨季でも耕作面積は〇・四ヘクタールにとどまっていた。家畜は乾季であっても他の集団ランチの土地にまで移動させず、ナメロックの所有地の周辺で放牧していた。その後、二〇〇九年七月の調査時点では、乳牛一頭を購入してもいた。

Mは現金収入を求めてサンクチュアリの職員募集に応募し、二〇〇五年から二〇〇八年までゲーム・レンジャー兼門番としてASCに雇用された。それ以前に雇用労働の経験は持たなかったが、以前から何度もサンクチュアリでの就職を求めて、機会があるごとに応募していたという。サンクチュアリの仕事は週休一日制、一日の労働時間は一二時間で、月給は六〇〇〇ケニアシリング（二〇〇七年の為替レートで約八八米ドル）であった。ゲーム・レンジャーとしてのおもな仕事は敷地内のパトロールであり、密猟者を発見・逮捕する以外に家畜を侵入させている住民を敷地から追い払うこともしていた。密猟者と遭遇することもあり危険をともなう仕事だが、ほかに就ける職業のあてもないのでこのままつづけるつもりであると

写真4–24　Mと妻，2013年に生まれた末の息子（2014年2月）．

二〇〇七年一〇月のときには話していた。また、雇用労働は定期的に決まった額の現金収入を得られるから好ましいとも語っていた。しかし、二〇〇八年一月以降、大統領選後の暴動によってサンクチュアリを訪れる観光客数が激減すると、Mは二月一二日に予告なしにASCを解雇されてしまった。

その後、二〇〇八年八月から、Mは新たに建設中の観光宿泊施設の工事現場で働き始めた。この仕事の日給は二〇〇ケニアシリング（二〇〇八年の為替レートで約三米ドル）であり、彼は週六日働いていた。Mはその仕事の待遇が良くないと不満をこぼしていたが、子どもの学費がかかるなかでは農耕や牧畜だけでは家族の生活を支えられないし、ほかに現金収入もなかったのでこの仕事に応募したといっていた。しかし、二〇〇九年に子どもが全員学校に通うようになると、家畜の世話をできる人間が自分だけになったので、その仕事も辞めていた。その後はナメロックの家の近くで農耕を開始しており、農耕と牧畜の二つを生計の柱としていた（写真4−25）。

写真4−25　2013年に新築されたMの家と家畜囲い．畑もこの右手すぐにある．

Mはサンクチュアリに雇用されていたころには、自分は雇用というかたちでサンクチュアリから便益を得ていると述べていた。しかし、給料の未払いが一カ月分あり、雇用が長期的に保証されているわけでもないので、ほかに良い仕事があるならばそちらに転職したいと話してもいた。Mは給料を使ってチャガの農夫を雇っていたが、自分が畑で働く時間を増やすよりも多くの給料を稼いで二人目の農夫を雇って農作物の収穫量を増やしたいと述べていた。というのも、サンクチュアリで雇用されたといっても新しい農地を買うほどに金を貯めることは難しく、また、農業人口が増えた結果として利用できる水の量も減っているので、畑を新たに購入して面積を拡げることはできないと考えていたからである。牧畜にかんしては、家畜だけで暮らしていくことは現在では無理であり、将来的に数は減らしていくだろうと話していた。ただし、何か緊急で現金が必要になったときに売るためであったり普段飲むミルクを入手したりするためにも、数としては少なくても家畜を持ちつづけはすると話していた。

事例6　自ら観光業を始めた男性

B（男性三三歳）は現在のオルグルルイ集団ランチのなかでもナメロックの近郊で生まれた（写真4-26）。一九九〇年から国立公園近くの観光ロッジで働き、そのなかで多くの観光客が野生動物を見にアンボセリへと来ていることを知った。そして、牧畜よりも観光業のほうが金になるのではないかと考えるようになり、自分でキャンプ場を経営することを決めた。一九九三年にキ

写真4-26　Bとわたし(2007年10月).

マナ町の近くの土地〇・四ヘクタールを居住地として購入、一九九四年にはキャンプ場とするための一・二ヘクタールの土地を買い、その後は一九九六年と二〇〇〇年にもそれぞれ〇・四ヘクタールと〇・八ヘクタールの土地を購入していた。Bは以前にメイズやタマネギの栽培を試みて失敗した経験があり、それ以来、農耕はもうやらないことを決心していた。家畜はウシを約一八〇頭持っているとのことだが、普段はオルグルルイに暮らす弟に預けているため、キマナの家を訪れてもその姿は見かけない。

Bがキマナ町から車で一〇分ほどの距離にある場所で二〇〇七年にオープンしたのが、キリ・スプリング・キャンプ(Kili Spring Camp)である。オープン当時の設備はキャンプ用のテント五張り(二人用四張りと六、七人用一張り)で、ほかにダイニング、水洗トイレ、シャワー場、キャンプ・ファイヤー用の場所(切り株の腰掛と焚き火用の場所)が用意されており、食事込みで一人一泊二〇〇〇ケニアシリング(二〇〇七年の為替レートで約二九米ドル)であった。キャンプ場を始めた当初は、マサイが観光業を行うなど不可能であるといわれ、どうやって観光客を連れてくるのかといった質問をいろいろと受けたという。Bとしては外国人と一緒にやることで教わることも多いとは思ったが、サンクチュアリのように外国企業を呼ぶのでは地元に落ちる利益や便益がかぎられているので、マサイが観光業を行えることと、そのほうが得られる便益が大きいことを人びとに理解してもらうために自分で起業をしたとのことである。

写真4-27
オープン当初（2007年10月）のキリ・スプリング・キャンプ.
テントで寝袋を使って寝るかたちだった.

写真4-28　2012年2月のキリ・スプリング・キャンプ.
宿泊客が寝るための建物や水洗トイレ，シャワー場がある.

しかし、しばらくぶりにわたしがキャンプ場を再訪した二〇〇八年一一月は、二〇〇七年末に行われた大統領選挙の結果発表にともなう暴動・武力衝突の影響でケニア全体を訪れる観光客数が激減していた時期であり、Bのキャンプ場にもまったく観光客が来ていなかった。この時期、Bは知人のつてで国立公園を訪れる観光客を相手にサファリの運転手の仕事をして現金収入を得ていて、それ以外にはキマナの家を離れてオルグルルイ集団ランチで親戚の集落に泊めてもらいながら家畜の世話をして暮らしていた。その後も、少しずつキャンプ場の設備が改善されていき、二〇一三年にはインターネットの動画共有サイトに広告の動画をアップロードもした（写真4-27・4-28）。依然としてBは農耕を行う気がまったくないのだが、かといって観光業だけで生活していけるとも思っておらず、オルグルルイ集団ランチで牧畜はつづけていくつもりであった。[12]

◎生計として期待できない観光業

前項までに見てきた六人の男性のうちB（事例6）を除いた五人は、農耕を重要な生計活動とみなすいっぽうで観光業を低く評価する点で共通していた。ただし、農耕を重視するといっても、L（事例1）やS（事例2）は、過去においても現在においても実際の労働は他民族や家族に任せている。それにたいして、より若いK（事例3）は自分の土地に加えて家族の畑まで管理するので多忙をきわめており、土日であっても労働していたほどである。また、雇用労働に従事していたD（事例4）やM（事例5）は、自分が農地で働けないために普段は他民族を雇っていたが、仕事の休日

写真4-29　自ら畑の灌漑をするD.
基本的に自家消費用にメイズとマメを植えている.

や灌漑を利用できる時間が夜間になったときには自分で農作業をしていた(写真4-29)。そして、雇用労働からの収入だけで生活を維持するのが容易ではないMの場合、農耕は雇用労働によって稼いだ給料を投下する対象と考えられており、観光業で働く住民にとっても、家族の生活を成り立たせるうえで農耕には重要な役割が期待されていたことになる。

また、農耕のかたわらで牧畜をどのように行っているかも五世帯で大きく違っていた。マサイは農耕民のようになるといっていたKは、たんに農耕に熱心なだけでなく、飼養する家畜の種類までも農耕民を真似ていた。彼と同年代で雇用労働を生計の柱に据えようとしていたDの場合、舎飼いであっても手間と費用がかかる乳牛の購入をとくには計画していなかったが、日常的に放牧を行う家内労働力が不足している状況では、親戚や知人に預けたために家には家畜がいないことも珍しくなかった。いっぽう、より年代が上のLとSでは農耕と牧畜のどちらが頼りになるかで意見が分かれており、牧畜をより評価するSはそのために土地を買い集めることまでしていた。ただ、そうして牧畜を高く評価するSであっても、Kがミルクを販売して収入源としているように畜産物を市場で販売して現金収入源としているわけではなく、あくまで現金が入用になったときのための備えとして家畜を蓄えていた面が強く、日々の食料を獲得する手段として農耕が営まれていた。

このような農耕や牧畜への評価に比べると、Bを除く五人の観光業への評価は低く、サンクチュアリで働いていたMも観光ロッジの建設現場で働こうとしていたDも、それを将来にわたって生計の柱としてつづけるつもりはなかった。ただし、例えばKは、サンクチュアリで働くことを否定的に捉えるいっぽうで、サンクチュアリの存続であったり私有地上に観光ロッジを建てたりすることは支持していた。ここからわかるのは、観光業といっても、じつはそこには二つの違ったかたちの経済活動が混じっていたということである。つまり、ASCのような民間企業に土地を貸し出して土地使用料や宿泊料を受け取るような観光業、すなわち企業誘致・土地賃貸をつうじた観光業が高く評価されているのにたいして、Mのような雇用労働そしてBのような自営業としての観光業の評価は低かったことになる。

ただし、評価が高い前者のタイプの観光業であっても、それを住民が現実的な選択肢として考えていたわけではない。というのも、個別の聞き取りでわたしが具体的に質問をすれば、Kだけでなく五人ともが自分の放牧地に（外部資本で）観光ロッジを建てたりコンサーバンシーのような活動に参加したりすることに賛成していたが、漠然と今後の生計活動であったり子どもたちの将来の暮らしについて聞くかぎり、農耕や牧畜、それに教育や就職の話は出ても、観光業に言及することはなかった。そして質問票調査で重要な生計を選ぶ質問をしたときも、誰も重要な生計活動として観光業を回答しなかった。

こうした意見とは対照的に、Bは農耕をまったく行わないだけでなく、外部からの資金援助なしに観光業を起業して経営を一定の軌道に乗せていた。Bが観光業を始めようとしたときには周囲のマサイから否定的な意見がたくさん聞かれたというが、それはまさに先に見たB以外の五人が述べていたことに一致するだろう。そうした考えを裏切ってBは成功をおさめていたわけだが、彼の成功によって観光業にたいする多くの人びとの否定的な見解を覆せるかというと、そうともいえないように思われる。というのも、Bがこれまでに行ってきた活動は、ほかの住民には簡単には真似ができないと考えられるからである。

写真4-30 Bが所有する自動車.
このほかにサファリ用にもう1台持っている.

そもそもBはキャンプ場のための用地を買い集めるのに数年を費やしたうえに、オープンしたあとに設備を整えるのにもさらに何年もかかっていた。そうしてキャンプ場が整備されたあとでは、全国的な観光業の不振で顧客を獲得できない時期を経験してもいた。Bは、土地を購入し設備を整えるための費用や観光客が来ない時期の生計手段を、オルグルルイ集団ランチにおける牧畜と以前からの知己をつうじて得たサファリ運転手の仕事などで賄っていた。しかし、例えば、Bはじつに二台の自動車を所有しているが彼以外の五人の誰も自動車を所有していないし、Bほどの家畜を所有している者もウシ持ちといわれるSだけである(写真4-30)。農耕で成功したり定職に就いたりすることで今以上の現金収入を得たとすれば可能性は高まるのかもしれないが、現状として見れば、Mのように何年間も報酬が得られないなかで観光業のために資本投下をつづけていくような余裕がほかの五世帯にあるとはとても思えない。

◎受動的な理由

多くの住民にとって雇用労働や自営業としての観光業の評価が低いとして、コンサーバンシーをつうじてAWFが提案していたのはあくまで企業誘致・土地賃貸型の観光業であった。それにたいして、メンバーが総じて消極的あるいは受動的で依存的な態度を示した理由をあらためて考えてみたい。

たしかに大半のメンバーは観光業の知識や経験も持っていなければ観光開発を行える外部の主

体もまったく知らないので、AWFの提案にたいして具体的な提案にしろ反論にしろ提示することは難しく、それを受けいれるしかなかったという可能性は考えられる。ただし、すでにキマナ・サンクチュアリの経験から誘致・賃貸型の観光業によって得られる契約金の大きさは理解していたはずであるにもかかわらず、メンバーはAWFに圧力をかけて観光開発を早急に実現させようともしていなかった。次章でくわしく見るように、住民はこの前後にKWSや民間企業と交渉をするなかではときに強い主張と要求をしており、AWFにだけ萎縮していたとも思いにくい。専門的な知識がないから具体的な提案を行えないにしても、AWFにたいして受動的な態度をとるにはそれ以外の理由があるのではないだろうか。

その理由を考えるうえでヒントになると思われるのが、土地使用料を初めて受け取ったあとに、あるメンバーが口にしていた「ほかに使い道のない土地から収入が得られて嬉しい」という言葉である。キマナ集団ランチの全メンバーは、〇・八ヘクタールの農地とあわせて二四ヘクタールの放牧地を分割された。しかし、キマナ町近くを除いて多くの放牧地は今でもとくに囲い込みなどはされておらず、分割前と変わらずに移動することができる場所が多い。また、周囲の共有地分割が行われていない集団ランチの土地も、同じ地域集団の人間ということでキマナのメンバーが使えもする。結局のところ、分割で得た放牧地以外の土地でも今までどおりに家畜を放牧できる環境にあっては、その土地は現状としてはとくに何の便益も土地所有者にもたらしていないことになる。たしかに、観光会社を誘致したり井戸を掘って農地を造成したりすればより多くの現金

写真4-31　水道管からの水漏れを利用して放牧される家畜．奥に農地もつくられている．

収入が得られる。ただ、現状としてそれができている住民はごく一部だけであるし、Ｋを見ればわかるように、すでに農地を私有地として所有している状況にあっては放牧地の開発を行うよりも農地の利用をより充実させる方向に住民の考えは向いている（写真4-31）。そうした状況にあるからこそ、放牧地は「ほかに使い道のない土地」と表現され、三万ケニアシリングという不満の残る金額であっても現状としては契約がつづけられていると考えられる。

　つまり、メンバーがコンサーバンシーをめぐってＡＷＦにたいして受動的あるいは依存的に見えるような態度をとっているとして、そこには観光業についての知識や経験を持たないから消極的にならざるを得ないということに加えて、それ以外に生計の柱として積極的に従事する活動があるからこそ、それに比べて頼りになるのかどうかも含めてよくわからない取り組みについては積極的にならないという面があるのではないだろうか。

5 新自由主義化するマサイ？

この章の最初で、コンサーバンシーとはもともと南部アフリカで多く見られた保護区の形態であり、それをもとに「権利基盤のアプローチ」を自称する新自由主義的なCBNRMが考え出されてきたこと、そして、最近ではかたちを変えながらケニアでも数が増えてきたことを説明した。そのいっぽうで、基本的に野生動物の消費的な利用を認めないケニアが、新自由主義的な観点から批判されることが多いことは第2章でも述べたとおりである。ここでは、コンサーバンシーをめぐる最後の考察として、オスプコの事例から見えてくる「権利基盤のアプローチ」の議論に欠けた視点として何があるのか、また、実際にコンサーバンシーが設立されるなかで、何かしら新自由主義的な（環境）統治性と認められるような作用があったのかを考えてみたい。

◎「権利基盤のアプローチ」としての限界

南部アフリカで多く見られるコンサーバンシーと比べると、オスプコ・コンサーバンシーでは野生動物の消費的な利用が認められていないし、その生息地全体をカバーできていない状況にあっては野生動物への排他的な権利を設定することも困難である。とはいえ、一つの規則のもとに複数の私的な土地所有者が契約を取り交わして設立したという意味では、たしかにそれはコンサーバンシーと呼ぶことができる。そうしたとき、本章で見た事例からは、CBNRMとして定式化された「権利基盤のアプローチ」からはいくつかの論点が抜け落ちていたことがわかる。

前章では、「便益基盤のアプローチ」が便益を目的としてばかり捉え、それが手段として機能する可能性を見落としていたことを指摘した。それに倣っていうと、「権利基盤のアプローチ」においては、権利それ自体が取り組みの目的であるというよりも、権利を得た人びとがそれを手段として行使することをつうじてどれほどの便益を野生動物から引き出せているかが問われてきた。そうしたとき、一つの問題として、権利とは何であるのか、それが所有者のどこまでの行為を正当化するのかについての理解が利害関係者のあいだでずれている可能性があることをすでに指摘した。

CBNRMの議論では、野生動物は「所在が定まらない資源」(fugitive resources)［Child 2009c: 432］と考えられ、それを保全するために複数の土地所有者が協力する必要性がいわれていた。しかし、人びとのあいだで合意形成を図って契約関係を築きあげるプロセスについての議論は大きく欠けていた。それにたいしてオスプコ・コンサーバンシーの事例からは、これまで土地を共同体的に所有しながら管理・利用してきたため、私的所有者として法的な契約を結んだことのない人びとを相手にするとき、権利や契約の内容について対話をつうじて共通の理解をつくることが大切なことがわかった。

また、「権利基盤のアプローチ」では、権利を持つことと市場経済のなかで権利を行使することとが同じであるかのように議論されてきたが、オスプコのメンバーがコンサーバンシーの観光開発にたいして示す意図的に受動的な態度からは、権利の所有と行使とがかならずしも連続しないことがわかる。新自由主義者が主張するように、たとえスポーツ・ハンティングに比べてサファリ観光の経済性が低いとしても、外部の経済主体に土地を貸し出すことで得られる収入は、キマナ集団ランチの多くの住民からすれば莫大な金額である。だからこそ、オスプコ・コンサーバンシーの委員長はAWFの反対に抗してでも観光開発を行おうとしていたわけである。しかし、大半のメンバーは、野生動物を観光資源としてグローバル市場に売り込んでいくためのすべを持たないいっぽうで、農耕や牧畜など自らの経験や知識あるいは努力をもとに一定の収入であったりさらなる増収を期待できるような生計活動に従事していて、それにできるかぎりの労力やなけなしの資本を投下しようとするからこそ観光開発には関心を示さないでいたと考えられる。消費的な利用が解禁されて期待できる金額が増加したとき、住民があらためて観光開発に関心を持つようになる可能性を一概に否定はできない。とはいえ、外国人観光客という顧客を獲得するためにグローバルな市場経済に参入するということが、およそ大半の住民にとっては現実的なものではない。そのことを忘れて観光業・野生動物利用を議論しても、住民の歓心を買えないだろう。

結局のところ、ケニアのマサイランドにおいてコンサーバンシーが設立されるとき、それは南部アフリカと同様の「権利基盤のアプローチ」とはなっていなかった。だからこそ、それは実際には、保全NGOが一方的に住民に提供する土地使用料を誘因として住民を契約へと向かわせる

「便益基盤のアプローチ」として取り組まれていたことになる。キマナ・サンクチュアリの場合と比べると、メンバーが得ている土地使用料の金額は小さいため、そこで「便益の裏切り」が起きる危険性は低くなっている。ただし、便益が契約の動機となっている状況では、二重契約の問題に見られるように、より大きな便益を期待できる開発のために、コンサーバンシーの契約それ自体が裏切られる可能性が存在することになる。

◎強調される個人の責任

当初の説明によれば、AWFは土地の私的所有者として住民一人ひとりの意思決定を尊重することになっていた。しかし、実際のところとしては、委員長の賛同を得たことで合意形成が完了したものと扱われていることも多く、委員長がメンバーから一定の尊敬を集めているとはいえ、「権利基盤のアプローチ」ということでCBNRMが議論していたように個人の権利が尊重されていたわけではなかった。そして、契約の単位として個人の権利が強調されるなかでは、これまでには見られなかったような排除の可能性が生まれてもいた。それはつまり、契約直前のプロジェクト・マネージャーと運営委員会とのあいだの話し合いで、AWFが要求する銀行口座の開設を行わない長老が土地使用料を受け取れなかったとしても、それは個人の責任を果たさない長老が悪いとされていた事実を指す。

これまでの環境統治性をめぐる議論では、人びとの主体性が外部の権力によってつくられたものではないかということが指摘されており、また、新パラダイムのもとで設立される保護区は新自由主義の領土ではないのかということがいわれてきた。しかし、ここで参照したいのは、それらともまた異なる議論である。ジェイムズ・ファーガソンは、今日のアフリカにおける新自由主義的な統治性(neoliberal governmentality)の特徴ということで、広範な国民を対象として社会的に「厚い」(thick)開発・援助をするような従来式の国家統治とは異なり、経済的に価値のある特定の資源だけをグローバル企業が効率的に利用するために、かぎられた地域と人びとにたいして必要最低限の「薄い」(thin)開発を施すようになっている状況を指摘している[Ferguson 2006]。それはつまり、新自由主義の興味や関心にそぐわない対象は積極的に統治=開発の対象から外されることを意味している。実態として「便益基盤のアプローチ」を踏襲しながら、意思決定において「権利基盤のアプローチ」を部分的に採用しているコンサーバンシーでは、不正防止という名目で外発的に設けられた条件をクリアできない住民は、個人の権利の裏返しとしての責任を果たさない存在であるとされ、契約主体としては認めない方針が採られていたことになる。

これまでにも、地域社会の利害関心が一つではなく、保全プロジェクトが実施されることで軋轢が生じる事態は報告されてきた。ただ、最近の新自由主義的な保全/環境統治性をめぐる議論では、保全をつうじて地域社会が統治されたり資源から排除されたりする事実が明らかにされてきたものの、外部者と結託した一部の住民によって同じ地域社会の構成員の排除が肯定されるような事態が生じていることまでは議論されてこなかった。実際のところ、コンサーバンシーはA

ＷＦによって恣意的に選ばれた住民を組織化したものであって、その境界に在来の意味が認められるわけではない。そうしたとき、新自由主義の立場からすれば「権利基盤のアプローチ」としては不徹底ではあるとはいえ、そこには「便益基盤のアプローチ」には見られなかったような権力作用が働いていたことになる。

第5章 現場で何が話し合われているのか？——民間企業との交渉，保全主義者との衝突

左：ASCによって正常に管理・経営されていたころのサンクチュアリのゲート（2006年5月）．
右：管理が放棄されて数年が経ち，完全に朽ち果ててきたサンクチュアリのゲート（2012年8月）．

はじめに

オスプコ・コンサーバンシーの契約書に住民がサインをした翌月から、キマナ集団ランチではサンクチュアリの管理・経営に応募してきた観光会社の説明会が開かれるようになった。というのも、じつはそのころには集団ランチとＡＳＣの関係はたび重なるトラブルから完全に冷え切っており、契約が切れる一年前にしてすでに、そのあとを引き継ぐ観光会社としてどこを選ぶのかが議論されるようになっていたのだ。

そうして集会に参加するようになって間もなく、そこにはコンサーバンシーのときとは違う特徴があることに気がついた。まず、コンサーバンシーの場合であれば当初から住民はＡＷＦと契約を交わすことに前向きであり、それは時間の問題のように思えた。それにたいして、サンクチュアリにかんしては複数の応募企業のあいだでメンバーの意見は割れており、どのように決着がつくのか予測ができなかった。また、集会に国会議員やＫＷＳ、保全ＮＧＯなども参加するなかではコンサーバンシーのとき以上に議論される内容が多岐にわたっており、そうした外部者の発言によって話し合いの方向性が左右されることもあれば、それまでに聞かれなかった論点が急浮上するようなこともあった。

これまでの二つの事例からもわかるように、住民が便益や権利を手にしたからといって、それで外部者がめざすような野生動物保全に取り組むようになるわけではない。また、コンサーバンシーの事例で見たように、対話が表面的なものであればたがいの理解が深まったり共通の目的意識ができあがったりすることにはならない。そうした理解のうえに、この章ではサンクチュアリを事例として、あらためて野生動物保全の現場における対話というものを考えてみたい。

前章で見たコンサーバンシーと比べれば大きな経済的利益をもたらすことが確実なサンクチュアリをめぐっては、住民のあいだでも議論が盛り上がっていたし、それをつうじて共存を実現しようとする外部者とのあいだでも激しい意見の衝突が起こっていた。より住民が積極的に議論をしている現場を見ることで、ケニアの野生動物保全（CBC）の現場で何がどのように議論されているのかを確認したい。

1 追い出されるマネージャー、嫌われる観光会社

ASCにサンクチュアリを貸し出すことでより多くの便益を享受するようになったキマナ集団ランチであったが、その契約期間（二〇〇〇～〇九年）も半ばを過ぎたあたりからASCとの関係は悪化していった。そして、それとの契約が切れたあとには別の観光会社にサンクチュアリの管理・経営を任せることについてのコンセンサスが、集団ランチのなかでできていった。まずは、

その経緯を確認したい。

二〇〇七年九月一一日、二〇人ほどのメンバーが槍や山刀などで武装してサンクチュアリに侵入し、マネージャー職を務めていたＡＳＣの正規職員を脅してそこから追い出すという事件が起きた。このような事態が生じた理由として住民が挙げることには、サンクチュアリで雇用されている住民の給料が数カ月にわたって支払われていないこと、サンクチュアリ近くの観光集落の利用をＡＳＣが一方的に停止したこと、雇用するメンバーの人数が少なすぎるうえに雇ってもすぐに解雇してしまうことなどがあった。また、住民にはあまり知られていなかったが、集団ランチへの契約料の支払いも遅れていて運営委員会などは問題視していた。こうした問題は、およそ二〇〇五年ごろから集団ランチのなかでいわれるようになったという。

こうした問題のなかでも、職員の給料の遅配と観光集落の利用停止は集団ランチの集会で何回も議題となっており、運営委員会もＡＳＣのマネージャーと話し合って解決することを試みていた。追い出し騒動が起きるまでには三回の話し合いが行われ、そのうちの二回には、ＡＳＣのケニア本社の役員も出席して問題の解決を約束したという。しかし、結局、状況が改善されることはなく、ついには委員長をはじめとする人間のあいだでマネージャーをサンクチュアリから追い出すことが決定した。当日は二台の車に分乗してサンクチュアリを訪れて敷地内に侵入し、オフィスで仕事をしていたマネージャーにたいして、今すぐサンクチュアリを出ていかなければ身の安全は保障できないなどと武器を見せつけながら脅した。そして、マネージャーをサンクチュアリ内のセスナ発着所まで連行し、そこに到着したばかりのセスナに乗せてサンクチュアリから追い出した（写真5-1・5-2）。

しかし、マネージャーは追い出されてから三日後にはサンクチュアリに戻ってきて、業務を再

写真5-1　マネージャーのオフィスがあり，
メンバーが侵入したレオパルド・ロッジ（2008年9月）．

写真5-2　ASCのセスナ．
モンバサとのあいだを往復して観光客を運んでいる．

開した。メンバーはこれに怒り、さらなる報復をするかどうか議論をするようになった。ところが、ここでロイトキトク地域（南カジァド・コンスティテューエンシー）から選出された国会議員が事態に介入し、マネージャーの職場復帰を認めるよう運営委員会に要望した。国会議員は集団ランチのメンバーではないが、現在のケニアでは地域（コンスティテューエンシー）開発の予算の使い道を決められる存在であり、強い影響力を持つ人物である（そうして開発を実行することで尊敬も集めるようになっている）。(1) その結果、運営委員会は国会議員の意向に従い、二〇〇九年九月に契約が終了するまではASCがサンクチュアリを管理・経営することを認めるが、契約が切れたらすぐにもASCを追い出すということが合意された。その後も、以下で見るように、メンバーからはASCがサンクチュアリに居座りつづけることへの不満がたびたび出されては、運営委員は契約期間中はどうしようもないとして、それが終了するまで待つよう説得していた。(2)

2 新しい契約が結ばれるまで

マネージャーの追い出し騒動が起き、ASCとの契約は延長しない方針が固まったのちでは、当然ながらそれに代わる契約相手が探されることになった。そして、複数の候補企業が現れるなかでは、集団ランチ内で意見の分裂と軋轢が生じるようになった。対立は容易には解消されず、最終的には集団ランチ外の人間によって一応の解決へと向かうことになるのだが、その過程では、民間企業と結ぶ契約の内容と同時に集団ランチとしての合意形成の方法が議論されることになった。新しい候補が現れてから実際に一社と契約が結ばれるまでのプロセスを、まず説明する。

対立のはじまり

追い出し騒動のあとでは、ASCと契約を延長しないことはキマナ集団ランチの中でコンセンサスができあがったといえるような状況であった。そして、二〇〇八年一〇月にはASCのあとにサンクチュアリを管理・経営することを望む観光会社が具体的に明らかになり、それらのなかからどの一社を選ぶのかが議論されるようになった。候補としては、キマナの北に位置するインビリカニ集団ランチでオル・ドニョ・ウアス（Ol Donyo Wuas）ロッジを経営するボナム・サファリ（BS:Bonham Safaris）、ケニアでも最大手のホテル・チェーンであり、一九〇二年にナイロビにオープンした五つ星ホテルのサロヴァ・スタンレーをはじめとしていくつもの豪華ホテルを所有するサロヴァ・ホテル（Sarova Hotel）、そして、マサイ・マラにロッジをもち、ASCともビジネス上で協力関係を築いていたトゥイガ（Twiga、スワヒリ語で「キリン」の意味）、それに、集団ランチ全体から嫌われてはいたものの契約の延長を申し込んでいたASCがあった。

そして、二〇〇八年の一一月から、「オフィシャル」によってこれらの観光会社についての説明会が開かれるようになったが、それにともなって集団ランチ内では対立と軋轢が生じるようになった。というのも、「オフィシャル」の三人のなかでも委員長がＢＳを支持したのにたいして、会計と書記の二人がトゥイガへの支持を表明し、それぞれに自分（たち）が推す観光会社への支持をメンバーに求めるようになったからである。

◎説明会における議論

二〇〇八年一一月三日、委員長は初めてのＢＳの説明会を開いた。この日は副委員長を含めて八〇人ほどの住民が参加したが、委員長は大きく二つの議題を提示した。一つ目はＡＳＣとの契約期間についてであり、それが二〇〇九年九月に切れるにあたり、問題が多いＡＳＣとは契約を延長しないことを説明した。参加者からは、なぜ今すぐ問題の多いＡＳＣを追い出さないのかという質問が出されたが、委員長は、契約のなかで内容を見なおす機会を設けていなかったので、契約に従って一〇年間は賃貸するしかないということを説明した。ほかの参加者からは、観光集落の利用をＡＳＣが止めたことについてや、ＡＳＣからの収入がどのように使われているのかといった質問が出され、委員長および副委員長は、それらは会計の問題であると答えていた。つまり、会計はＡＳＣのマネージャーと結託していて観光集落の問題の解決を妨害しているし、ＡＳＣが支払う契約金も彼がすべて管理しているので自分たちにはわからないと説明していた。

二つ目の議題は、ＡＳＣのあとにサンクチュアリを管理・経営する会社についてであった。委員長は、自分をはじめとする運営委員の多くがＢＳを支持していること、しかし、会計と書記の二人は反対しているので、この日の集会には呼んでいないことを話した。そのうえで、BSのほうが望ましいと考える理由として、それが集団ランチのメンバーを優先的に雇用することや家畜の被害にたいして補償金を支払うことを約束しており、実際にインビリカニ集団ランチでロッジを経営するなかでは、集団ランチの年次総会に白人オーナーが出席してメンバーに説明をしており、とても透明性が高いことを伝えた。そうしたBSの評判は以前から参加者も知っており、次なるサンクチュアリの管理・経営主体としてBSを支持する意見も多く聞かれた。ただし、それとならんで、BS以外の観光会社の考えも聞かないと判断はできないという参加者もいた。

その後、一一月六日と七日にBSの白人オーナーと直接に話し合う場が設けられ、委員長をはじめとする運営委員(会計と書記は欠席)と集団ランチ内の各地域から選ばれた代表者、それに、県知事や国会議員、KWS職員なども参加して話し合いが行われた。そのなかでBSのオーナーは、自分がキマナ・サンクチュアリの管理・経営権を獲得したら実行することとして、従業員の七五パーセントをキマナ集団ランチのメンバーとすること、契約内容を見なおして必要に応じて変更・修正するレビュー(review)を数年ごとに行うこと、インビリカニと同様の条件でキマナ集団ランチでも野生動物による家畜被害にたいして補償金を支払うこと(ウシ一頭一万二〇〇〇ケニアシリング、ヤギ・ヒツジ一頭五〇〇〇ケニアシリング、ロバ一頭四五〇〇ケニアシリング、二〇〇八年の為替レートでそれぞれ約一七〇米ドル、約七二米ドル、約六五米ドル)、毎年九月に年次総会を開いて家畜被害とそれへの補償について説明をすること、奨学金を支払うつもりであること、農作物被害は補償しないが電気

写真5-3　キマナ町の周囲の壊れた電気柵.
2014年2月の時点で壊れたままである.

柵の修理費用を賄うためにドナーに働きかけることを挙げた（二〇〇九年三月七日の集会では、電気柵を修理するために当時の為替レートで五万八〇〇〇米ドル相当の四五〇万ケニアシリングを用意していると説明していた）（**写真5-3**）。この場でも、BSを肯定的に評価し、支持する発言が多く出ていた。ただし、委員長以外の二人の「オフィシャル」がいない理由や、BS以外の観光会社がどのような条件を提示しているのかも質問されており、委員長がすでにBSを次のサンクチュアリの管理・経営主体として選んだかのように話したさいには、参加者から批判されてもいた。

いっぽう、一一月一三日と一四日に会計は二人の運営委員とともに最初のトゥイガの説明会を開いた。しかし、いざ会計が話を始めようとすると、委員長抜きで会計が集会を開いたりすることができるのか、書記がいなくても話し合いを進めることができるのかなど、集会それ自体の正当性を参加したメンバーから問われていた。こうした質問にたいして会計は、委員長は自分を呼ばずにBSの説明会を開いているし、このような集会は委員長の許可がなかったり書記が不在であったりしても開けるものだと説明した。それでも参加者からの質問がつづくと、参加していた運営委員の一人が、議事進行を妨げるのではなく会計の説明をまず聞くべきだと発言したが、その発言にたいしても、「オフィシャル」の三人が一緒になっていない状況では話し合いなどできないといった批判がでた。最終的には、トゥイガの説明を聞く気がない人間は今すぐこの場から出ていけと会計が一喝したことで、その場はおさめられていた。

そうして、トゥイガの職員が説明を始めたが、彼は自分たちがASCのような問題を起こさずにサンクチュアリを経営することができると述べる程度で、集団ランチから従業員として雇用する人数やその給料、集団ランチに支払う土地使用料の金額などについては、これからメンバーと話し合ってその意向を汲んだ内容にしたいというだけで具体的な条件は何も提示しなかった。

◎「オフィシャル」への批判の高まり

その後、フォーマルに説明会が開かれるだけでなく、両派はそれぞれインフォーマルなかたちで支持の拡大に努めていた。そうしたなかで、一二月三日、運営委員の全員(二五人)に二〇〇人以上のメンバー、それに県知事や国会議員も参加して、サンクチュアリについての話し合いが行われた。これは特定の会社の説明会ではなく、議題としては、①ASCとの契約期間の終了、②ASCのあとにサンクチュアリを管理・経営する会社の選出、③次回の年次総会、④サンクチュアリから集団ランチが受け取っている契約金の四つが挙げられた。メンバーからは、①については二〇〇九年九月に契約が終了することを知っているし、②は来年の年次総会で話し合えばいい、また、③についてもこれまでにいわれているように二〇〇九年一月に開くということで問題はないとして、④から話し合いを始めるべきだとの意見が出され、多くの参加者の賛同を得た。運営委員は順番どおりに議題を取り上げていくことを提案したが、メンバーの強硬な反対から、この日は④だけを話し合うことになった。そして、ASCが支払っている契約金を書記が流用しているとして、メンバーから厳しい追及が行われた。

参加者は、書記がサンクチュアリから支払われる金を着服して家を建てたり自動車を買ったりしているのではないかと追及し、書記はそれらにかかった金は個人的なビジネスから得た収入を充てているだけだと回答した。しかし、参加者は、書記がキマナで何かビジネスをやっているという話は聞いたことがないし、運営委員(書記)に選ばれたときにはウシ一頭にヤギ三頭ぐらいしか持っていなかった人間が、今ではウシ一〇〇頭にヤギ・ヒツジ三〇〇頭を所有しているのはサンクチュアリの金を使ったからではないのかと追及した。書記はサンクチュアリから得た収入を共有地分割、奨学金、医療費の補助、委員会の諸経費にそれぞれいくら使っているか、具体的な金額を挙げて説明した。(3) しかし、メンバーからはそれを証明する領収書などの資料が求められるばかりで、納得させることには失敗していた。

その一週間後、一二月一〇日に会計の家で集会が開かれ、委員長をはじめとするメンバー八〇人ほどと国会議員、県知事が参加した。その場で会計は、支持する観光会社をトゥイガからBS

へと変更することを宣言した。彼の話によると、トゥイガは（ASCからサンクチュアリを引き継いだあとで）敷地や設備の整備・改修を行うために観光業を経営できない期間であっても土地使用料は支払うと約束していて、それは良い条件であると考えたのでトゥイガを支持していたのだという。しかし、その後に委員長の説明を受けるなかで、BSのほうがトゥイガよりも良いと思うようになったので変えることにしたと説明した。これにたいして参加者からは、それだけの理由でトゥイガからBSへ変更したのか、トゥイガを支持していたのは賄賂を受け取っていたからではないのかといった質問が出された。そうして多くの参加者が会計を追及しようとしたが、会計のいうことを信じて協力していくべきだと委員長が発言し、それ以上の質問を認めずに集会を終わらせた。

そして、一二月二九日に、約三〇〇人のメンバーと三人の「オフィシャル」、それに国会議員や県知事も参加して集会が開かれた。その冒頭で運営委員は、「オフィシャル」も含めた運営委員の話し合いの結果、BSが次の契約相手として選ばれたので、メンバーから反対がなければBSに決めてしまいたいと話した。すると、メンバーから批判が殺到した。メンバー全員で話し合っていないだけでなく、「オフィシャル」が別々の会社を支持して個別に説明会を開いているような状況であるにもかかわらず、BSを次の観光会社として選ぶ権限が運営委員会にあるのかということがいわれた。そして、「オフィシャル」にたいする批判が強まるなかでは、書記だけでなく委員長や会計も不正をしているという批判がいわれ始めた。(4) 委員長は不正の証拠があるならば見せてみろと反論したが、次々に「オフィシャル」の不正を疑う発言がされるなかで集会は収拾がつかなくなり、結局、「オフィシャル」と国会議員によって強制的に閉会とさせられた。

◎第三候補の選択という解決策

二〇〇九年五月一五日にキマナ集団ランチの年次総会が開かれ、ASC、BS、サロヴァ、トゥイガの四社が正式にサンクチュアリの管理・経営に応募することを記した書類を運営委員会に提出し、その場でメンバーに向けて契約内容の説明を行った。

初めに書類を提出したBSのオーナーは、書類に記載されている事項はすべて守ることを約束した。そこでいう事項としては、①電気柵の修理(四五〇万ケニアシリングを用意しており修理を行う専門家にも見当がついている)、②メンバーの雇用(少なくとも二四五人を長期雇用する)、③私有地の権利証書の取得(全メンバーが共有地分割で割り振られた私有地について権利証書を取得するための費用を提供する)、④銀行口座の開設(契約金は運営委員会を介さず各メンバーの銀行口座に直接に振り込む)、⑤教育費の支援(具体的な金額と支払方法は今後に話し合う)、⑥水開発(放牧地に給水場をつくる)、⑦家畜被害への補償(インビリカニ集団ランチで払っているのと同じ金額を支払う)があった。

次にトゥイガが書類を提出した。トゥイガは集会場にメイズ粉などの食料を持ってきており、参加者に配布した。そして、サンクチュアリを管理・経営する会社に選ばれれば、また食料を配布できるかもしれないと発言した。このトゥイガの振る舞いについてメンバーの賛否は分かれ、透明性に欠ける行為だと非難する者もいれば、何も持ってきていないBSよりも食料を持ってきたトゥイガに感謝するべきだという者もいた。三番目となったサロヴァは、社長がこの日の集会に来られなかったことを謝罪し、契約内容については後日にくわしい説明をしたいと述べた。また、自分たちは「オフィシャル」の支持を何も受けておらず、もめごとにも巻き込まれていないので、ぜひとも選んでほしいと訴えていた。そして、最後にASCの番となったが、何人ものメンバーが立ち上がって非難や抗議の声をあげたり物を投げたりして混乱し、話をすることはできずに終わった。

そのあとに参加者のあいだで話し合いが行われた。そのなかでは、ASCが応募していることを多くのメンバーが批判し、それを認めた「オフィシャル」に非難が殺到した。そのいっぽうで、委員長・会計の支持するBSと書記の支持するトゥイガとのあいだで対立がつづいている様子を見た国会議員は、対立の渦中にある二社のどちらかを選んだら集団ランチのなかに禍根を残すことになるので、ASCを除く三社のなかで唯一、対立に巻き込まれていないサロヴァを契約の相手として選ぶことを提案した。

この国会議員の提案について、五月一五日の集会のなかでは結論は出されなかった。ただし、国会議員のイニシアティブで七月四日にサロヴァの説明会が開かれることになり、すべての運営委員が出席した。国会議員の方針として、この日は参加者が質問をすることはいっさい認められなかった。サロヴァの職員が行った説明としては、可能であれば電気柵の修理に五〇〇万ケニアシリング(二〇〇九年の為替レートで約六万五〇〇〇米ドル)の予算を計上したいと思っていること、雇用にかんしては一定の人数のメンバーを選ぶこと、キマナ集団ランチとインビリカニ集団ランチの境界を明らかにするために土地測量師を雇うこと、分割された私有地のうちで権利証書が未取得の区画については取得費用を全額負担すること、野生動物の被害については農作物・家畜のどちらについても補償はしないこと、土地使用料をメンバー各人の銀行口座に支払うことも可能であること、サンクチュアリの建物を改築すること、観光客が増えたら土地使用料を増額することなどがあった。

この説明会の四日後(七月八日)、書記の家で集会が開かれ、メンバーは五〇人ほどが参加していた。そこで「オフィシャル」の三人は、国会議員の提案に従って、サロヴァを次のサンクチュアリの管理・経営主体として選ぶことで合意したと説明した。そして、これまで自分たちは集団ランチのなかに問題を引き起こしてきたけれども、サロヴァを選ぶことで問題が解決されたならば、三人で協力して「オフィシャル」としての仕事を務めていくことを約束した。この集会に国会議員は参加していなかったが、県知事がその代理人として参加して場を取り仕切っていた。彼は「オフィシャル」にたいして一連の問題の経緯を問いただし、それにたいして三人は以下のように説明していた。つまり、まず、トゥイガが自らを支持するよう会計と書記に賄賂を贈り、それを受けてトゥイガを支持していた「オフィシャル」の二人は、その金を使って食料を買っては自分の氏族の人間に配ったりして支持を集めようとしたこと。その結果、「オフィシャル」のあいだの意見の対立が氏族間の対立であるかのように拡大していったことを語った。

この説明を受けて、県知事は参加者のなかから三人だけにかぎって発言を認めた。すると、一人目はASCの契約金を着服しているとして会計を非難し、二人目は「オフィシャル」がキマナ集団ランチ全体のことを考えて会社を選ばないのであれば改選するべきだと主張した。また、三人目の発言者は、国会議員のいうようにすれば集団ランチ内に分裂は生じないし他人の意見を無視して特定の会社を支持する「オフィシャル」は辞めさせるべきだと述べていた。

その後、「オフィシャル」三人は七月一四日に国会議員と会い、次のサンクチュアリの管理・経営主体としてサロヴァを選ぶことに合意したことを伝えた。そして、七月一八日には「オフィシャル」と国会議員とでサロヴァとの契約内容を確認し、契約期間は一〇年とすること、経営状況は年次総会でメンバーに報告し三年目にレビューを行うこと、マネージャーとしてキマナ集団ランチのメンバーから一人を雇用すること（それ以外にサロヴァの職員としてマネージャーがいてもかまわない）、メンバーは雇用機会にたいして優先権を持つこと、土地権利証書を取得していないメンバーの費用を提供すること、メンバー各人の契約金の取り分はそれぞれの銀行口座に直接に振り込むこと、奨学金を管理するマネージャーを集団ランチの運営委員会とは別に選び、年次総会で報告を行うこと、キマナ集団ランチとインビリカニ集団ランチの境界を確定させるための調査費用を負担すること、干ばつ時にメンバーに食料を配給するといった条件で契約を結ぶこと、そして、獣害への補償が契約に含まれていない点についてサロヴァに確認することが合意された。

◯居座りつづける旧契約者

ケニアでは二〇〇七年一二月に総選挙が行われると、その開票結果が発表された二〇〇八年一月以降、武力衝突や暴動が各地で発生した。数カ月間で一〇〇〇人以上の死者と三〇万人を超える国内避難民を生み出す惨事となり［津田 2009:91-92］、ケニアを訪れる観光客数は、二〇〇七年の約一二八万人から二〇〇八年には約九四万人にまで減少、全国的に観光業は不況に陥ることになった［MTK n.d.］。それを受けてASCは二〇〇八年の二月に職員の一部を解雇したが、同年九月にわたしがサンクチュアリを訪問したさいには、雇用されている職員数は三九人であり（そのうちの一七人がマサイだが、そうした雇用者の全員が実際に毎日のように働いているわけでもなかった）、メイン・ゲートも無人で宿泊施設も管理されずに荒廃していた（写真5-4・5-5）。

そうした状況下で、サロヴァが新たな管理・経営主体となることが決まったわけである。そして、二〇〇九年の八月一九日には、運営委員会とサロヴァ、ASCの代表者とのあいだで話し合いが行われた(5)。まず、サロヴァ側は運営委員会にたいして、ASCと再契約をする考えはないのかどうかを確認した。それにたいして運営委員は、「何人か（のメンバー）は、ASCを追い出すためならサンクチュアリに火をつけるぐらいだ」などといい、一〇年間の契約がなければすぐにも追い出していたということを説明した。すると、ASCのマネージャーはサロヴァの人間に向けて、これまでにASCが敷地内に建設した道路や水道、セスナの発着場などについて、それらの建設費用を補償するよう要求した。そして、補償を支払わないというのであれば、裁判所に訴えを起こすと脅した。この発言にたいして運営委員が怒り、ASCこそ職員や土地使用料の未払い分をまず支払うべきであるし、補償というのであれば、これまでにASCが敷地内につくった建物や道路は放牧の邪魔であるし、それらをすべて取り除いて契約前の状態に戻すべきだと迫った。

写真5–4　ASCが管理を放棄したあとのゼブラ・ロッジ（2012年8月）.

写真5–5　扉や窓などが壊されたり持ち去られたりしたゼブラ・ロッジ（2012年8月）.

また、職員給与として合計六七六万ケニアシリング（二〇〇九年の為替レートで約九八〇〇米ドル）が未払いであると書記が報告し、それを早急に支払うよう要求もした。ASCのマネージャーはこの問題について本社に確認することを約束し、一〇月半ばまでに結果をサロヴァに伝えることが合意された。

しかし、この未払いの問題が解決しないうちにASCは裁判を起こし、ほかの観光会社よりも自分たちに優先的な契約権があることを確認しようとした。裁判が行われている最中の二〇一一年三月一六日、ASCはそのウェブ・サイト上で観光業を停止したことを突然に発表した[6]。それでも裁判がつづいているあいだは、サロヴァはサンクチュアリ内のASCの財産に手をつけることができず、契約はしたもののオープンに向けた活動は行えないでいた。最終的に、ASCが訴えていたサンクチュアリへの優先的な権利は裁判によって認められず、二〇一二年一二月にASC側の敗訴が確定した（この裁判のなかでASCの土地使用料の未払いも問題になり、約二年分の金額が支払われた）。

いっぽう、二〇一〇年の一一月には集団ランチの運営委員会とサロヴァのあいだで契約が結ばれたが、その契約期間は三五年（五年後にレビュー）と集団ランチ内でそれまでに話し合われていた期間よりも長くなっていた。そして、この事実を知った元委員長などは、二〇一一年一月一五日に開かれた集会で現運営委員会を強く批判し、その改選を求める声がメンバーのなかから聞かれもした。なお、サロヴァとの契約のなかでは、契約金はメンバー各個人の銀行口座に直接に振り込まれることが合意されたが、獣害対策などについての確約は得られていなかった。

3 民間企業と契約することの難しさ

ここまで、ASCとのあいだにどのような問題が発生し、集団ランチがどう対応してきたのか、また、新しい契約相手が検討されるなかで、どのように問題が発生し、そして解決に向かったのかを見てきた。まずは、ここまでに見てきた合意形成のプロセスの特徴について、前章で見たコンサーバンシーの事例との比較も交えながら考えてみたい。

◎積極的に要求するメンバー

まず、コンサーバンシーの場合と比較して、サンクチュアリの管理・経営主体が選ばれるプロセスでは、契約が結ばれるまでにより多くの項目が議論の俎上に載せられていた。つまり、土地使用料とは別に雇用機会や獣害対策、奨学金、それに家畜用の給水場や権利証書の取得、土地境界の画定などに必要な資金が交渉されたり約束されたりしていた。さらに、そうした金銭的・物理的な内容にかぎらず、契約の履行状態を確認するための年次総会における報告や、契約それ自体の履行状況を確認するなかで内容の修正だけでなく契約そのものの破棄も可能なレビューの機会の確保など、契約の手続き的な側面についても議論の対象となっていた点は大きく違っていた。

実際のところとしては、こうした点の多くは住民が要求する以前にBSが自発的に提示したものであった。そもそも、BSの白人オーナーは、インビリカニ集団ランチで地元住民を雇用してマサイ保存トラスト（MPT：Maasai Preservation Trust）というNGOを設立し、二〇〇三年からMPTをつうじて家畜被害に補償金を支払うプロジェクトを開始するなど、[7]「コミュニティ主体」の保全活動に熱心な人物であった。だからこそ、BSは初めから地域社会に好意的な条件を出していたことになる。とはいえ、住民がBSの提示する条件を受動的に受けとめるばかりではなかった。例えば、二〇〇八年一一月五日のBSの説明会で、BSがキマナ集団ランチでも家畜被害に補償金を支払うつもりであることが説明されたとき、それにつづけて以下のようなやりとりが参加者とBSを支持する委員長とのあいだで交わされた。

・参加者1……「電気柵の修理をBSはしてくれるのか？」

・委員長……「電気柵はBSやサンクチュアリの問題ではなく、集団ランチの問題である。サンクチュアリから得られる収入をどう使うかを話し合うなかで合意ができたら、〔サンクチュアリからの収入を使って電気柵を〕直すことになる」

・参加者1……「電気柵は野生動物から畑を守るもので、その野生動物はサンクチュアリから来ているのに、なぜ、BSが〔電気柵を〕修理しないのか？」

・参加者2……「BSが家畜にかんして補償金を支払うというのならば農作物についても払うべきだし、BSがそうしないというなら、ほかの観光会社を探すべきだ。キマナに暮らすマサイの多くは家畜ではなく農地に頼って暮らしているのだから、農作物への被害が補償されないと生活が大変だ」

・参加者3……「〔翌日・翌々日にBSがクク集団ランチで開く〕説明会に行く人は、BSに農作物被害の補償をできないのか聞いてくるべきだ」

このように住民が〔より多くの〕便益を要求する場面はほかにも見られたし、そうした要求はBSだけに向けられていたわけでもなかった。(8) そうして積極的に要求をするいっぽうで、ASCを追い出したくても追い出せなかったという経験も踏まえて、集団ランチの側はより契約内容に注意深くなっていたと考えられる。それは例えば、サロヴァと契約する方向で話が決まったあとで、「オフィシャル」が国会議員とともに各社が提示していた契約内容を比較して、サロヴァにたいして獣害への補償をあらためて要求したことや、集団ランチからマネージャーを一人選び出して管理・経営にかかわらせようとしていた点からもわかる。あるいは、当初の想定から外れて、運営委員会はサロヴァと三五年もの期間で契約をしていた。とはいえ、それは今ある施設を改修するための投資に見合った収益を得るには、それぐらいの期間が必要だとサロヴァから要望されたからであったし、それを受けいれつつも、ASCとの契約では盛り込まれていなかったレビューを五年後に行うことが合意されており、一方的に要求を受けいれていたわけではなかった。

受けいれられない被害者としての要求

住民はコンサーバンシーのときに比べて、より積極的に契約相手にたいして要求をだしていた。そうしたとき、要求の根拠としていわれる内容も違っていた。つまり、コンサーバンシーの場合にメンバーが要求や判断をするさいの根拠としては、土地所有権(土地所有者であるということ)があった。それにたいして、先に紹介したやりとりからもわかるように、サンクチュアリの管理・経営を希望する民間企業にたいして、とくに獣害対策を要望するときに住民がいうこととしては、一つには、農耕に従事している自分たちは野生動物の被害者であり支援や対策を必要としているということ、もう一つには、観光業を営む民間企業は野生動物の受益者であり、経済的な利益のいっぽうで野生動物がもたらしている被害にたいして何かしらの対策を実施するべきだということがあった。つまり、野生動物が生み出す被害を住民に押しつけておいて利益だけを得ているとして、受益者から被害者への支援を要求していたことになる。

なお、第3章で見たように、大多数の住民にとってサンクチュアリは便益を獲得するための場所であって、保全を実践する場所としては意識されていなかった。また、住民が求める保全とは害獣を人びとの生活圏から追放して保護区のなかに隔離することであり、CBCがめざす共存ではなかった。こうした結果と話し合いの場におけるやりとりからして、観光会社を相手に住民が獣害対策を求めているとはいっても、それはKWSやAWFが要望するような野生動物との共存のためとは考えにくい。また、住民が獣害対策を求めるときも、何かしら「コミュニティ主体」の取り組みが提案されているわけでもなく、あくまで外部のドナーにたいして無償の援助を要求していたことになる。

しかし、当初から被害への補償を明確に拒否していたサロヴァにたいして、実際に契約を交わすなかでは獣害対策について具体的な約束を取り交わすことはできなかった。また、契約が交わされることはなかったとはいえ、BSが多くの便益を集団ランチにたいして約束するなかにあっても、住民が再三にわたって求めていた農作物被害の補償は受けいれられることはなかった。こうした点で、観光資源として政府や観光会社がその保全やそれとの共存を住民に求める野生動物が地域社会に大きな負担を強いており、何かしらの対策を必要としているという住民の訴えは聞きいれられなかったことになる。あるいは、最終的に契約期間が三五年となったことについても、より交渉への備えを持つようになったとはいえ、観光業というビジネスのプロを相手にしたときに、自分たちの要求(の多く)を押しとおせるまでには至っていないことになる。

◎メンバーとの議論を経ない意思決定

ここで、応募してきた各社が説明会において約束していた内容を整理すると、表5-1のようになる。土地使用料や宿泊料については、いずれの会社も具体的な金額を挙げていなかったの

表5-1　3社の提示した条件

	BS	トゥイガ	サロヴァ
電気柵	○	×	△
家畜被害への補償	○	×	×
雇用機会(優先雇用)	○	○	○
奨学金	○	×	○
土地権利証書(未取得分)	○	○	○
集団ランチの境界の調査・確定	×	×	○
土地使用料の直接分配	○	○	○
メンバーへの定期的な説明	○	×	×
その他	給水場	食料	

＊ ○:提供を約束, △:提供を検討することを約束, ×:提供することを約束せず.
出所: 説明会の観察および住民への聞き取りより筆者作成.

で表にも記載できていないのだが、それらを除いたところで考えれば、BSが最も多くの便益を確約していたことになる。しかも、BSはそうした便益をインビリカニ集団ランチにこれまで何年間も提供してきており、約束により真実味があったといえる。そうしたこともあって、多くのメンバーが分裂している「オフィシャル」を批判するいっぽうで、少なくとも会社の評価としては、BSがトゥイガやサロヴァよりも高かった(そうすることで個人的に便益を得ることができるので、自らが属する氏族から選ばれた「オフィシャル」の意見に従うと述べるメンバーもいた)。

そうした状況にもかかわらず、BSではなくサロヴァが選ばれた理由を、「参加の空間」の議論も踏まえながら一連の経緯を振り返ることで考えてみたい。まず、トゥイガが賄賂によって二人の「オフィシャル」の支持を獲得し、その二人が氏族にもとづき人びとを動員しようとしたことで対立が生じた。そうした工作はほかのメンバーから隠れて行われており、「閉じられた空間」がトゥイガと会計・書記によってつくられていたことになる。また、BSとトゥイガの説明会が開かれるなかでは、対立する陣営の人間を意識的に招待しないことが行われており、多くのメンバーによって「請求された空間」すなわち「オフィシャル」だけでなく応募企業もすべてが集まり、メンバーが質問をしたり比較をしたりしながら集団ランチ全体として議論をするような場は、実現することはなかった。四社の代表が年次総会を開くなかで集まったこともあったが、ＡＳＣの応募を認めた「オフィシャル」への批判が巻き起こるなかで収拾がつかなくなって強制的に閉会とされた。

ここで注目したいのは、対立と混乱が長引くなかで、「オフィシャル」に向けられるメンバーの意見が、三人が一緒になって合意形成を進めることの要望から不正を糾弾する批判になり、最終的にはその役職にふさわしくないとして改選（つまりは罷免）の要求へと変わっていったことである。実際のところとして、当時の集団ランチのなかでＢＳ（委員長支持）、トゥイガ（会計・書記支持）、運営委員会の改選（「オフィシャル」不支持）のどれが数のうえで多数派であったのかはわからない。とはいえ、公的な集会の場におけるそうした意見の変化は、三番目の意見が勢いを強めていたことを反映していたはずである。

しかし、最終的にこれら三つのどれでもない選択肢としてサロヴァが選ばれたのは、それを国会議員が提案したからであった。それは集団ランチのなかに禍根を残すのを防ぐことを意図した提案であり、「オフィシャル」がそれを受けいれるときには、まさに当初に多くのメンバーが求めていたように三人一緒で協力していくことが約束されていた。この点で、それは一見するとメンバーの要望どおりの解決のようにも見える。

ただし、国会議員によって、三人の「オフィシャル」とメンバーのための「招かれた空間」が設けられたとき（二〇〇九年七月八日の書記の家における集会）、「オフィシャル」はメンバーと話し合うことをせずにサロヴァと契約することを宣言していた。その宣言のあとでは三人の参加者が発言を認められていたが、そのうちの二人は、集団ランチ全体のことを考えず私的な利害関心から行動するような「オフィシャル」を代える（辞めさせる）ことを提案していたし、もう一人も「オフィシャル」の不正を批判していた。つまり、最も良い条件を提示していたBSとの契約を放棄することも、集団ランチ内に軋轢を生み出してきた「オフィシャル」がその職にとどまりつづけることも、メンバーとの話し合いを経ないままに国会議員と「オフィシャル」とのあいだで決められていたことになる。

◎揺らぐ運営委員会の正当性

こうした意思決定のあり方を住民がどのように評価するかは、その決定の結果として（契約を交わしたサロヴァから）どれほどの便益が得られるかによっても変わってくるだろう。ただ、その過程で集団全体としての和や便益が重視されてきたとはいえ、メンバーは運営委員会がこれまでと同様の役割を果たすことに否定的になっているようでもある。コンサーバンシーでは、リーダーによる金銭収入の着服など不公正な分配を防ぐため、土地使用料は銀行口座に振り込むことにしていたが、それと同じことがサロヴァとのあいだで契約されていた。また、サロヴァが契約金とは別に地域開発を支援するというとき、そうした開発行為を統括する運営委員会を集団ランチの既存の運営委員会とは別に設けようということもいわれていた。こうした動きは、集団ランチ全体を統括する組織として法律により設置が義務づけられてきた運営委員会が、メンバーを代表して現金であったり開発事業であったりを管理することを否定するものである。そして、二〇一二年の八月から九月に一一六世帯を対象に行った質問票調査のなかで、共有地の分割が完了したあとでも集団ランチに運営委員会は必要だと思うかと聞いたところ、八二パーセントの住民は不要と答えていた。サンクチュアリに関係する諸々のことを担当する組織として必要であるという住民もいたが、多くの住民は契約金が個人分配されるのであればあえて運営委員会を存続させる必要性はないと考えていたことになる。

かつて、キマナ・サンクチュアリはコミュニティ・サンクチュアリと呼ばれていた。そこには、集団ランチを一つのコミュニティとみなすKWSの眼差しがあった。バロウとマーフリーは、CCでいうところのコミュニティがうまく組織されるための条件として、アイデンティティや利害関心の一致、明確な組織の境界、組織の内外からのレジティマシーの三つを挙げていた[Barrow and Murphree 2001:35]。集団ランチには明確なメンバーシップがあり、国会議員はそのメンバー全体の利害関心を考えて行動し、結果として「オフィシャル」がひきつづきその職にとどまることに正当性(レジティマシー)を与えていた。しかし、集団ランチとしての和を重視するメンバーであればこそ、それに反するような行動をとる運営委員会に正当性を認めなくなっていた。この点で、プロジェクト実施者によってコミュニティと想定されがちな集団ランチであるが、その意思決定はときに（同じ地域に暮らす同じ民族の）政治エリートの言動に大きく左右されること、また、それが政府の近代化政策によってつくられた人工的な集団であるとき、その構成員全体の利益が重視されるいっぽうで、リーダーがメンバーを代表することの正当性は揺らいでいることが、サンクチュアリの新たな管理・経営主体を選ぶプロセスから見えてくる。

4 保全主義者に激怒するとき

ロイトキトク地域では、ここまでに見てきた以外にも、サンクチュアリやコンサーバンシーにかぎらず野生動物保全にかんする集会が開かれてきた。そして、そうした場には、KWSなどCBCを推進する組織の人間が参加することも珍しくはない。ところで、ケニアでは、そうした組織や人間は、（人間よりも野生動物を大切にしているという批判・皮肉も込めて）「保全主義者」（conservationists）と呼ばれる。ここでは、保全主義者が住民にたいしてどのような発言をし、それにたいして住民がどのような反応を示すのかを三つの事例で見てみる。そして、第4章で取り上げたコンサーバンシーをめぐるAWFとの議論や、この章で見てきたサンクチュアリをめぐる観光会社にたいする交渉との異同とその理由を考える。

◎保全主義者の語り口

事例1　無視される住民からの要望

二〇〇八年二月九日にオル・テペシで開かれたコンサーバンシーにかんする話し合いの場には、アンボセリ国立公園と西ツァボ国立公園の二つの国立公園の職員が出席していた。そして、コンサーバンシーの契約内容に関連して被害への補償の有無が話し合われるなかで、二人は発言をしていた。まず、西ツァボ国立公園の職員が、KWSによる補償の可能性にはいっさい言及しないまま、観光会社は野生動物のことしか考えていないので、農作物や家畜の被害への補償を支払わせることは難しいだろうと述べていた。つづいて、アンボセリ国立公園の職員が発言し、KWSが補償金を支払うことは、それが全国の国立公園などを管轄しているうえに予算はかぎられているために難しいことを説明した。そして、KWSのように全国的に広い範囲で活動しているわけではない観光会社であれば、それが観光業を経営している狭い地域において補償金などを払うことも可能なはずだと述べていた。

二人の発言のあと、あらためて電気柵の修理について話し合われるなかでは、建設された当初はゾウが(それを破壊して)畑まで来ることはなく、とても効果があったという話が住民から聞かれ、AWFやKWSにたいしては電気柵を修理するための費用が求められていた。しかし、いずれの組織もその要望について返答はせずに無視していた。

事例2　野生動物の価値についての説明

二〇〇八年一一月六日と七日にクク集団ランチでBSも交えて開かれたキマナ・サンクチュアリにかんする集会には、アンボセリ国立公園の監督官に加えて、アンボセリ国立公園を中心にアフリカゾウの調査・保全活動を行っている研究者が設立したNGOのアンボセリ・ゾウ・トラスト（ATE：Amboseli Trust for Elephants）の人間も参加していた。この日、ASCの給料の未払いの問題や、新しい契約相手にかんして話し合いが行われるなかでは、両者はとくには発言をしていなかった。しかし、最後に県知事に促されて、両組織からの出席者が話をすることになった。

まず、アンボセリ国立公園の監督官は、自分が二カ月前に北部のトゥルカナ地方からアンボセリ国立公園に赴任したばかりであることを説明した。そして、ケニア各地を訪れてきた自分の経験からすると、マサイランドには野生動物がとても多く暮らしているだけでなく、たくさんの観光客が訪れているのでマサイは幸せだと思うと話した。そんなマサイには、観光ロッジやコンサーバンシーを多くつくって野生動物を守りながら便益を得てほしいし、野生動物を守るために、密猟者を見つけたらKWSに報告してほしいと述べた。次にATEの人間が発言し、まず初めに、自分はゾウを守るために働いており、ゾウが貴重な野生動物であることを住民には理解してもらいたいといった。そして、ケニアを訪れる観光客の多くはゾウを見るためだけに来ているのであって、それほどにケニアにとってゾウは重要な資源であるということを力説した。最後に、

ATEの今後の計画として、五年後を目標に、ゾウから得られる収入を用いて学校を建設することやアンボセリ国立公園からツァボ国立公園へのゾウの移送を計画していること、さらには、キマナの電気柵を修理するための資金を援助することも考えていることを述べた。これらの発言のあとに住民が何か発言することもなく、議論の本筋であったサンクチュアリ関係の話題に戻っていった。

事例3　友情を求める保全主義者とそれに激怒する住民

二〇〇八年一一月一七日から一九日にかけて、BSがインビリカニ集団ランチで経営するロッジで、サンクチュアリの新しい管理・経営主体について話し合うための集会が開かれた。そのなかではBSが提示する契約内容に加えて、ロイトキトク地域全体として野生動物保全をこれからどう進めていくのかが話し合われもした。このとき、ナイロビから初めてアンボセリを訪れて集会に参加したKWSの職員が発言していたが、そこで彼が用いた「友情」という言葉は住民の激しい反発を招くものであった。

・KWS職員……「コンサーバンシーもコリドーもサンクチュアリもすべて一緒で、それらは野生動物のための場所だ。そして、それらはマサイにとって、とてもとても大切なものだ。なぜなら、ケニアは観光業に非常に大きく依存しており、野生動物からとても多くの収入を得ているが、ケニアのなかでもマサイランドにだけ野生動物はたくさん暮らしているからだ。また、サンクチュアリは大量の便益を人びとにもたらすものなので、マサイにはもっともっとたくさんつくってほしいし、どうやったら野生動物から便益を得られるかを考えてほしい。時間と機会があればロイトキトクじゅうの人に野生動物の大切さを教えたい」

「サンクチュアリの大切な点として、それをつくることで雇用機会が生まれるということがある。土地を持っている住民は優先的に雇用される権利を持っているし、それによって地域が発展するだろう。また、仕事があれば住民は金を稼げるようになるので、サンクチュアリによってマサイランドの貧困が削減されるだろう。ほかにも、強盗などの犯罪を減らすことにもつながるだろうし、観光業が発展すれば道路も良くなったり教育費が手に入ったりして、マサイランドは発展するだろう。共有地を分割したあとなら、私有地を集めてロッジ〔を建てる観光会社〕を招致できれば、ほかで仕事をしながら金を稼ぐことだってできるようになる。サンクチュアリは人びとと野生動物とのあいだに友情をつくるための場所なのだ」

・住民A……「野生動物は人間に危害を加える危険な存在なのに、どうやったらそれとのあいだに友情などつくれるというのか?」

・KWS職員……「ナイロビのランガタ〔にある動物孤児院〕に行って、そこで人びとが野生動物に餌をやったり、野生動物に近づいていって抱いたりしている様子を見たことがある人はいないのか? あそこでは人間と野生動物は友達のようにしている」

•住民B……「ナイロビのそこ〔動物孤児院〕に行ったことがあるけれど、野生動物が人びととの生活を脅かさなければ友情はつくれるだろう」

•住民C……「畑に入ろうとする野生動物をどうしろというのか？　マサイが野生動物と争うのは、それが〔マサイと〕同じ道を使っていて、そこにマサイが畑をつくったからだ」

•KWS職員……「人間と野生動物のあいだで友情を結ぶ一つのやり方は、サンクチュアリをたくさんつくることとあわせて、槍で殺したり大きな音をたてたりして野生動物の邪魔をすることを止めることだ。例えば、観光客は野生動物の邪魔をしないで静かに見ているだけだろう？」

•住民D……「サンクチュアリをつくって野生動物の邪魔をしないというのは、それはそれでよいと思う。しかし、野生動物が〔サンクチュアリの〕そとに出てきたらどうするのか？　そとに出てきた野生動物を追い払おうとしているときに、どうやって友情がつくれるというのか？　野生動物が〔サンクチュアリの〕そとに出てきて集落の近くにまで来て、その野生動物が怖くて子どもが学校に行けないでいるとき、マサイは野生動物を槍で攻撃するものだ。そんなときにどうやって友情をつくれると思うのか？　サンクチュアリのなかに野生動物がいるとして、そとに出てきたら人びとに危害を加える相手と友情など結べると思うのか？　サンクチュアリや国立公園はすべてフェンスで囲んで、野生動物がわれわれの土地に出てこないようにするべきだ」

・KWS職員……「KWSも企業も、すべてのサンクチュアリや国立公園を柵で囲むことはできない。なぜなら、野生動物もマサイと同じで一カ所にとどまってはいないからだ。野生動物は季節に応じて移動する生き物なのだ。子どもに野生動物からどうやって逃げればよいのかを教えればよいのであって、そうすれば野生動物は学校に行く途中であろうが放牧中であろうが、子どもたちに危害を加えたりはしなくなる」

「ケニアのなかでは、野生動物からの便益をほとんど得られない土地がある。たとえば、カンバランドがそうだ。野生動物が棲んでいないから、便益も得られないでいる。それにたいして、マサイは野生動物と家畜の土地を充分に持っているのだから、もっとサンクチュアリをつくって便益を得てほしい」

命にかかわる危険性

この三つの事例のうち、最初の事例はコンサーバンシーについて議論をするためにAWFによって設けられた機会であった。すでにAWFによって土地使用料や観光開発といったかたちで便益が得られる(可能性がある)と説明されたあとで、さらに住民が補償金の支払いや電気柵の修理を求めることは前節で見たが、KWSもAWFと同様に、そうした地域からの声に応えないでいることがわかる。そのいっぽうで、事例2(KWS・ATE)と事例3(KWS)では、保全主義者は野生動物保全の必要性を、それが観光資源として持つ地域レベル・国レベルにおける経済的な価値から説明していた。それもまた、住民をコンサーバンシーに参加させるべく経済的な便益を強調していたAWFと同様のアプローチであった。

事例2の場合であれば、そうした保全主義者による野生動物の価値の説明を住民は聞き流していた。それにたいして、事例3では、ほかの機会では見られないほどに激しい批判を複数の住民がたてつづけにKWS職員に浴びせていた。そこで住民が問題としていたのは、野生動物の経済的な側面(被害の大きさ、対策の不備、観光収入の不平等な分配など)ではなく、野生動物が本来的にどういう存在であり、人間がどのようにかかわるべきなのかという点であった。農作物や家畜が野生動物に破壊される被害ではなく、人間の命にかかわる危険性がそこにおける論点であり、住民が訴えていたことであった。

たしかに、住民Cは「畑に入ろうとする野生動物をどうしろというのか?」と、農作物被害の観点からKWS職員に反論していた。しかし、反論の口火を切った住民Aは、「人間に危害を加える危険な存在」と野生動物を位置づけていたわけであるし、「子どもが学校に行こうとしているときの問題を提起した住民Dにしても、野生動物と共存することが命の危険をともなうほどに「怖い」ものであることを訴えていた。また、住民Bの「野生動物が人びとの生活を脅かさなければ友情はつくれるだろう」という発言にしても、明らかに、現実には「野生動物が人びとの生活を脅かしている」ことを踏まえた反語であった。

しかし、そうした住民の発言に応じてKWSの職員がいっていたのは、「野生動物の邪魔をし

写真5-6
週末のナイロビ動物孤児院（2014年2月）.

写真5-7
バッファローに手を振るアフリカ系の子どもとその母親.

ない」でいれば問題はないということであった。彼は、住民が訴えるような問題はあくまで住民が野生動物の「邪魔」をしているから起きているのであって、「槍で殺したり」せずに、観光客のように「邪魔をせずに見てい」れば、そして、「子どもに野生動物からどうやって逃げればよいのかを教え」さえすれば、そうした問題は解決できると主張していた。

KWS職員は、人間と野生動物のあいだで友情が育まれている場所として、ナイロビの動物孤児院を挙げていた。たしかに、そこに行けば、満面の笑みで野生動物を抱いている人びとの写真が掲示されていて、タイミングが良ければ実際にそうすることもできる。しかし、そこに暮らすのは人間の庇護下に置かれている動物であり、そこを訪れる観光客と檻のなかで暮らす野生（飼育？）動物との関係は動物園におけるそれ

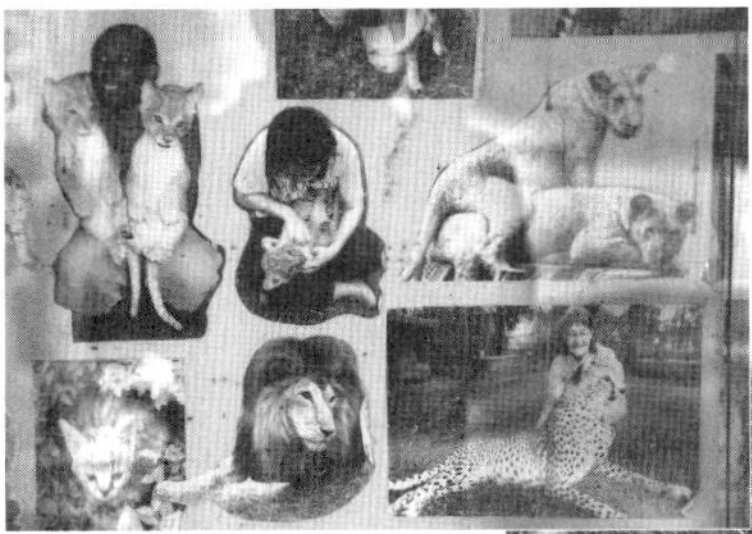

写真5–9　入り口脇に何十枚と貼られている職員・研究者と動物との写真．

写真5–8
檻のなかのヒョウの写真を撮ろうとする白人観光客．

に近いものである（写真5–6～5–9）。それにたいして、まさに職員自身が述べていたように、ロイトキトクのマサイが共存しているのは、「マサイと同じで一カ所にとどまってはいない」野生動物である。だからこそ、マサイが農耕を始めるなかでは軋轢が避けがたいことは、住民Cが指摘していたとおりである。しかし、職員は住民Cの発言にたいして、ゾウの「邪魔をすることを止める」ようただ訴えるだけだった[9]。つまり、いっぽうで動物孤児院におけるような関係を求めておきながら、もういっぽうでは、そこで行われているように野生動物を人間から隔離することは否定していたわけである。そうしておいて、住民が訴える野生動物の致命的な危険性の問題を議論すべき論点として認めていなかった。

◎話し合うべきは共存ではなく便益？

今日のロイトキトク地域では、野生動物保全にかんして住民と保全主義者が話し合いの場を持つことは珍しくない。そうしたとき、住民が野生動物の便益や被害を論点として提起することがよくあるいっぽうで、事例3のようなかたちで野生動物の致命的な危険性が議論されることは稀である。そこにおける住民の激昂した様子からすると、この問題は人びとにとって決して軽く扱えるものではないように思える。それにもかかわらず、野生動物をめぐる話し合いの場でなかなか争点にならないのはなぜだろうか？　そうした対話の場は、環境社会学でいうところの「公論形成の場」であるはずだが、そこで野生動物の危険性が議論されない理由としては、住民と保全主義者の両方が抱く状況の定義が関係していると考えられる。

多くの住民が、野生動物保全ということで「コミュニティ主体」を志向してもいなければ人間と野生動物の共存もめざしていないことについては、何度も言及してきた。保全活動とは、政府や保全主義者が人間と野生動物を隔離させるために取り組むべき活動であると理解するとき、住民にとって関心事となるのは便益であって共存ではない。ここでいう便益には、補償や電気柵のような獣害対策も含めているが、それらは自分たちが主体的・自立的に獲得をめざすものというよりも、外部者をつうじて獲得できるものと想定されている。このように、保全があくまで共存ではなく便益をめざす活動と理解(＝定義)されているとすれば、当然ながら、保全を議論する場であっても共存をめぐる問題は言及されないことになる。

そして、こうした住民の理解と態度は、保全主義者が「便益基盤のアプローチ」にもとづいて住民へと働きかけることによって強められているように思われる。つまり、この節にかぎらずこれまでに本書で見てきた事例からもわかるように、保全主義者が住民を相手に働きかけるときに第一にいうのは野生動物がいかに・どれだけ地域社会に便益を提供できる(可能性を持っている)かということである。もともと住民の大半が保全活動を政府やKWSの仕事と考え、便益に強い関心を持っているなかでそうした説明を聞くことで、ますます住民の関心は便益に集中するようになり、共存に不可避的にともなわれる命の危険性の問題は、保全をめぐる議論の場の論点から排除されているように思われる。

脇田健一は、「公論形成の場」に集まる人びとのあいだで、そもそも公論をつくるべき問題として何が問われているのか・何を論じるべきなのかという点の認識が一致していない「状況の定義のズレ」が存在するときには、嚙み合った議論が展開されない可能性を指摘している[脇田 2001]。キマナにおいて野生動物の被害が論点となってもその危険性が問題として言及されないのは、住民がそれを話し合うことの必要性を認めていないからではなく、サンクチュアリやコンサーバンシーを題材とする「公論形成の場」で扱うべき論点は便益であって政府(KWS)がそれとは別に果たすべき共存の問題はそこで議論するべきものではない、という状況の定義が住民と保全主義者とのあいだで一致してしまっているからだと考えられるのである。

○野生動物といえばゾウなのか

野生動物をめぐって話し合いが行われるとき、アンボセリ生態系にはさまざまな野生動物が棲んでいるにもかかわらず、野生動物の具体的な種名が挙げられることはほとんどない。あくまで「野生動物」という言葉で議論が進められることが大半である。とはいえ、ロイトキトク地域(アンボセリ国立公園)を代表する観光資源はATEが述べていたようにゾウである。そして、農作物被害をもたらす害獣の最たる種もゾウである。つまり、ゾウを念頭に置いて野生動物という言葉を使っている点で、住民と保全主義者の議論は嚙み合っていることになる。しかし、「野生動物＝ゾウ」という前提で話が進められるとき、当然のことながらゾウ以外の野生動物は議論の対象から外れてしまっている。

二〇〇八年の質問票調査のなかでは、「人間にたいして何の問題も引き起こさない野生動物がいると思うか?」という質問をした。その結果としては、九五パーセントの人びとが「いる」と回答していた。そして、より具体的に、同じ土地で一緒に暮らすことができる/できないと思う野生動物の名前を(自由・複数回答で)挙げてもらった結果が表5-2である。ここでは「同じ土地で一緒に暮らすこと」を「共存」とみなしているわけだが、この結果からは、まず、突出して多くの住民がゾウとの共存は不可能と考えるいっぽうで、キリンやガゼルのような人間にも家畜にも直接的な危害をおよぼす危険性がない種類との共存は可能と考えていることがわかる。あるいは、すべ

表5-2　共存が可能／不可能な種類（%, 複数, n=203）

可能との回答が不可能より多い種類	可能	不可能	不可能との回答が可能より多い種類	可能	不可能
キリン	69	0	ゾウ	4	71
ガゼル	43	6	バッファロー	2	25
シマウマ	20	18	ライオン	6	22
ヌー	10	2	ハイエナ	0*	20
ウサギ	10	0*	ヒヒ	0	17
アンテロープ	2	0	カバ	1	11
ダチョウ	2	0	サイ	0*	4
ディクディク	2	0	チーター	0	2
キツネ	2	0	ヘビ	0	1
リス	0*	0	ヒョウ	0	0*
			ヤマアラシ	0	0*
			すべての種類	3	13

＊ 回答者が1人（0.49%）であり，四捨五入の結果として0となったもの．
出所：質問票調査より筆者作成．

ての種類との共存が不可能と答えた人が一三パーセントいたいっぽうで、三パーセントとはいえ、すべての種類との共存が可能であると考える人びとがいた。それ以外に、ゾウに次いで農作物被害をもたらすシマウマやガゼルが、サイやチーターといった大型動物・肉食動物以上に共存が不可能と回答されていた点からは、農作物被害をもたらすかどうかが共存の可否を判断するうえで重要な基準となっている可能性が示唆される（ほかに不可能との回答が見られるヌーは、家畜に病気を移す危険性がある）。

また、「野生動物と同じ土地で一緒に暮らすことはマサイの伝統だと思うか？」と聞いたところ、「そう思わない」が二五パーセントであったのにたいして、「そう思う」が七五パーセントとなった（n.a.=1）。回答者の一人ひとりが、「同じ土地で一緒に暮らすこと」を具体的にどのようにイメージしているのかまでは確認できていないが、野生動物との友情を否定するとはしても、それとの共存は否定されていないことになる。事例3でKWS職員が住民に求めていた野生動物との関係は、その命を奪うことを極端に忌避するケニアの保全主義者が一般的に理想とする共存の姿といってかまわないだろう。そうしたとき、現在、キマナ集団ランチの多くのメンバーが共存を拒否する理由としては農耕が大きい。とはいうものの、農耕が拡大する以前、マサイと野生動物が保全主義者が理想とするようなかたちで共存してきたわけではなさそうである。

本章の前半では、住民と民間企業とのあいだの契約がどのように交渉され、そこにおいて地域社会(集団ランチ)としての合意形成がどのように実現しているのかを見てきた。その結果、経験を増してきた住民ではあるが、意図したとおりの契約を結ぶほどの交渉力はないこと、また、地域社会の外部に位置する政治的リーダーによって意思決定が左右されることを見てきた。それにたいして、本章の後半では、話し合いの争点とはなりにくいものの、住民が深刻に受けとめている問題として野生動物の致死的な危険性があること、「野生動物=ゾウ」という想定のもとで便益を中心に話し合いが行われるなかでは、マサイと野生動物が過去においてどのように共存してきたのかが議論されずにいることが見えてきた。次章で取り上げる「アンボセリ危機」とは、一人のマサイが野生動物に殺されたことで起きたきわめて大規模な軋轢であり、そこには地域外のマサイ政治家も大きくかかわってきたし、マサイと野生動物がどのように共存してきたのかも大きな論点となっていた。次なる事例をもとに、さらなる議論を試みていきたい。

補節 人びとにとっての野生動物

鈴木克哉は、下北半島に暮らし猿害（ニホンザルによる農作物被害）を受けている住民を調べるなかで、たとえ人びとがニホンザルにたいして嫌悪だけでなく好感を抱いているとしても、被害経験を共有しない外部者に向けては負の側面ばかりが強調される可能性があることを指摘している［鈴木 2008:59］。

この章では公的な集会の場における対話をもとに議論をしてきたが、この鈴木の指摘を踏まえると、住民が「友情」という言葉にたいして示した強い反発にも誇張が含まれている可能性がある。しかし、例えば、オスプコ・コンサーバンシーのメンバーが委員長の指示を受けて契約直前に見せた態度と比べると、命にかかわる危険性を問題視する住民の姿勢には、それほどの誇張はないように思われる。そう考える理由として、第4章第4節で取り上げた六人の男性が、わたしとのインフォーマルな会話のなかで野生動物についてどのように語っていたのかを以下に紹介したい。また、そうした語りのなかでは、マサイと野生動物の共存についての考えも聞かれる。それは次の章でくわしく議論していくが、はたして、それぞれの人が「共存」ということについてどのような関係性をイメージしているのかにも注意をしてもらえたらと思う。

写真5-10　大干ばつで痩せこけて立ち上がれなくなったウシ（2009年9月）.

事例1　地方行政官の顧問委員を務める長老

地方行政官に任命されて顧問委員を務めるLは、マサイの将来にとって農耕は教育とならんで重要なものだと考えていた。そして、そこから得られる契約金をもとに奨学金が支払われており、子どもたちの教育を助けているとして、サンクチュアリは今後もつづけられるべきだと話していた。

ただ、地域の長老のなかでも、過去数十年間で最悪などといわれる二〇〇八～〇九年の大干ばつののちに聞き取りをしたさいには、野生動物の被害は農耕にとって干ばつ以上に大きな問題だといい、野生動物が増えているのはKWSやサンクチュアリのせいなのだから、それらが被害の責任をとるべきだと主張していた（写真5-10）。Lの考えとしては、野生動物にたいする最も望ましい対策は、農地の周囲に電気柵を立てることである。国立公園やサンクチュアリの周囲に立てても野生動物の移動を妨げるだけであるし、野生動物が越えようとして壊してしまうから駄目だという。また、Lは畑に来る野生動物はすべて敵であるとも述べていた。ただ、そのいっぽうで、野生動物が放牧地を利用することも問題ではないといい、ゾウのような危険な種類の動物に出会ったとしても逃げればよいといっていた。

便益を理由としてサンクチュアリを評価している点や、被害はKWSが対処すべきと考えている点、また、農作物被害を何よりも危惧している点で、Lはキマナ集団ランチの多数派の意見に属しているといえるだろう。ただし、農地への侵入さえ防げれば問題はないといい、野生動物を保護区のなかに閉じ込めることに反対している点については、多くの住民とは意見が異なっていることになる。とはいえ、これからのマサイの生活において農耕は不可欠なものであり、今後さらに農地は拡がっていくと予想するいっぽうで、政府が認めるならばマサイは今すぐにでも狩猟を再開して害獣は殺すべきだとも述べていた。

事例2　放牧地を買い集める長老

放牧を生計として高く評価し、そのために土地を買い集めることをしていたSであったが、彼によれば、マサイと野生動物は伝統的に友達であったわけでもなく、家畜も野生動物も同じ土地にいて一緒にならざるを得なかっただけだという。

そして、最近はマサイも観光業をつうじて野生動物から便益が得られることを理解するようになってきたといいつつも、観光客はゾウを見ることができさえすれば満足で、数は問題ではないのだから、保護区のなかにフェンスで閉じ込めて少しの数を保てばよいはずだといっていた。農地の周囲に電気柵を立てることについては、それによって農作物被害がなくなったとしても、農地のそとで人や家畜にたいして被害は発生するだろうし、野生動物はいてほしくないといっていた。

また、サンクチュアリに雇用されている人にとっては便益のほうが被害よりも大きいかもしれないが、それ以外の多くの人にとっては便益がないところに被害の問題があるわけで、野生動物は好ましくない存在だと述べていた。KWSやNGOは野生動物を保全しようとするが、現状のように被害への補償もなければ便益もあまりない状況では、それを保全することにマサイは価値を見出せない、補償なしには一緒には暮らせないと話していた。

このように、Lと同様に農耕の重要性を認めつつも、L以上に牧畜を重要な生計と考えるSは、マサイと野生動物の歴史的な共存を否定しないいっぽうで、それが決して友好的な関係ではなかったことを強調してもいた。そして、農作物被害さえ防げればよしとするLとは違って、放牧を今後もつづけることを強く意識しているせいか、Sは野生動物が放牧地において人や家畜にもたらす被害をとても懸念しており、野生動物を保護区のなかに閉じ込めることを主張していた。

事例3　農耕に力を入れる若者

農耕と乳牛の飼育に力を注いでおり、観光業よりも農耕のほうが収入は大きいと考えるKにいわせれば、野生動物と同じ土地に暮らすことはマサイにとって伝統でもなんでもなく、KWSが強制するからそうしているだけである。また、野生動物は畑を荒らすので便益よりも問題のほうが大きく、国立公園のなかに閉じ込められるものならば閉じ込めたいという。野生動物保全は、農地に被害をもたらす野生動物をその近くに連れてくる行為なので悪いことであるともいっていた。

写真5-11　大干ばつの最中でもメイズが実っているKの畑（2009年9月）．

大干ばつののち、二〇〇九年にKに聞き取りをしたときには、野生動物による農作物被害が例年以上であり、ゾウやシマウマ、それにヌーを今まで見たことがないほどに見かけたと話していた（写真5-11）。キマナは周辺の集団ランチほど家畜が多いわけでもなく、観光収入が得られるならコンサーバンシーをつくることにも賛成だと述べていた。ただし、それをつくるさいの絶対条件として、農作物の被害への対策を挙げていた。Kは、KWSやAWFが出席する集会に参加したことも何度かあったが、そうした場に参加した感想として、外部者は農作物被害を深刻に受けとめておらず、それよりも野生動物の保全ばかりに気をかけていた印象を持ったと述べていた。

キマナ集団ランチにあって農耕に多くの労力を割いているKだが、マサイと野生動物が現在でも共存していることを事実として認めていた。しかし、彼によれば、その共存とは政府によって強制されたものであって、マサイの伝統ではないという。このKの発言からすると、以前はマサイは野生動物と共存していなかったかのようにも聞こえる。ただし、子どものころと比べて現在では、身近に現れる野生動物の数がとても増えているといっていた点に注意する必要がある。というのも、現在と過去（彼が子どものころ）とではマサイと野生動物の関係が大きく違っているというのであれば、その過去においては、マサイは現在とは違ったかたちで共存をしていた可能性が考えられるからである。

事例4　保全の手助けを行ってきた若者

過去にKWSの調査助手として働いていたDだが、じつは中学生のころにKWSから奨学金を受け取ってもいた。それもあって、一九九〇年代にDは、KWSが開く集会で住民に向けて野生動物保全の重要性やそれが生み出す便益について話すこともしていた。また、KWSだけでなくAWFの手伝いもよくしており、キマナ集団ランチのなかでも野生動物が持つ資源としての価値について理解を持っている人物である。しかし、一九九〇年代と二〇〇〇年代後半とでは、状況は大きく変わってしまったとDは話していた。つまり、一九九〇年代であれば、KWSは集団ランチに奨学金を拠出するだけでなく井戸を掘ることもしており、住民に向けて野生動物の便益や保全について話をすることにDも自信を持てたという。けれども、二〇〇〇年代後半ともなると野生動物による農作物被害が深刻となり、彼自身としても、それまでと同じように野生動物を保全することの意義を話すことはできなくなったというのである。

写真5–12　切り倒して乾燥させたメイズを収穫するDの妻と隣人.

便益が得られるから野生動物を保全することに基本的には賛成だとDはいう。だが、その数が増加することに無条件に賛成することはできないともいっており、最大の害獣であるゾウは殺して数を減らしたいといっていた。そして、狩猟を禁止する法律を無視してもよいならばマサイは狩猟をつづけるとLと同じようなことをいっており、被害を受けて何もしないということはあり得ないと話してもいた。KWSやAWFなど保全主義者の活動を手伝ってきたDは、野生動物が資源として大きな価値を持っていることを理解している。しかし、現状として多くの住民が受けている農作物被害の程度は、そんなDをしても害獣の間引きを求めるほどに深刻なことになる(**写真5–12**)。

事例5　サンクチュアリで働いた過去を持つ男性

サンクチュアリにおける雇用というかたちで観光業から直接的な便益を得ていたMであったが、彼も観光業の影響で野生動物による被害が増えてきたと考えていた。Mが考えるところでは、KWSが野生動物の狩猟を禁止するのは、それによって観光業からより多くの便益を得るためである。そして、マサイが狩猟を止めたのも、そうすることで観光業から何かしらの便益を得られると考えたからだという。しかし、実際には、住民は観光収入をとくには享受できていないので、それならば野生動物は追い払うだけだという。

Mは、観光業で雇用されていない人にとっては、共有地分割や奨学金といったプラスの側面と、被害のマイナス面でどちらが大きいかは何ともいえないといっていた。それに加えて、野生動物との関係は農耕を開始したことで変わってしまったとも述べていた。つまり、農耕を行っていない時代であれば、野生動物の数も今ほどには多くなかったし被害の問題もなかったという。そうした時代であれば、狩猟の成功を祝う宴を開いたりできたから、野生動物がいることをとくに問題と受けとめてはいなかったという。昔は殺すことができたから一緒に住めたという。しかし、今では被害があったりしても勝手に殺すことができないから一緒に暮らすことは難しく、同じ土地で暮らすのではなくて離れて暮らすほうがよいといっていた。Mもまた、農地の周囲に電気柵をつくって被害を完全になくすことが最もよいことだと話し、農作物被害が解消されれば大きな問題はなくなると述べていた。

そしてさらに、以前であればマサイと野生動物は共存できていたものが、現在ではそれが困難になっていると述べていた。Mの話で興味深いのは、農耕を開始する以前であれば野生動物の数は今ほどに多くなかったし、狩猟ができたから共存できていたと話していた点である。最初の点はKも指摘していたが、マサイと野生動物の関係がこの数十年で大きく変わった可能性を示唆している。また、後半の主張は保全主義者が求める共存のイメージにはそぐわないものだが、それはマサイと野生動物が狩猟を行うなかで共存をしてきた可能性を示している。

事例6　観光業を起業した男性として野生動物を利用する男性

観光業を起業したBの意見としては、人間と野生動物が同じ土地のうえに暮らすことはとても簡単だという。つまり、マサイは伝統的に野生動物と一緒に暮らしてきたし、人びとが野生動物の便益を理解すれば一緒に生活していけるというのである。そのための具体的な方法としては、私有地を集めてサンクチュアリのような保護区をつくって、そこに観光会社を呼ぶことをBは挙げていた。また、彼の考えとしては、野生動物を刺激しなければ問題が起きることはないとのことであり、共存をしていくことも難しくないといっていた。

このようなBの意見は、まさにKWS職員が住民に向けて提案していた考えと同じであり、観光業をつうじて野生動物の便益を享受するなかでは、彼はほかの五人と違って保全主義者の考えを受けいれているようである。ただ、Bがマサイと野生動物の共存は可能であるというとき、その前提には、野生動物は過去と同様にマサイのことを怖がっていて簡単に追い払うことができる、という理解があった。彼によれば、今でもライオンやバッファローだけでなくゾウもマサイのことを怖がっており、石を投げれば追い払えるという。

こうした意見の違いには、農耕を行わずに放牧や観光業をつうじてかかわってきたBと、農耕を行っては被害を受けてきたほかの五人との過去の経験やかかわり方の違いが反映されているように思われる。そうしたとき、野生動物がマサイを怖がっているのかどうかの検討までは行えていない。ただ、次章に向けてここで指摘しておきたいのは、最も保全主義者に近いと思われるBの言葉からは、共存の条件として友情とは正反対の恐怖というものが浮かび上がってくるということである。

第6章
共存が語られるとき
――「アンボセリ危機」におけるコミュニティの代表＝表象

2012年8月6日の集会で掲げられたメッセージ．

「野生動物ではなくわれわれの命を守れ」（Protect our lifes not wild animals）．

はじめに

二〇〇五年に調査を始めてから、これまでに一度だけ、わたしは野生動物に家族(息子)を殺された住民(長老)に聞き取りをしたことがある。相手や状況によって、聞き取りで緊張するということは今でもある。とはいえ、このときは特別だった。調査助手をはじめ知り合いの何人かの長老に事前に相談をしたが、どの人も農作物被害や家畜被害の話をしているとき以上の真剣な表情と雰囲気を見せた。その集落に行って長老の息子に聞いてみたところ、放牧地の管理についての話であればよいといわれた。聞き取りをするか迷ったものの、調査助手に勧められて質問を開始すると、同席していた息子から少しなら事件について聞いてもよいといわれた。

しかし、いろいろ聞きたいことがあったはずにもかかわらず、そういわれてから一〇分もせずにわたしは質問を切りあげていた。口数の少ない長老の受け答え(それが彼にとって普通のことなのか、話題が話題であるからそうなっていたのかはわからない)をまえにして、わたしは「どこまで具体的に聞いても平気なのか?」「まだ、質問してもだいじょうぶだろうか?」といったことに頭を奪われ、早々に質問を終えてしまったのだ。

それ以前に一度、わたしは調査中にたまたま遭遇したゾウに追いかけられたことがあった。[1] 無事に逃げおおせたからよかったものの、それからしばらくは思い返しては冷や汗をかいていた。

長老への聞き取りを終えたあと、そんな経験も思い起こしながら、わたしは野生動物と共存することの危険性を考えずにはいられなかった。例えば、野生動物管理学では、農作物被害、家畜被害、人身被害のいずれも「人間と野生動物の軋轢」という言葉に含まれる。それにたいして、前章で保全主義者とのやりとりを議論するなかでは、生計にかんする被害と命にかかわる危険とを分けて考えた。このように、農作物被害や家畜被害と人身被害（とくには死亡事故）とを分けて考えるきっかけとなったのは、まさに遺族である長老に聞き取りをした青年の死亡事故と、それを端緒として二〇一二年の七月から八月にかけて起きた一連の出来事であった。

ここでは、それを新聞報道に倣って「アンボセリ危機」と呼ぶ。本章の前半では、「アンボセリ危機」を事例として、野生動物保全をめぐって地域社会がどのような状況にさらされているのかを確認する。そして後半では、そうした場面で議論となるマサイと野生動物の共存について、過去との比較も含めて現在における現場の状況を考察する。

1 危機に陥るアンボセリ

本章で取り上げる「アンボセリ危機」の発端となる事件がオルグルルイ集団ランチで起きたとき、わたしはケニアにはいなかった。それが起きてから二週間ほどして、事態がオルグルルイ集団ランチからロイトキトク地域を超えて拡大していったときに、ナイロビに降り立った。そして、アンボセリが危機的状況に陥っているとの報道に遭遇した。幸いにもというべきか、わたしは「危機」のクライマックスといえるKWS長官との集会に参加できたし、遺族も含めた何人かの関係者への聞き取りも行うことができた。また、当初の事態の推移は、新聞による報道やNGOのウェブ・サイトの記事で追うこともできた。まずは、「危機」の一連の展開を説明したい。

はじまりは一人の青年の死

二〇一二年七月第二週のある日、オルグルルイ集団ランチで友人とともに家畜の放牧をしていた一人の青年(オルグルルイ集団ランチのメンバーの息子)が、バッファローに襲われた。青年は、友人に助けられて集落まで帰り着いた。しかし、必死の治療もむなしく翌朝に死亡した。集落の人間は事件をKWS(アンボセリ国立公園)に報告し、翌日には、何人かの住民がKWSの職員と一緒に現場の検分を行った。そこで一行はバッファローの足跡を発見し、職員も事件を理解したはずだった。しかし、そこで死亡事故にたいして補償金が支払われるのかどうかが議論となり、それを拒否する職員にたいして住民が報復に野生動物を殺すと脅すと、職員は青年がバッファローにではなくマサイの同僚(の青年)に殺されたのではないのかと発言した。この対応と発言に怒った長老たちは、地域の青年たちに狩猟を指示した。そして、携帯電話も用いられて情報が広まり、翌日には二〇〇人以上の青年が参加して狩猟が行われ、バッファロー一頭が殺され、何頭かのゾウが負傷する事態となった[*Big Life Foundation*, Jul. 18, 2012; *The Star*, Jul. 20, 2012]。

この狩猟が複数のメディアによって報道されるなかでは、KWS職員の発言が野生動物殺害の原因であるかのように説明されていた[*Big Life Foundation*, Jul. 18, 2012; *Kajiado County Press*, Jul. 30, 2012; *The Star*, Jul. 20, 2012]。ただし、実際のところとしては、もともとオルグルイ集団ランチの青年のあいだで、獣害にたいする反応が鈍く対策もおざなりなKWSへの不満が溜まっており、次に何か野生動物によって人びとに危害が加えられるような事態が起きたら、断固とした対応をとろうということが話し合われていた。つまり、それは決して、一人の青年の死、一人の職員の不適切な言動だけが原因であるわけではなかった。また、このときの狩猟は、あくまで仲間の青年を殺したバッファローに報復することが目的であった点に注意する必要がある。ゾウが何頭も負傷していた事実からすると、たしかにすべての青年がバッファローだけを狙っていたわけではないことになる。とはいえ、それと疑わしきバッファロー一

写真6-1 狩猟に参加した男性と実際にそのときに使った槍.

頭を狩り殺したあとでは、地元の青年たちは死亡した青年の集落に戻って、そこで長老たちに歓待されて一緒に家畜の肉を食べて解散した。そして、そのあとで集落の長老たちは、一連の事態を集団ランチの運営委員会や年齢組の「代弁者」、そして、ロイトキトク地域が属するカジァド・カウンティの地方議会（OCC：Olkejuado County Council）に報告した（写真6−1）。

青年の死とバッファローの狩猟という事態を受けて、KWSは翌月曜日（七月一六日）に長官がコミュニティと話し合うためにアンボセリを訪れることを約束した。しかし、当日に集会場に現れたのは、コミュニティ監督官と二人の理事だけであった。長官の欠席がわかると、青年たちは、地域社会との話し合いに真剣に取り組もうとしないKWSにたいする抗議として、ライオンやバッファロー、ゾウを殺すことを宣言した。また、「コミュニティのリーダーたち」は、KWSやNGOのゲーム・レンジャーにたいして、業務を停止し青年たちの狩猟を妨害しないよう命令した［*Big Life Foundation*, Jul. 18, 2012; *The Star*, Jul. 20, 2012］。なお、ここでいう「コミュニティのリーダーたち」が誰なのかは、新聞報道では明らかになっていない。しかし、集会に参加した住民によれば、ロイトキトク地域の集団ランチの「オフィシャル」のほかにOCCの議員も出席しており、とくにOCCの議長が強いリーダーシップを発揮していたという。

翌一七日、報道によれば四〇〇人以上の青年が国立公園のそとで狩猟を行い、少なくともバッファロー一〇頭、ライオン一頭、ゾウ一頭が殺された［*The Star*, Jul. 20, 2012］。BSの白人オーナーが中心となって二〇一〇年に設立し、ロイトキトク地域を中心に保全活動を展開しているNGO

のビッグ・ライフ・ファウンデーション(BLF:Big Life Foundation)は、当初から事態の推移をウェブ・サイトで伝えていた。そこでは、この日の様子が以下のように伝えられている。

「昨日(七月一七日)は、暴力的で残酷な一日であった。戦士たちは生態系中に散らばり、朝方いつもどおりに公園に向かって歩いていたゾウの群れを狩り殺していった。KWSのレンジャーたちは数のうえで完全に圧倒され、ほとんどの時間、戦士たちがゾウに群がって槍を投げつけるのを横で傍観するしかなかった(例えば、エレライ地域では一五〇人ほどの戦士が全員で一群のゾウに攻撃をしていた)」[*Big Life Foundation*, Jul. 18, 2012]。

◎マサイに向けられる暴力

この殺戮の翌日の七月一八日、OCCの議長をはじめとする「コミュニティのリーダーたち」は狩猟の停止を宣言した。そのいっぽうで、この時点で一〇人以上のマサイの青年がKWSのゲーム・レンジャーから暴行を受けて負傷したとの報道がなされた[*The Star*, Jul. 20, 2012]。そして、この件についてメディアの取材を受けたアンボセリ国立公園の職員は、「さらにゾウを殺そうとする戦士とレンジャーとのあいだで衝突が起きた」ことは認めたものの、「戦士たちは携行していた自分の武器で負傷した(自傷した)のだろう」と述べてKWSによる暴行を否定していた[*The Star*, Jul. 20, 2012]。しかし、さらにメディアの取材が行われ、五九人もの住民が入院していることが判明するとKWSのゲーム・レンジャーと警察・軍の連合特殊部隊（GSU：General Security Unit）がマサイの男性を襲ったことを認めた。ただし、入院している人びとは国立公園のなかでゾウやライオンを殺そうとしていた密猟者であり、ゲーム・レンジャーとGSUは野生動物を守るよう指令を受けていた（ゆえに密猟者である男性たちを攻撃した）と説明した［The Star, Jul. 22, 2012］。しかし、オルグルイ集団ランチの書記は、ゲーム・レンジャーとGSUは国立公園周辺の集落を襲撃し、「そこで休んでいたほとんど目も見えない年寄りたちをさんざんにぶん殴ったのである」といい、「いったいぜんたい、目も見えない老人がライオンを狩猟しに行けるだろうか」と反論した［The Star, Jul. 23, 2012］。実際、新聞記者が確認したところでは、入院している男性の多くは八〇歳以上の長老であり、なかには一〇〇歳を超えるような長老もいた[2]［Kajiado County Press, Sep. 7, 2012］。

こうして暴力が連鎖し、マサイとKWSの関係が険悪化の一途をたどるなか、七月二二日にKWSの理事長はマサイ・コミュニティに向けてメッセージを発した。それは、長官が八月六日にアンボセリですべての関係者と話し合いを持つことに同意したので、それまではこれ以上の殺戮を控えてほしいという要望であった［The Star, Jul. 23, 2012］。マサイ側はこの提案を受けいれ、集会まで狩猟を行わないよう青年たちに通達した。また政府側も、ゲーム・レンジャーによって逮捕されていた青年たちも集会に参加できるよう、すべて解放した［The Star, Jul. 23, 2012］。

◎集会における権限移譲の要求

八月六日、当時のKWS長官ジュリウス・キプンへティッチ（Julius Kipn'getich）は約束どおりに現れた。集会が行われたのはアンボセリ国立公園にほど近い集落で、参加者の総数は最終的に五〇〇人以上になったのではないかと思われる（写真6−2）。そのなかには、ロイトキトク地域のマサイはもちろん、OCCの議長および議員、ロイトキトク地域にかぎらないマサイの国会議員、地方行政官、当日に首都のナイロビから駆けつけた学生NGOのカジァド・カウンティ青年連合（KCYA：Kajiado County Youth Alliances）、BLFやATEなどの保全NGOの職員や関係する白人研究者、そして、ケニア国内のメディアがいた。

写真6−2　集会の朝，会場まで行く自動車に集まる人びと．

KWS長官が到着するまえ、一一時過ぎから、オルグルルイ集団ランチの委員長は集まったマサイに向けて集会の説明を開始した（写真6−3）。そして、集会が開催されることになった経緯として、野生動物によって人が一人殺され、KWS長官がマサイと話し合いをするために来るといったのに来ず、その後に何人かのマサイが野生動物を殺したところ六人がKWSに逮捕されたことなどが話された。また、二〇〇四年にKWSとOCCのあいだで結ばれた契約についても話していた。その契約にもとづけば、アンボセリ国立公園はKWSではなくOCCと集団ランチによって管理され、その観光収入の八〇パーセントは集団ランチのものとなるはずだった。しかし、KWSはこれまでにそれを実行しておらず、それゆえ、この日の集会では、KWSにロイトキトクから出ていくよう伝えるということが説明された。委員長のあとには、

写真6-3　KWS長官が来るまえに，
集まったマサイに向けて演説をするリーダー．

写真6-4　集会場に到着し，
マサイのリーダーたちと握手をするKWS長官．

集団ランチの「オフィシャル」やOCCの議長、国会議員などが発言し、KWSがいかにマサイを不当に扱っているのか、そうしたKWSにたいしてマサイがどのように対峙していくべきかといったことが議論された。

その後、一二時四〇分ごろにKWS長官が護衛とともに到着し、集会が正式に開始された（写真6-4）。ここでも、集団ランチの「オフィシャル」やOCCの議長・議員などが順番に長官に向けて演説を行ったが、そこにおいて焦点となったのは、コミュニティの要求を記した覚書に長官が署名をするかどうかであった。覚書における中心的な要求は、アンボセリ国立公園のKWSからOCCへの権限移譲であった。つまり、KWSが管理権も収入も独占している現在の状況から、OCCがKWSと共同で管理を行い、そこから得られる収入はOCCと集団ランチとKWSとのあいだで分け合うことが要求された。

OCCの議長と集団ランチの「オフィシャル」は、覚書の内容を説明すると、長官の目のまえで順番にそれぞれに署名をしていった。そして、あとは長官が覚書に署名してその要求を受けいれれば問題はすべて解決するとして、参加者の目のまえで長官に署名を迫った。しかし、長官は観光大臣との相談が必要であるとして、その場で署名をすることを拒否した。そして、覚書に記されていた返答期限（二一日後）までに、アンボセリをふたたび訪れて回答を伝えると述べるだけであった。結局、これでこの日の集会は終わりとなった。ただし、最後にマイクを握ったオルグルルイ集団ランチの委員長は、長官が署名を拒否したことにはがっかりしたし、その返答によっては何かしらの行動にマサイは出るかもしれないといっていた。そして、長官が公式の返答をするまでは野生動物を殺したりはしないよう参加者に伝え、KWSやNGOのゲーム・レンジャーが翌日から業務を再開することも許可した。

その後、八月二八日に長官はふたたびアンボセリを訪れた。しかし、このときは数人のリーダーと会っただけで、長官の来訪はロイトキトク地域内で公表されていなかった。また、長官は覚書にたいする返答を印刷して持参していたが、それは次に見るように、覚書の主要な要求をほぼすべて否定していた。これにたいして、参加していたリーダーたちは対応をその場では決められなかった。その後は、二〇一三年三月に実施された総選挙に向けて政治的リーダーたちが忙しくなったことで、住民も交えた話し合いなどは長らく行われず、二〇一四年の二月になって、ふたたびリーダーが集まって話し合うことが計画され始めた状況である。

2 危機のなかで語られること

◎リーダーの演説内容

八月六日の集会でマサイ側を代表して発言していた人物としては、集団ランチの運営委員、O

Cの議員、国会議員、KCYAの代表などがいた(写真6-5)。あとに見る覚書にも書かれているように、運営委員やOCC・国会議員などは、事前に会ってこの日の集会で何を長官に要求するのかを話し合っていた。そうしてまとめられた覚書の内容を見るまえに、まずは集会の場でどのようなことが語られていたのかを整理したい。おもな内容としては、以下に挙げる五つがあった。

(1) マサイは野生動物と共存してきたという主張……「マサイは昔から今日まで野生動物と一緒に暮らしてきた」や「マサイと野生動物は一つである」といった、両者の共存や一体性を強調する発言。

(2) マサイは野生動物を守ってきたという主張……「密猟が激しくなった一九七〇年代に、マサイは密猟者を見つけたらKWSに報告してきた」と間接的な協力を説明する語りだけでなく、「マサイは狩猟民ではなく牧畜民であり、野生動物を狩猟せずに守ってきた」として、マサイが意識して野生動物を保全してきたという主張も聞かれた。

写真6-5　KWS長官が到着したあとの集会の様子.

(3)　マサイは野生動物の所有者であるという主張……「野生動物は神からわれわれへの贈り物である」、「野生動物はわれわれの動物なのに、われわれは何の利益も得ていない」といった主張に加えて、「世話をしている家畜からミルクを絞らない牧夫はいない」と、野生動物を家畜、マサイをその所有者として、「世話＝保全」をしているのだから「ミルク＝便益」の分け前に与ることができないのはおかしいと比喩的に便益を要求することもされていた。

(4)　マサイがアンボセリ国立公園にたいして権利を持っているとの主張……「政府とKWSはOCCと契約を交わし、アンボセリ国立公園の管理をKWSではなくコミュニティと地方議会とで分担することを決定した。だが、KWSはこれまで何もしていない」、「われわれはキバキ大統領〔当時〕が、アンボセリ〔国立公園〕をマサイ・コミュニティに返還するよう命令したことを知っている」など。これは覚書の核となる主張であり、くわしい内容は次項で説明するが、こうした契約・命令があったことは事実である。

(5)　地方議会がマサイの代表であるという主張……冒頭でオルグルルイ集団ランチの委員長が、「われわれはマサイとしてOCCと一つにならなければならない」と述べたあと、何人ものOCCの議員が、「マサイとして一致団結すべきであり、誰もそれにノーとはいえない」、「マサイを分裂させるような人間は不要である」などと発言していた。

◎コミュニティの要求とKWSの返答

八月六日にマサイ側からの要求としてKWS長官に突きつけられたのは、A4紙で三枚からなる「KWSの理事会と長官への覚書」であった。その序文によれば、それは七月一五日と八月四日にOCCの議長のもとに集まった「公式・非公式のリーダーたち」が作成したものである。その冒頭部では、「われわれはコミュニティの土地の真正なる管理者であり、人びとの経済的、社会的、文化的な安全と未来のための守護者であり指導者、明知を得た人間である」と書かれていた。覚書の本文は一〇項目から構成されるが、その内容は以下のように整理できる。

(A) 一九七四年の大統領令によって、アンボセリは〔OCCが管理する〕国立リザーブから〔当時であれば国立公園局、現在であればKWSが管轄する〕国立公園へと地位が変更された。それとまったく同じやり方で〔大統領令をつうじて〕、二〇〇五年にアンボセリの地位は〔国立公園から国立リザーブへと〕戻された。

(B) これを受けて、二〇〇七年一〇月八日にKWSはOCCと管理協定を結んだ。その後、KWSは政府から〔管理協定にもとづく管理を行うための〕予算を受け取っているにもかかわらず、OCCにたいして〔管理協定で定められた〕観光収入の六〇パーセントを送付することをしていない。

(C) OCCは集団ランチのリーダーたちと話し合い、〔管理協定にもとづく〕KWSとの共同管理のもとでOCCが受け取る観光収入の割合を六〇パーセントから四〇パーセントに減らし、その二〇パーセントをコミュニティ〔=集団ランチ〕に分配することでいったん合意した。しかし、八月四日にリーダーのあいだで話し合った結果、KWSの取り分を四〇パーセントとして、OCCとコミュニティの取り分はどちらも三〇パーセントとすることを決定した。

(D) われわれはKWSにたいし、管理協定を実行することを要求する。この覚書は二一日以内にその実現を求める通達である。もし、実行されなかった場合、それは幅広い影響をもたらすだろう。われわれは、相応する報酬なしに〔野生動物がもたらす〕重荷ばかりを負わされることにうんざりしている。

(E) KWSによって引き起こされた最近の危機的状況と、それにつづいて生じた野生動物にたいする暴力は、痛ましいものだが避けがたいものであった。KWSは〔今回の一連の騒動で〕負傷したり苦しんだりしている人びとにたいして責任を取るべきである。われわれは、この機会にKWSがいかなる行動を選択するのかを注視している。

この覚書にたいして、八月二八日に長官によって提示されたのが、A4紙五枚からなる「KWS長官に提出されたアンボセリ・コミュニティの覚書への返答」であった。そこにおけるKWSの主張を整理すると、以下のようになる。

(a) 〔(A)で主張されていたように〕アンボセリ国立公園の地位を国立リザーブに変更し、管理をOCCに移譲することを指示した大統領令が二〇〇五年に出されたのは事実である。しかし、国内外のNGOが起こした訴訟のなかで高等裁判所は、大統領令は法的手続きを遵守しておらず違法であるとの判決を二〇一〇年九月に下した。この結果、アンボセリは国立公園としてKWSの管理下に置かれつづけることに決まった。

(b)〔二〇〇五年の大統領令にもとづいて〕二〇〇七年にKWSとOCCのあいだで交わされた管理協定についても、二〇一〇年九月に高等裁判所によって無効とされた。そのため、管理協定は実行されておらず、〔(B)で主張されていたように〕KWSが政府から金銭的な支援を受けているということはない。

(c) KWSも管理協定に署名をしたが、すでに説明したように、それは高等裁判所によって否定されており、それが実行されているというコミュニティの理解は誤りである。

(d) アンボセリはほかの国立公園と同様に国有財産であり、国内において国立公園の収入が〔地方議会に〕分配されている例はない。KWSは国立公園の周辺コミュニティに向けてCSR〔corporate social responsibility, 企業の社会的責任〕イニアシティブをとってきた。アンボセリのコミュニティにたいしては、長年にわたって奨学金の拠出や国立公園内の水場へのアクセスの許可、学校の建設などを行ってきた。この種の支援は過去数年のあいだに増えており、二〇〇七年から二〇〇八年のあいだに〔奨学金の拠出額は五八〇万ケニアシリング（二〇〇七年の為替レートで約八万五〇〇〇米ドル、以下同じ）から一一六〇万ケニアシリング（約一七万米ドル）へと〕倍増してもいる。ほかにも、KWSは今日までに六八二人のコミュニティ・レンジャーを訓練してきたし、コミュニティと保全NGOを結びつけることもしてきた。

(e) コミュニティはKWSに脅しをかけたり不吉な成り行きを予告したりするのではなく、友好的な態度で協力する必要がある。KWSは保護区周辺のコミュニティと密接に協力し、たがいの便益のために活動している。そうした便益は、コミュニティが脅迫的ではなく親切な態度をとることで最大化するものである。

(f) アンボセリにおける最近の危機的状況は、決してKWSによって引き起こされたものではない。KWSはアンボセリのコミュニティにたいして誠心誠意の態度をとってきており、現在の誤解は政治的な動機を持つ者によって引き起こされている。

(g) KWSが集めたデータによれば、アンボセリにおいて人間と野生動物との軋轢は現実に減ってきている。ごく最近の軋轢は、スケープゴートとして利用されたのである。今回の危機が生じたとき、KWSは当初からコミュニティの関心を考慮しており、理事を現場に派遣して〔住民と〕話し合って問題解決を図った。それにたいして、リーダーの扇動によってコミュニティが聞く耳を持たないままに野生動物の狩猟を開始したのは、予期せぬ反応だった。

(h) KWSは法律にもとづき活動する組織であり、職員がいかなるかたちであれ市民を不当に扱うことはない。コミュニティの何人かの人間が負傷したのも、密猟の途中に自分で自分を傷つけたりGSUから逃げるさいに怪我をしたりしたものである。

なお、(d)と(h)に関連して、八月六日の集会の場で長官が強調していたこととして、現行の法制度のなかでは、国立公園の観光収入や管理権をKWS以外の組織が持つことも、KWSが獣害にたいして補償金を支払うことも、認められていないという点があった。長官は、KWSは法律に定められた行為を行うのみであり、いくらコミュニティが国立公園の管理権や観光収入、補償金の支払いを要求しても国会をつうじて法制度が変更されなければ実現しようがないとして、住民はKWSを非難するのではなく、国会で新しい法律をつくるよう国会議員に働きかけるべきだと述べていた。

メディアが報じる人びとの声

覚書とそれへの返答のなかでは、二〇〇五年の大統領令とそれにもとづく二〇〇七年の管理協定が大きな論点となっていた。それらについてはKWSが説明したとおりで、高等裁判所によって違法の判断が下されたことで、どちらも否定されたことになる[3]。そのいっぽうで、覚書とそれへの返答を比べてみると、例えば、数百人もの青年が野生動物を狩猟したのはなぜかという点について、両陣営の見解は真っ向から対立しており、たがいに相手側に原因があるとして批判をしていた。この点について、「アンボセリ危機」が全国的・国際的なニュースとなるなかでは、さまざまな立場の声がメディアによって報じられてもいた(写真6-6)。どのような立場の人間が何をいっていたのか、覚書・返答のなかでいわれていたこととのあいだに異同はあるのかを、ここで

写真6-6　会場の中心部．スピーカーが置かれ，メディアがビデオとカメラで撮影をしていた．

は整理したい。

英語新聞の『ザ・スター』（*The Star*）は、七月二三日の記事のなかで、政府が有効な獣害対策を講じていないと住民が感じていることが危機の原因であると解説しながら、関係者の談話をいくつも紹介していた［*The Star*, Jul. 23, 2012］。例えば、七月一六日の集会で翌日に狩猟を行うことを宣言していた青年は、狩猟は「終わりのない野生動物との軋轢」を解決するため、政府を住民との話し合いの席につかせるための「唯一の方法」であるといっていたという。また、現地を視察したマサイ政治家が、KWSが人びとの安全を保障できないから青年たちが野生動物の危険性に対処しているのであり、KWSは「自分の義務を果たしていないのに、マサイ・コミュニティに苦痛を与えるのは止めるべきだ」と話していることも紹介していた。ほかにも、「地域のリーダーたち」が、アンボセリ国立公園の土地を強奪しておきながらコミュニティの抱える問題を無視する政府の態度を批判していることも伝えていた。このうち、最後の意見でいわれる「コミュニティが抱える問題」が、何を意味するものなのかははっきりしていない。とはいえ、最初の二つの意見がバッファローによって青年が殺された事件を念頭に置いていることは明らかであり、人命にかかわる危険性の問題を放置しているとして政府・KWSは批判されていたことになる。

そうした発言のいっぽうで、それとは逆に、マサイ側のリーダーへの批判も当初からいわれていた(4)。翌年三月の選挙でカジァド・カウンティの知事(governor)に立候補していたキマナ集団ランチの書記は、英字新聞『デイリー・ネイション』(*Daily Nation*)の取材にたいして、「何人かのリーダーたち」は自らの政治的な立場を強めようとして青年を違法行為(狩猟)に駆り立てているといって批判するのみならず、野生動物が殺されることで莫大な経済的損失が生じているとして、「文明的な手法」で問題解決を試みるべきだと主張してもいた[*Daily Nation*, Jul. 30, 2012]。また、BLFは、マサイがアンボセリ国立公園の収入のごく一部しか受け取っていないことが今回の衝突の根本的な理由だといいつつも、このタイミングで暴力的な事態が生じたのは、アンボセリ国立公園をめぐるOCCの「ポリティクスと収入」が原因であると批判していた[*Big Life Foundation*, Jul. 18, 2012]。ここでいう「収入」が、年間一〇万人前後の観光客が訪れるアンボセリ国立公園の観光収入を指すことは明らかだろう。いっぽう、「ポリティクス」ということでは、翌年三月の総選挙に向けた政治的なキャンペーンということが示唆されていた。七月の時点で立候補者は選挙活動を始めており、人びとの関心も高くメディアも取材に訪れる「アンボセリ危機」は、選挙に向けて自らをアピールする絶好の機会として利用されたということである。

こうしたさまざまな見解が出されていたわけであるが、ここでは二つの点を確認しておきたい。まず、マサイを代表して話をしていた政治的リーダーへの批判が非マサイの保全主義者だけでなくマサイのなかからも出されており、そこにおいてはＯＣＣが念頭に置かれていたことである。第二に、多くのマサイがＫＷＳを非難していたというとき、少なからぬ人びとは、覚書で要求されていた国立公園の権限移譲(便益・権利の分配)ではなく、命にかかわる野生動物の危険性への対処を問題にしていた。それはつまり、覚書における要求が地域社会の多くの住民の意見を代弁できていたのか疑問があるということである。

3 コミュニティの代表＝表象のされ方

住民はこれまで、民間企業や保全主義者にたいして、自分たちがいかに野生動物から深刻な被害を受けているか、日々、命の危険にさらされているのかを主張していたが、そうした主張をするとき、主体的に保全活動に取り組む様子はまったくといっていいほどに見せていなかった。それと比べると、ＫＷＳ長官をまえにして語られた内容は大きく違っていた。そこで提示された覚書における要求が、はたして多くの住民の意見を代弁できていたのか疑わしいことを前節で説明したが、ここではそうした主張の変化が起きた理由を考えることをつうじて、今日の野生動物保全の現場で、いかにコミュニティという言葉が恣意的に使われているかを明らかにしたいと思う。

◎被害者から有志への変身？

KWS長官との集会でマサイの演説者からいわれていたこととしては、①マサイと野生動物は共存してきた、②マサイは野生動物を意識的に守ってきた、③マサイは野生動物の所有者である、④マサイはアンボセリ国立公園にたいする権利を持っている、⑤OCCがマサイの代表である、という五つがあった。このうち④については、覚書の内容に関連してすでに説明した。また、⑤はマサイの参加者に向けられた発言なのでいったん横に措き、ここではそれ以外の①から③を検討したい。

そもそも、これら三つの言説は、わたしがそれまでに参加した集会では聞くことがなかった。たしかに、わたしが「マサイと野生動物は一緒に暮らしてきたのか？」と聞けば、多くの住民はイエスと答えてきた。しかし、民間企業はもちろん、KWSなどの保全主義者を相手にしたときに住民が強調するのは被害の深刻さであり、共存の歴史や保全の意志に言及することはなかった。また、仮に「マサイと野生動物は一つである」と考えているなら、野生動物を保護区のなかに閉じ込めて外に出てこないようにすることを要求したりはしないはずである。この①〜③の主張をまとめると、マサイは歴史的に野生動物を保全しながら積極的に共存してきたし、将来に向けても、そうした関係をつづけるつもり（ゆえに便益と権利を認められるべき）であるということになるだろう。ここで、宮内泰介は「環境自治のしくみづくり――正統性を組みなおす」という論文のなかで、「環境とのかかわりや運動のプロセスの中」から生まれてきて、保全活動を「実際に担ってきた／担う意志のある」主体を「有志」と呼んでいる［宮内 2001:65］。その表現を借りるならば、マサイは自分たちが野生動物保全の有志であることを主張していたことになる。

ただし、このマサイは有志であるという主張は、KWS長官をはじめとする外部者の視線を意識した戦略的な行為であったと考えられる。例えば、長官との集会のさいには、模造紙に英語でさまざまな政治的なメッセージが書かれたものが用意され、長官やメディアの目につきやすい場所に座った住民が持たされていた（写真6-7）。KCYAも同様のものを用意していたが、本書でこれまでに言及してきたような集会では見られず、明らかにそうした政治的キャンペーンのやり方を知っているOCCの人間からの指示によるものに思われる。あるいは、「マサイは狩猟民ではなく牧畜民であり、野生動物を狩猟せずに守ってきた」という語りが事実に反すること（狩猟が青年の特権的行為であること）は住民であればまず間違いなく理解しているはずである。あえて架空のストーリーを語っていたのも、それがKWSのめざす野生動物保全に合致していることを理解していたからだと思われる。集会のなかでは、「参加とは何のことなのか？　利害関係者とは誰のことなのか？」と発言する政治家もおり、今日の「コミュニティ主体」の野生動物保全において住民参加が掲げられていることを明らかにわかっていた。

しかし、そうして有志としてマサイを位置づけることで、マサイが被害者であるという事実は隠される結果になっていた。というのも、前章の友情をめぐるやりとりからもわかるように、人間が野生動物の「邪魔」をしなければ平和な共存が実現できると考える保全主義者をまえにしては、

写真6-7　中央の模造紙には「われわれは野生動物がコミュニティに便益をもたらすことを求める」と，左には「カジァド地方議会は敬意をもって扱われなければならない」と書かれていた．

野生動物の被害を訴えることは共存の難しさを強調すること、彼ら彼女らがめざす保全に反対することになってしまうからである。しかし、そうしたリーダーたちの行為にロイトキトクの住民が納得していたわけではなかった。八月六日の集会が終了し、人びとが散り散りに帰途につこうとして、報道陣も機材を片づけるなかで、地元のオルグルルイの長老が一人、帰りぎわのKWS長官に詰め寄っていた。そこで彼は長官に向けて、野生動物の危険性について長官が何の解決策も提示しなかったことへの批判をぶつけていた。長老は国立公園の便益（観光収入）や権利（管理権）に言及することはなく、あくまで、野生動物に人

が殺される状況への対応を被害者の立場から求めていた。たしかに、覚書が実現すれば集団ランチは金銭収入を得られるわけで、それによって電気柵のような獣害対策を行えるようになるかもしれない。しかし、前章の補説で説明したように、いかに電気柵で家や農地を守ることができたとしても、それだけでは学校に行こうとする子どもや家畜を放牧する青年までは守れない

写真6-8　小学校に出かける子どもたち.

（写真6–8）。そうした「終わりのない野生動物との軋轢」について、KWSとの話し合いを求めていた住民からすれば、八月六日の集会では、議論してほしい議題が正面から議論されていなかったことになる。

◎地方に奪われる地域の代表＝表象

集会の場における五番目の言説（⑤OCCがマサイの代表である）や覚書の内容（国立公園の管理権のOCCへの移譲）、それにKWS・BLFをはじめとする保全主義者の批判（OCCの扇動が騒動の原因）から

もわかるように、この「アンボセリ危機」においてマサイの代表者として振る舞い、そのように外部者からも認められていたのはOCCであった（マサイを有志とみなす語りもOCCの議長や議員によって多く発せられていた）。たしかに、OCCはロイトキトク地域（南カジアド・コンスティテューエンシー）が位置するカジアド・カウンティ全体の地方議会である。また、議長をはじめ、OCCはマサイの議員によって構成されている。とはいえ、それがロイトキトク地域の野生動物保全にかんして当事者と呼べるほどの関係を持っているわけではなかった。

ロイトキトク地域は、マサイのなかでもロイトキトク地域集団が歴史的にテリトリーとしてきた土地である。それが現在ではカジアド・カウンティを構成する三つのコンスティテューエンシーの一つとなり、カウンティの人口の約二〇パーセント、面積の約二九パーセントを占めている（図6-1）。そうしたとき、アンボセリ国立公園を中心に暮らす野生動物が広範囲の土地を利用しているとはいえ、その多くはロイトキトク地域のなかにとどまっており、カジアド・カウンティでもその地域外に住む住民とのあいだに日常的なかかわりがあるとはいえない。また、カジアド・カウンティがいくつかの地域集団のテリトリーの集まりであるとき（図6-2）、例えば、OCCの議長はロイトキトク地域集団ではなくロドキラニ地域集団のメンバーであり、慣習にもとづけばインビリカニ集団ランチをはじめとするロイトキトクの人びとを代表するべき立場にはなかった。また、これまでロイトキトク地域から選出された国会議員が集団ランチのメンバーではなくても野生動物保全の問題に関与してきたのとは違って、OCCの議長などがアンボセリ国

図6−1　カジァド・カウンティ内のコンスティテューエンシー

図6−2　カジァド・カウンティ内の地域集団

出所：Rutten［1992：132］

立公園の周辺で開かれる集会に参加することはまったくなかった。ＯＣＣのなかにはロイトキトク地域から選ばれた議員もいるとはいえ、ＯＣＣ自体は当地の野生動物保全にとって部外者と呼んでもかまわないような疎遠な立ち位置をずっと取ってきたのである。[5]

しかし、現行のケニアの行政区分にもとづくと、ＯＣＣは二〇〇五年の大統領令によってアンボセリ国立公園にたいする便益と権利を要求することができる立場となり、実際に一度はＫＷＳと管理協定を結びさえした。そうした状況に加えて、総選挙を間近に控えていたというタイミングや、アンボセリ国立公園の観光収入の莫大さも影響して、これまでかかわりを持たずにきたＯＣＣが、いきなりマサイ・コミュニティの代表として表舞台に現れることになった。そして、自分たちが国立公園の便益を享受する権利を持っていることを主張するさいの根拠として、大統領令や管理協定の存在だけでなく、今日のケニアの野生動物保全政策が掲げる理念をマサイが体現していることを主張していたことになる。

この結果として、ロイトキトク地域の住民は二重の意味で、ＫＷＳ長官が参加した集会の場に自分たちを"representation"することができなかった。つまり、多くの住民が何を問題としているのかという点を「代表」してもらうことができなかっただけでなく、自分たちがどのような存在であるのかという「表象」についても誤ったかたちで伝えられる結果になってしまったということである。ここで重要なのは、そうした代表＝表象の問題が、ＫＷＳ長官が目当てとしていた「アンボセリのマサイ・コミュニティ」のなかの問題というよりも、そとからの介入の問題として起きていたことである。もともと政府の近代化政策として地域集団のテリトリーを分割することで人工的に設立された集団ランチであるが、数十年の歴史を持つなかでは人びとのまとまりの単位として一定の意味を持つようになっている。それにたいして、ここで見たカウンティ（地方議会）には、集団ランチ（地域集団）ほどの日常的な関係があるわけではない。コミュニティを閉鎖的で均質的、変化に乏しい集団とみなすことが批判されてきたことは第1章で説明したが、そうしたコミュニティの内実がどのようなものであるのかという問題とは別に、そもそも、野生動物保全が大きな利権や権益をともなうなかでは、問題の当事者ではない人間や組織によってコミュニティが語られてしまう（代表＝表象されてしまう）という問題が起こり得ることを「アンボセリ危機」は示している[6]（写真6-9）。

写真6-9　覚書に署名したのち，長官と握手する集団ランチのオフィシャル．

◎無視される地元の声①——KWS長官の覚書への返答

八月六日の集会は、バッファローによって青年を殺された地域社会が狩猟を行うことをつうじて実現した場であり、それは「参加の空間」の議論でいえば「請求された空間」ということになる。しかし、その空間において、それを求めていたはずの住民が適切に代表＝表象されていたとはいいがたい。とはいえ、いかにその場で有志の言説が強調されていたとしても、実際に数百人の青年が野生動物の狩猟を行うまえに一人の青年が殺されていたわけであるし、閉会後には地元の長老が長官のもとに来て野生動物の危険性を訴えてもいた。長官が人びとの声を「きちんと『聴いている』」のであれば、住民が野生動物と共存するなかでは命を失う危険性がつねにあること、そうした状況を住民が無条件に受けいれているわけではないことに気がつくことはできたはずである。しかし、実際には、そうした地元の声は保全主義者によって無視されていた。

ここで、集会のあとでKWS長官が覚書にどのように返答していたのかを確認しておくと、まず、二〇〇五年の大統領令と二〇〇七年の管理協定の両方が違法であることから、アンボセリ国立公園のOCCへの権限移譲は無効であることを説明していた(a)・(b)・(c)。しかし、返答はそれで終わりではなかった。そこで強調されていた点は、以下の四つにまとめられる。つまり、①KWSはコミュニティの便益のために努力をしてきたしコミュニティに誠心誠意の態度をとってきたこと(d)・(e)、②そうしたKWSの努力を否定するような行為がマサイのリーダーの扇動によって引き起こされたことが問題であること(e)・(f)・(g)、③今回の騒動で問題となったような獣害は減ってきていること(g)、④KWSは法律にのっとって活動する組織であり、それに反する行動はとらないし住民に暴行を働くこともなかったこと(d)・(h)。

そして、こうした回答からわかることとしては、まず、KWSが「便益基盤のアプローチ」にもとづいており、経済的な便益を提供することで地域社会とのあいだに良好な関係を築こうとしているものの①、既存の法律で認められない便益について議論をすることに消極的なことがある④。そして、今回の「危機」はマサイの政治的リーダーによって引き起こされたと主張するなかでは②、住民が問題にしていた命にかかわる危険性については、そうした事件の発生件数が減少しているという事実だけを指摘し、あたかも発生件数が減っていることをもって問題それ自体が解決したかのような応答になっていた③。また、現場の職員が認めていたにもかかわらず、長官はゲーム・レンジャーによる住民への暴力を否定し自らの責任を認めていなかった④。さらに、KWSが今回の「危機」にさいして真摯な対応をしてきた例として、返答のなかでは、事件の発生後すぐに理事が現場に派遣されたことが挙げられていた①。しかし、長官が来るといっておきながら代わりに理事が派遣されたことでマサイ側が激怒し、その翌日に二度目の大規模な狩猟が行われたわけであり、理事の派遣が効果的な対応ではなかったことは明らかである。

このように、長官はたんに法律で対応が定められていない問題としてマサイが求める権限の移譲や被害への対応を拒否していただけではない。それ以前に、住民が被害の量ではなく質（命を失う危険性があるなかで共存すること）を問題にしていたはずなのに、それを量（被害が起きる回数）の問題として扱って解決済みであるかのような対応をしただけでなく、実際に自らの組織が住民に働いた暴力の問題すらも否定していた。コミュニティと直接に話し合うためにアンボセリを訪れたといいながら、自分とは大きく異なる住民の問題意識をまえにして、それをまったくといっていいほどに無視した回答をしていたことになる。覚書への返答の最後では、「良好な関係と共存を促進するため、教育と啓発をつうじたコミュニティへの働きかけをこれから強めていく」と書かれていた。ここからわかるのは、KWSにとってのコミュニティとは、「聴く」ことはおろか「語る」相手でもなく、一方的にとるべき行動を「教える」対象として想定されているということである。

◎無視される地元の声②——BLFのウェブ・サイトにおける報道

いっぽう、BLFは事態の推移を頻繁にウェブ・サイトで報告していたが、その内容からはグローバルNGOによる「偽りの表象」の問題が浮かびあがってくる。BLFは、七月一七日の大規模な狩猟で殺害されたゾウを追悼する文章を、翌一八日にウェブ・サイトに掲載した。そこで書かれた内容をBLFが重視していることは、その文書がのちに『ザ・スター』に投稿されたことからもわかる［*The Star*, Jul. 25, 2012］。

それは青年たちに槍で殺された四六歳のエズラ（Ezra）と呼ばれる年長のゾウへの追悼文である。そのなかで、エズラは「何も間違ったことはしていない」にもかかわらず、「アンボセリ国立公園からの観光収入の取り分をめぐるKWSと地域のマサイ・コミュニティとのあいだの政治的な緊張が高まったことによる無罪の被害者」となってしまったと書かれていた。この記事では、一人の青年がバッファローに殺された事実が書かれている。しかし、「青年の悲劇的な死は政治化されてしまった」と書かれるなかでは、国立公園の観光収入が地域社会に届いていない状況やマサイの政治的リーダーの問題が指摘されてはいるものの、多くの世帯が農作物や家畜について被害をこうむっている事実は取り上げられていなかった。あるいは、最初の狩猟が政治家とは無関係に地元住民によって開始されたことも触れられていなければ、逆に、KWS長官と話し合いを行うなかで、マサイが自分たちは保全主義者であると主張していたことも紹介されていなかった。

BLFの中心的な活動には、住民を組織したコミュニティ・レンジャーによる密猟の取り締まりがある。ウェブ・サイトでは、住民を教育・訓練し、密猟者の逮捕や負傷した野生動物の救護などで成果を挙げている事実が紹介されているが、そこにおいて住民は、いわばBLFによって啓蒙されることで保全の主体となることが期待される存在として描かれている。そうしたとき、住民が自らの意思で野生動物を狩り殺したという話は「自然の破壊者」としてのイメージをかき立てるものであるし、逆に、もともとマサイが野生動物を保全していた「地元の英雄」であるならば、BLFによる支援の意義が弱められることになるだろう。

そう考えると、BLFが今回の「アンボセリ危機」を伝えるなかで、日常的な野生動物の害や危険性の問題だけでなく、地域社会が主導して狩猟を行った事実や有志としてのストーリーがマサイ自身によって語られたことを取り上げないでおいて、先に見たように「無罪の被害者」が政治家によって扇動された住民によって殺されたというストーリーを発信することは、BLFの活動とそれへの支援を正当化するものに思われる。たしかにエズラ自身は「無罪」かもしれない。とはいえ、そこでBLFが描きだす現場の状況は、実際に人間と野生動物がどのような問題を持ちながら共存していて、そうした問題について人びとが何を考えどのような行動を選択しているのかについてあまりに説明不足だろう。

「アンボセリ危機」の発端となったのは、野生動物と共存するなかで避けがたい物理的な危険性であった。そのいっぽうで、それへの抗議として実力行使に出るなかで住民は、国家権力が行使する物理的な暴力にも直面することになった。そうして野生動物・住民・国家のあいだで暴力の連鎖が起きたものの、その後に対話による問題解決がめざされていた。しかし、野生動物保全が大きな権益にかかわるとき、メディアも参加して開かれた「公論形成の場＝請求された空間」において、問題の当事者とされるコミュニティは地域に暮らさない人びとが多くを占める政治的リーダーによって代表＝表象されていた。そして、住民のなかにはそれとは違う場面で自らの問題意識を表明する者もいた。しかし、そうした住民の言動を見聞きしているはずの保全主義者（政府機関・保全NGO）はそれを無視していたし、さらには、リーダーの政治的動機を批判することはあっても、そもそも、そこでいうリーダーがコミュニティの代表者としてふさわしいのかどうかという点は問題にしておらず、実際に野生動物と共存している人びとの声が真剣に「聴か」れているとはいえない状況であった。

4 過去の共存と現在の軋轢

ここまで、一般に「野生の王国」と思われがちなアンボセリ国立公園の周囲において、経済的な損害だけでなく人命にかかわるような被害を受ける可能性があるなかでマサイが野生動物と共存している（させられている）ことを説明してきた。ところで、有志の言説に関連して前節では、マサイと野生動物が歴史的に共存してきたといえるものの、マサイは野生動物を狩猟しつづけてきたことを指摘した。狩猟が青年＝戦士の特権の一つであることは第2章で説明したとおりであるが、そのいっぽうで、多くの住民がマサイと野生動物は同じ土地のうえで一緒に暮らしてきたと考えていることも見てきた。それでは結局のところ、マサイはどのように野生動物と共存してきたのだろうか？　保全主義者は、狩猟のような「邪魔」をしないで野生動物と「友情」を育んで共存することを求めていたわけだが、そもそも、かつてのマサイと野生動物の共存とはどのようなものなのだろうか？　そして、現在では住民が共存を拒否するというとき、それは例えば、農耕という生計活動を始めたことが原因なのだろうか？　マサイと野生動物のかかわりも種類や時代（それに地域）によってさまざまに違ってくるが、ここでは、マサイ社会にあって重要な意味を持ってきたライオンとの過去の関係と、現在に「野生動物」という言葉が使われるときに念頭に置かれているゾウとの関係を取り上げて考えてみたい。

◎ライオンとのつきあい方

マサイ社会の伝統的な年齢階梯制度のもとでは、青年とは社会の「守護者／保護者」である［Sankan 1971＝1989:52; Spencer 1993:150］。そして、青年階梯は「男らしさが最高潮を迎える」時期とみなされるとき、そんな青年にのみ特権的に認められる行為のなかでも第一に挙げられるものとして狩猟があった［Spencer 2004:68］。なお、狩猟の目的というと、食料としての獣肉の獲得が想像されるかもしれない。しかし、牧畜を主たる生業とするマサイの地域社会にあっては、野生動物の肉を食べるのは、大干ばつが起きて家畜が大量に死亡し、食料に本当に困ったときであった。キマナの長老たちによれば、大干ばつのさいにシマウマやガゼルを食べた記憶は、思い出したくもない苦いものだという。食料以外の利用としては、青年が戦争や狩猟のさいに使う盾の材料としてバッファローの皮が使われたりキリンの尾が長老用の蠅除けとして使われたり、あるいは、ダチョウの羽が頭飾りとされたりバッファローの角が預言者の道具として使われたりもしてきた。

マサイの狩猟についてキマナ集団ランチの長老に聞き取りをするなかで、何人もの人がいっていたことに、マサイの狩猟の目的は殺すことだというものがある。青年は家畜や人びとに危害を加える恐れがある種類、つまりはライオンやハイエナのような肉食動物、ゾウやサイ、バッファロー、カバのような大型動物を、食料や道具として利用するためではなく、その危険性のゆえに殺してきたという。そして、マサイにとって狩猟といえば、それはライオンの狩猟を意味するという。実際、マー語にはライオンを獲物とする狩猟行為を指す語として“ol-amayio/il-mayio”というものがあり、ライオン以外の野生動物を殺すことは、その語には含まれない。また、マー語でライオンを指す“olowaru kitok”を直訳すると「偉大なる捕食者」(great predator)となる。つまり、マサイにとって狩猟とは、第一義的には「偉大なる捕食者」を殺すことにあったことになる。それだからこそ、狩猟の対象となるのはオスの成獣であり、メスや幼獣は殺すには値しないとして、見つけても狩られないことが多かった。

ライオン狩猟は集団で行われ、多い時には二〇人ほどが一団となって参加する。マサイの青年が狩猟や戦争のさいに用いる武器は槍で、それを獲物に向けて投げる(写真6-10)。ライオンであっても、刺し所がよければ一、二本の槍で仕留められたという。そうしてライオンを殺した場合、狩猟に参加した青年のなかでも、ライオンに一番槍を入れた者が狩猟の成功者とみなされる。彼は獲物を仕留めたその場でほかの青年から祝福され、その勇敢さを称える名前とともに獲物の鬣《たてがみ》を獲得する。(7) 鬣は集落に持ち帰られ、仕留めた青年が儀礼のさいに身につける頭飾りの材料となったほか、集落のなかに飾られて青年の偉業を喧伝するために使われたりもした。ライオン狩猟に成功する(最初に槍を突き刺す)ことで得られる名前は非常に名誉なものであり、長老になったあとでもその名で呼ばれることもあるという。また、ライオン狩猟に成功することは異性の興味や歓心を得ることにつながり、そうした青年には未成年の女子から数多くの装身具などが贈られたりもしたという。(8)

写真6-10　8月6日の集会に集まった青年たち.

とはいえ、ライオンを狩猟することで名声を得ようとしていた青年にとって、ライオンとの遭遇はつねに喜ばしいものではなかった。家畜の放牧中に出会ったときは、それらを狩猟することよりも家畜あるいは自分の命を守ることが優先され、なかには家畜を置いて逃げた青年もいたという。そうした事態を避けるため、乾季に遠方まで家畜を連れていくときには、事前に水や牧草へのアクセスとならんで肉食動物に襲われる危険性があるのかどうかが考慮されてもきた（放牧路だけでなく集落の立地場所を決めるさいにも同様のことが配慮されてきた）［Western and Dunne 1979:18］。また、そうしてマサイがライオンを避けるのとは逆に、ライオンをマサイから遠ざけることも試みられていた。つまり、マサイランドの各地を訪れ、それぞれの地域集団の長老と話し合って各地の慣習を調べたサンカンは、およそマサイ社会に共通するライオンとのつきあい方として、「ライオンが人や家畜を襲うようになり、集落生活が脅かされると、この〔ライオン〕狩猟隊が編成され」たこと、そうして青年たちが「二〜三頭のライオンを殺せば、以後、ライオンは人間を恐れて、その辺りからいなくなる」ことを書いている［Sankan 1971＝1989:79］。

なお、ライオンのようにそれを殺すことで文化的・社会的な名誉を獲得できないとはいうものの、まえに挙げた肉食動物や大型動物が集落の周囲に現れたり放牧の途中で遭遇したりしたときには、それを狩り殺すことが行われてきた。また、実際にそうした野生動物によって家畜が殺された場合には、その足跡を追跡するなどして報復に殺すことが行われてもきた。そうした報復の狩猟行は、ときに数日をかけてまで行われたとのことで、例えば、第5章の補節で紹介したように、地域社会でも保全に理解があるはずの人物のDが、「被害を受けて何もしないということは〔マサイとして〕あり得ない」と述べていたのも、こうした慣習的な態度を反映していると思われる(9)（狩猟によって野生動物が人間を恐れるようになるという点は、観光業を経営しており保全主義者に近い考えを持っているBも指摘していた）。

マサイと野生動物が暮らす半乾燥地においては、雨の降り方や降る場所が季節によって大きく変化する。そうした環境では、どちらもそのときどきの状況に応じて生活の拠点や行動の範囲を変えており、両者のテリトリーを分ける固定的な境界があったわけではない。とはいえ、だからといって両者が同じ土地のうえで文字どおりに混じり合って共存していたわけでもなく、たがいに緊張感や恐怖心を持ちながら攻撃をしたり避けたりするなかで、一定の距離を保つことが試みられてきたことになる。そうしたかたちでマサイとライオンは共存してきたことになる。

「偉大な捕食者」だからこその共存？

このようにマサイとライオンとのあいだに距離と緊張感をともなうかたちで共存関係が成立してきたというとき、それは例えば、丸山康司が「関係の近さ」という言葉のもとに分析した（下北半島の旧脇野沢村における）村人とニホンザルとの関係とはだいぶ違うものに思われるかもしれない［丸山 1997］。たしかに、ライオンが人びとの近くに出没することは許されていなかったし、家畜が襲われた場合には報復としての狩猟がかならず試みられてもいた。ただし、そうしたかたちで距離の近さであったり被害であったりが拒絶されていたなかにあっても、ライオンにたいする「共存への意志」がまったく欠けていたのかというとそうともいい切れない面があった。なぜなら、マサイの男性が、一生のなかでもかぎられた期間に自らの「男らしさ」を証明し社会的な名声を獲得するために、ライオンはいることが望まれる存在でもあったからである。ある長老は、その事情について、「ライオンは家畜〔にかんする全般〕を監督する長老にとって問題であったけれども、青年にとってはいてほしい存在であった」と表現していた[10]。

丸山は、旧脇野沢村において害をもたらすニホンザルに向けて住民が「共存への意志」を持つ基盤には、それを自分たちと同じように（冬には外界から隔絶されてしまう陸の孤島に）暮らす「土地のもん」と認めていることがあると分析している。それに倣えば、マサイがライオンにたいして「共存への意志」を持つことができたのは、それが地域社会の守護者であるところの青年が、自らの男としての卓越さを証明する相手として相応しいだけの強さや危険さを備える「偉大なる捕食者」とみなされてきたからだと考えられる。

ところで、旧脇野沢村におけるニホンザルへの「共存への意志」が、まさに同じ「土地のもん」として一緒に生きていこうとする意志であったのにたいして、マサイのライオンにたいする「共存への意志」は、あくまで「殺す」ために遠くにいてほしいといったような意識であった。つまり、旧脇野沢村におけるニホンザルへの「共存への意志」が保存に近い意識であったのと比べて、マサイ社会におけるライオンへの「共存への意志」は、あくまで消費的な利用を前提とする「共存」であったことになる。この点で、マサイのライオンにたいする態度は、旧脇野沢村の住民のニホンザルに向けた態度とは(同じ言葉を使ってはいても)大きく違うことになる。ただ、マサイが狩猟の目的として「殺す」ことや「追い払う」こと、「報復する」ことを認めはしても、将来の被害を予防するためにメスやコドモを殺したり、被害を根絶するために絶滅させたりするという考えは持ってこなかった。たしかに、こうしたライオンにたいする伝統的なつきあい方は、被害の危険性をともなう距離の近さが拒絶されている点で現在のゾウにたいする人びとの態度と共通している。しかし、過去のライオンとの関係においては、身体的なかかわりをもちつづけることが考えられていたわけであり、この点で、保護区のなかに閉じ込めることでゾウとの直接的なかかわりを断つことを多くの人が求めている状況とは対照的である。

◎ゾウとの共存の実態

マサイの狩猟について聞き取りをするなかで、地方行政官の顧問委員も務める長老Lは、ゾウについて以下のように語ったことがあった。「〔昔は〕ゾウとか危険なものがいたら逃げればよかった。だけど、今では畑に来たら野生動物はすべて敵だ。畑の場合は、家畜のように野生動物に遭遇したからといって逃げたりすることもできないから問題なのだ」。

ライオンをはじめとして、被害をもたらす可能性のある野生動物にたいしてマサイがとってきた基本的な戦略としては、狩猟と回避という二つがあったと考えられる。このうち回避については、まさにLが語っているように畑は野生動物から「逃げる」ことができず、襲ってくる害獣にたいしては物理的に侵入を阻止するなり実力行使で追い払うなりする必要が出てくる。以前であれば、昼間の放牧中は遭遇しないように注意して避け、夜間は周囲を柵に囲まれた集落のなかにとどめることによって、肉食動物による家畜被害は一定程度防ぐことができた。それにたいして、ゾウによる農作物被害については、畑への侵入を完全に防ぐことは難しく、柵などを設けてもゾウは簡単に破壊して侵入してしまう。

最も効果が高いとされており住民もさまざまな外部者に要望している電気柵についても、フェレル・オズボーンとキャサリン・ヒルは、それによってゾウの畑への侵入を防ぐことはできるものの維持管理の費用がきわめて高額であり、国際的な支援と協力なしにアフリカの地域社会が

写真6-11　ナメロックの町の周囲の電気柵．
キマナ同様に壊れたまま放置されている（2013年3月）．

自力で管理していくことは不可能だと指摘している［Osborn and Hill 2005:80］。そして、海外からの援助を受けて一九九〇年代にキマナ町とナメロック沼の周囲に建てられた電気柵は、今日では壊れたままに放置されており、電気柵はあくまで短期的な対策にしかならないと主張する研究者もいる［Okello and D'Amour 2008］（写真6-11）。

　そして、畑に侵入しようとするゾウを追い払うことはとても危険で難しい行為である。狩猟が禁止された現在、住民は大声を出したり身の周りの容器や道具などを使って大きな音を出したり、あるいは、石や枝などの物を投げたり火や光（懐中電灯）を使って追い払おうとしている。しかし、夜間に群れで畑に侵入しようとするゾウを探すこと自体が危険であるし、一度追い払っても数時間後に戻ってきたりするような状況では、見張りと追い払いを夜通しかけて行わないかぎり被害をなくすことは不可能である。そして、仮にそれが行えたとしても、人間の側が殺されることなしに追い払えるとはかぎらない。多くの住民は、狩猟が禁止されてからはゾウをはじめとする野生動物がマサイを恐れなくなり、より攻撃的な態度をとるようになったという。こうした住民の感覚は、野生動物管理学の先行研究とも合致している。非致死的な被害対策を講じられても、そこで人間の側に自分たちを殺す意図がないことを理解すると、ゾウはより積極的に畑を荒らすようになることが明らかになっており、一つの非致死的な対策だけで長期的に被害を防除することは困難であることがいわれている［O'Connell-Rodwell et al. 2000: 388］。

◎殺すことをつうじた共存

現在のマサイとゾウとのあいだのかかわりが、かつてのライオンとのそれとどう違っているのかを整理すると、表6-1のようになる。まず、生業が遊動的な牧畜から定住的な農耕へと変わったことにより、野生動物を避けることで被害を防ぐという手段がとれなくなった。そのため、危害を加えようとする害獣にたいして住民は正面から追い払いをしなければならなくなった。しかし、狩猟が禁止されたことで非致死的な対策しかとれなくなり、野生動物の人間にたいする恐怖心が薄れたこともあって、距離を保つことも難しくなっている。そうして、かつての距離と緊張感・恐怖心を介した共存は、野生動物が人間を恐れることなく一方的に襲う関係へと変質したことになる。

いっぽう、「偉大な捕食者」であるライオンの狩猟は、マサイ社会のなかでも青年だけに与えら

表6-1　過去におけるライオンとの関係と現在におけるゾウとの関係

	ライオン	ゾウ
存在の意味	「偉大な捕食者」	「敵」
重要視される生業	牧畜	農耕
遊動性	高い	低い
おもな被害	家畜・人間	農作物・人間
おもな対策	狩猟	追い払い
おもな対策の致死性	致死的	非致死的
おもな対策の意味	青年＝戦士の特権	被害防除
距離の遠近	遠い	近い
存在の具体性	具体的	具体的
被害への態度	拒絶	拒絶
共存への意志	あり	なし

出所：聞き取りより筆者作成.

れた特権であり、それをつうじて戦士は自らの勇敢さや男らしさを示すことで社会的な名声を獲得することが可能であった。それにたいして、ゾウを追い払う行為には、生計の基盤である畑（農作物）を守るという以上の特別な意味はない。ここで、「趣向的要素が強い」農業を営んでいる下北半島の住民を調査した鈴木克哉は、人びとが「被害に対して許容的な態度」をとるとき、そこには「被害と認識されないサルの食害」「被害と認識されるが許容される食害」「許容されない被害」という「被害認識の幅」があることを示している［鈴木 2007:187, 190］。それとの対比でいえば、牧畜以上に農耕を生計活動として重要視しているキマナ集団ランチでは、収穫期に毎晩のように見張りをすることに精神的な苦痛を感じる人や、ゾウを追い払うなかで畑が荒らされる（周囲の生垣が壊されたり作物が植えられていない畝が踏み荒らされたりする）ことを被害と考える人もいた（写真6-12・6-13）。

AWFのプロジェクト・マネージャーは、わたしが聞き取りをするなかで「農耕は野生動物と共存できないけれど、牧畜であれば共存できる」と述べていた。たしかに、牧畜から農耕へと生業の柱が変化したことで、害獣を回避することができなくなるのと同時に対処がより困難な種が害獣となったのは事実である。しかし、ライオンにたいして「共存への意志」が抱かれていたという

写真6-12　農地の周囲の生垣.
中央やや右の部分はゾウが畑に侵入するために破壊した箇所.

写真6-13　夜間にゾウが来て踏み荒らした家のすぐ横手の畑.
畑内の凹みはゾウの足跡.

とき、住民はそれが被害をもたらす可能性を理解したうえで、それを拒絶するために遠い距離を保つことを志向していた。そこに見られる「共存への意志」は、「殺す」ことを明確にめざしていたわけであって、「友情」にもとづく共存ではなかったし、共存の条件であるところの距離と緊張感・恐怖心を保つための実践として狩猟は積極的に行われていたのである。

現在、マサイが狩猟を再開したとして、それによってゾウとのあいだで距離と緊張感・恐怖心をともなう共存が成立するかどうかはわからない。ただし、狩猟をせずとも牧畜民であれば、あるいは「邪魔」をしなければ野生動物と共存できるといった保全主義者の語りが、過去のマサイと野生動物の共存をあまりに歪曲したものであることは確かであろう。聞き取りのなかでLは、「マサイは手加減が苦手なので野生動物を殺さずに追い払うということはできなかった」と話していた。また、前章の補節で紹介したように、Mによれば「昔は殺すことができたから一緒に住めた」のであるし、今でも共存は可能だというBにしても、野生動物は人間を恐れていて「石を投げれば追い払え」るから共存は簡単だと話していた。あるいは、キマナ・サンクチュアリの監督官(元KWS職員)は、マサイの知識は野生動物を殺すためのものなので、ゲーム・レンジャーの仕事をできるようにするためには教育と訓練が必要であると述べていた。ゾウは追い払いや間引きが行われる地域を避けて行動する習性があることは、複数の研究によって明らかにされてもいるが、このように多くの人間がマサイの狩猟の特徴として「殺す」ことを挙げるとき、「殺さない追い払い」ではなく「手加減なしに殺す狩猟」であったからこそ、マサイは野生動物と共存してこられたという面を保全主義者は理解していないことになる(11)。

◉共存の代償

長老に狩猟の話を聞きたいというと、たいていはライオン狩猟の説明が始まる。あるとき、そうしたなかで、現在では野生動物という言葉で実質的に意味されるゾウについて、かつての住民との関係はどんなものであったのかと聞くと、ゾウが身近に出没するようになったのは一九八〇年代以降のことであるとか、自分が子どもや青年であったころは身近に見かけなかったといわれた。

そこで過去のロイトキトク地域における野生動物についての記述を確認すると、例えば、アンボセリ国立リザーブで監督官として長年働いていたディヴィッド・ロバート・スミスは、その自伝的な著作『アンボセリ――あまりにも遠すぎる奇跡?』のなかで、一九五〇年代にアンボセリが観光地として有名になったときに観光の目玉となっていたのはクロサイであったと書いている[Smith 2008:35]。そしてゾウについては、一九六〇年ごろであれば、現在の国立公園のなかで一頭も見かけない日があったとも書いていた(12)[Smith 2008:50–51, 107]。一九六〇年には国立リザーブのなかに一六〇頭以上が生息していたクロサイも、密猟によって一九七七年には一ダース以下にまで頭数が減ってしまうのだが、その代わりに個体数が急増してきた野生動物として、バッファロー、カバ、そしてゾウがいたという[Smith 2008:107]。

また、ウェスタンによれば、ゾウのかつての生息域は、現在のロイトキトク地域の一・五倍に相当する約一万平方キロメートルであったという。それが、周辺部における農地の拡大や密猟の増加といった人間活動の影響によって、一九七〇年代前半になると、ゾウは現在のアンボセリ国立公園を中心とする狭い地域に集中して定住するようになったという［Western 1994a:38, 2002:172］。今日、アンボセリ国立公園が紹介されるときに、キリマンジャロ山を背景にしたゾウの写真が見られないことはまずない。しかし、住民の語りに加えてこうした過去の記録からすると、保全主義者がめざす「マサイとゾウの共存」だけでなく、「ゾウの多いアンボセリ」という観光会社だけでなくKWSや保全NGOによっても広められているイメージが、かなり最近になって成立したものであることがわかる（写真6-14）。

なお、一九六〇年代から一九七〇年代の後半にかけて、アカシア林が六〇〜九〇パーセントの割合で縮小していることに気づいたスミスは、それがゾウの個体数が急激に増加したことによるものではないかと疑っていた［Smith 2008:107］。そして、一九五〇年から二〇〇二年にかけて、アンボセリ国立公園を中心とする地域植生の変化を分析したウェスタンは、森林が減少して草地や叢林が増加していることを示しており（表6-2）、ディヴィッド・マイトゥモとの共同研究をつうじて、家畜の過放牧や特殊な病原菌、気候変動、土壌中塩分の変化などではなく、ゾウの個体数の増加によって、この森林変化がおもには引き起こされていると考えられることを指摘している［Western and Maitumo 2004］（写真6-15）。

写真6-14　アンボセリ国立公園でゾウの群れを間近で観察・撮影する観光客.

表6-2　アンボセリ国立公園における植生の変化

植生	1950年(㎢)	2002年(㎢)	変化率(%)
草原	69.4	145.6	110
密な森林	126.1	4.4	−97
開けた森林	91.4	42.2	−54
密な低木林	97.8	44.1	−55
開けた低木林	163.3	208.9	28
沼べり	12.4	12.4	0
沼	6.3	23.7	276
叢林	2.3	93.1	3948
合計	704.9	704.3	—

出所：Western［2007：305］

写真6-15
アンボセリ国立公園の展望台
（オブザベーション・ヒル）からの眺め.

生態学的な議論はわたしの専門ではなく、こうした研究結果を批判的に検討することはできない。とはいえ、この章で見てきたように、ロイトキトク地域でマサイと野生動物の共存がさまざまな力のもとで実現しているとき、そこで歴史的な事実として扱われ、保全の目標に実質的に据えられている「マサイとゾウの共存」というものが、地域社会だけでなく地域の生態系にまで破壊的な影響をおよぼしている「偽りの表象」の可能性があることになる。

終章

さまよえる共存とマサイ社会のこれから

IFAWの支援でアンボセリ国立公園の展望台に設置された掲示板．
「野生動物の守護者」としてマサイが説明されている．

はじめに

二〇一三年九月、わたしはアンボセリ国立公園でサファリをした。公園のなかで二日をかけてサファリをするのは、じつは二〇〇四年に初めてケニアを訪れたとき以来のことだった。そして、あらためてアンボセリ沼の周りの緑の濃さとそこに暮らすゾウをはじめとする野生動物の数の多さとに驚いた（写真7-1・7-2）。しかし、このとき何より驚いたのは、一緒にサファリを楽しんでいた調査助手（当時二八歳）がアンボセリ沼のほとりでふと漏らした言葉だった。

「なんて生産性が高そうな〔土地な〕んだ」（So productive）

わたしは内心、「たしかに、こんなに緑が豊かな場所で家畜を放牧できたら、マサイとしては幸せだろうなあ」と思った。しかし、わたしが本当に驚いたのは、つづけて彼がいった一言だった。

「ここなら畑をたくさんつくれるのに」

このとき彼は、ナイロビの専門学校で公衆衛生学を学び終えて、NGOの保健衛生プロジェクトに雇われて働いていた（写真7-3）。彼は亡き父親から相続した土地（灌漑用の農地）をキマナ町の近くに持っていたが、中学校を卒業すると間もなくナイロビの専門学校に通い始めたため、その土地は耕されることもなく放置されていた。将来的には大学に通って学位を取りたい、そして公

写真7-1
アンボセリ国立公園の
展望台から見た
乾季のアンボセリ沼.
左端にゾウが小さく見える
（2013年9月）.

写真7-2
アンボセリ沼に集まるゾウ
（2013年9月）.

写真7-3
プロジェクトに雇用されて
キマナ町のヘルス・センターで
働く調査助手.

務員として働きたいという思いを聞いていたわたしは、彼は農耕にはとりたてて興味がないのだと思っていた。だからこそ、そんな彼の口から、牧畜でも観光業でもなく農耕について「生産性」という言葉が出てきたことにとても驚いた。農耕は、キマナ集団ランチに暮らす若い世代にとって、わたしが思っている以上に当たり前のものなのかもしれないと今さらながらに気づかされた。そして、多くのマサイが今以上に熱心に農耕に取り組むようになったとしたら、はたして野生動物やそれを保全しようとする人びととの関係はどうなるのだろうかと考えさせられもした。

とはいえ、将来のことを考えるまえに、まず、過去と現在についての考えを整理しないといけないだろう。この終章では、まずこれまでの章で議論してきた内容を整理したうえで、序章で提示した二つの問いへの答えを考えてみたい。そこで問われていたのは、「CBCはどうやって共存を実現しようとしているのか?」ということと、「CBCによって実現されている共存をどのように考えるべきなのか?」ということだった。これらの問いを考えたあとに、ロイトキトク地域のこれからを最後に考えたいと思う。

1 これまでの議論のまとめ

第1章では、先行研究のレビューを行い、具体的な事例を分析するための視点と検討すべき事柄を整理した。まず、野生動物保全の新パラダイムのレビューということで、旧パラダイムである「要塞型保全」と、新パラダイムとされるICDPs、CBC、CC、CBNRM、それに原生自然保護主義者からの新パラダイム批判とローカル・コモンズ研究における熟議を踏まえた新たな議論の提起、そして、ポリティカル・エコロジー論からの新自由主義的なアプローチへの批判を取り上げた。そうして新パラダイムのなかにはさまざまな見解の相違があり、一つの意見へと収斂しているわけではないことを確認した。そのうえで、新パラダイムのなかで意見は一致していないものの、地域社会が主体的に保全活動にかかわるようになるうえで重要と考えられてきた事項として、便益、権利、対話の三つがあるとして、具体的にその三つの観点から事例をどのように分析するのかを説明した。また、新パラダイムのなかでは充分に論じられてこなかった「人間と野生動物の共存」と「コミュニティの主体性」の問題については、環境社会学やポリティカル・エコロジー論、文化人類学の議論を参考にして論点を整理した。つづく第2章では、この本が対象とするウシ牧畜民マサイの社会、ケニアの野生動物保全の歴史、フィールドであるロイトキトク地域について基礎的な情報を説明した。

そして第3章から具体的な事例を検討してきた。まず取り上げたのは、ケニアのCBCプロジェクトのなかでも先駆的な事例であるキマナ・コミュニティ野生動物サンクチュアリであった。それは「便益基盤のアプローチ」として実施されたプロジェクトであるが、当初に実現していた「地域コミュニティの完全な参加と関与」を放棄することで地域社会は経済的な便益の獲得に成功していた。そうして一定の便益を獲得したあとでは、多くの住民が保全を支持する態度を示すようになっていた。だが、そこでいう保全とは、政府主導の獣害対策あるいは野生動物の隔離を意味しており、CBCがめざすものとは正反対であった。また、便益を用いて行われた共有地分割という開発行為は、野生動物を取り巻く軋轢を高め、CBCに逆行する結果につながっていた。便益をただ還元するのではなく、保全の意味や目標について理解を共有すること、そして便益には手段としての性格も備わっていることを意識することが必要であり、それを考えずに地域社会に経済的な便益を還元しても「裏切り」に遭う可能性が高いことを議論した。

次に第4章で見たのは、保全NGOが主導して設立したオスプコ・コンサーバンシーであった。それは「権利基盤のアプローチ」の側面を持った取り組みであり、NGOだけでなく住民も話し合いのなかでは土地の私的所有者としての立場を意識していた。しかし、私的所有権や法的契約に不慣れな住民は契約を交わす前後にトラブルを引き起こしており、住民が権利や契約といった近代的な概念・行為をどのように理解しているのかを確認することが必要なことを論じた。ただし、私的な権利所有者の立場からの要求を行うようになっていた住民ではあるが、契約内容をめぐって積極的に交渉することもなければ、観光開発もNGOに任せていた。そうした態度の理由としては、企業誘致・賃貸契約をつうじた観光開発について知識も経験もないということに加えて、すでに多くの時間と労力を費やし経験も蓄積してきた農耕や牧畜に忙しく、観光開発に自らかかわる余裕が持てないということが考えられることを指摘した。そのいっぽうで、「権利基盤のアプローチ」として個人の権利と同時に個人の責任が強調されるようになるなかでは、新自由主義的な統治の特徴とされる現象も見られた。つまり、NGOの都合にあわない住民は統治＝開発の対象から排除されようとしていたということである。

第5章の前半部では、キマナ・サンクチュアリを新たに管理・経営する民間企業が、集団ランチのなかで選ばれるプロセスを見た。コンサーバンシーの場合と比較して、住民は民間企業にたいしてより積極的かつ注意深く交渉を行うようになっていた。しかし、実際に契約が交わされるなかでは、観光会社に訴えていた野生動物との共存がもたらす負担とそれへの支援についての理解は得られなかった。また、集団ランチ内で生じた軋轢については、集団ランチとしての一体性を保つことを意識した選択がされていた。しかし、それは外部の政治的権威である国会議員が介入した結果であり、メンバーからの正当性が揺らいでいた「オフィシャル」がその立場にとどまりつづけることを可能にするのと同時に、最も多くの支援を約束しており人気も高かった企業との契約が否定されることにつながっていた。また、後半で見た保全主義者との対話の事例からは、共存をめぐって住民と保全主義者とのあいだには根本的な認識のずれがあることがわかった。そして、サンクチュアリやコンサーバンシーを便益獲得の場と考える住民にたいして保全主義者が便益の話題を第一に提供することで、共存をめぐる問題は論点からますます排除されている可能性が考えられることを指摘した。また、マサイと野生動物の共存のあり方が実際に争点となることがあっても、およそ建設的な対話が成り立っていないことも確認された。

そして第6章では、一人の青年が野生動物に殺されたことに端を発する「アンボセリ危機」を取り上げた。そこからは、住民にとっては野生動物の致命的な危険性が深刻な問題であり、それに充分な対処をしない政府にたいして不満が蓄積してきている事実が明らかになった。そして、野生動物と共存している住民自身の抗議活動をつうじて「請求された空間」が設けられたものの、そこでKWS長官が対話の相手として想定していたコミュニティを代表＝表象していたのは同民族の地域外（＝地方）の政治家であった。その結果、マサイはCBCの理想どおりに振る舞う有志であるかのように語られ、住民が問題にしていた共存にともなう命の危険性は論点から排除されていた。ただし、保全主義者が「アンボセリ危機」について公的に情報を発信するなかでは、コミュニティの代表＝表象をめぐる問題に注意が払われていないだけでなく、住民のみならず政治家の言動までもが無視されていた。コミュニティとの対話を掲げながらも、その声を「きちんと『聴いている』」とはいいがたく、自分たちの都合にそった「偽りの表象」を展開しているのが実態であった。そして最後に、そもそも保全主義者は、過去のマサイと野生動物との共存が、狩猟をつうじて距離と緊張感・恐怖心を保つことで成り立っていた関係であることを理解しておらず、彼ら彼女らがめざす「ゾウの多いアンボセリ」「マサイとゾウの共存」のイメージが生態的にも破壊的な可能性が指摘されていることを見た。

2 「CBCはどうやって共存を実現しようとしているのか？」

本書の出発点には二つの大きな問いを置いていた。その一つ目の問いである「CBCはどうやって共存を実現しようとしているのか？」について、この節では「CBCがこれまでにどうやって共存を実現しようとしてきたのか？」という歴史的な経緯を整理したうえで、現在のCBCのアプローチについてまとめてみたい。

現在のロイトキトク地域は、二〇世紀前半には《南部猟獣リザーブ》に含まれるようになった。とはいえ、それはマサイ居留地と重なるものであり、内部における居住と資源利用が認められていた。また、法律で禁じられた狩猟も今日のように厳しく取り締まりが行われていたわけではなく、そこでは距離と緊張感・恐怖心をともなうかたちでマサイと野生動物の共存が成り立っていたと考えられる。

二〇世紀半ばに《アンボセリ国立公園》の設立が政府内で検討されるようになり、地域社会は目に見える抗議活動として狩猟を行うようになった。一九六〇年代前半には、政府は補償として代替的な給水場を建設することを提案するようになっており、そのアプローチは地域社会を顧みない「要塞型保全」からICDPsに近い「便益基盤のアプローチ」に変化していったことになる

（ただし、地域社会によって明確に拒絶されていた点からして、評価については慎重な検討が求められるだろう）。なお、アンボセリ国立公園が設立されたとはいっても、それは「柵」で囲い込まれていなかった。つまり、そのそとでマサイと野生動物が共存しつづけることが想定されていたことになる。また、この時代にあっても、（今日ほどに）マサイの狩猟が厳格に取り締まられていたわけでもなく[1]、両者はそれまでと同様の共存関係を保つことができていたと考えられる。そのいっぽうで、マサイは過放牧によって環境破壊を引き起こしている「自然の破壊者」とみなされるようにもなっていた。

国立公園への対案として、一九六〇年代後半からウェスタンが中心となって作成した《アンボセリ開発計画》は、生態系レベルにおけるマサイと野生動物の共存を前提としていた。しかし、そのなかでは「マサイ公園」というかたちで住民の利用を制限することが提案されており、共存を前提に地域社会への便益の還元と権利の保障を明記しつつも、「要塞型保全」の要素が含まれていた。また、ウェスタンは一部の先進的・協力的な人間と積極的にコミュニケーションを取っていたものの、大多数の住民に事前に説明をしていたわけではなかった。この点で、「アンボセリ開発計画」は多くの住民からすれば自分たちの与り知らない「閉じられた空間」でつくられたものであった。その後、「アンボセリ開発計画」を踏まえた地域開発が一九七〇年代後半からケニア野生動物管理プロジェクトとして実行された。そこでは水だけでなく教育や観光の開発も試みられていたが、地域社会が具体的に目に見える保全活動を実践していたわけではなかった。つまり、それはあくまで国立公園からの住民の排除を前提とするＩＣＤＰｓであって、地域社会の主体的な保全活動をめざすCBCではなかった。

そして一九九〇年代に入り、生物多様性資源地域保全プロジェクトとして《キマナ・コミュニティ野生動物サンクチュアリ》の建設がキマナ集団ランチに提案された。それはのちに「公園を超えた公園」プログラムのなかで宣伝されることになるが、ケニア野生動物管理プロジェクト／「アンボセリ開発計画」とは異なる点として、まずKWSが当初から地域社会にたいして「招かれた空間」を設けていたことがあった。そうしてKWSは住民の土地強奪への懸念を払拭しつつ、野生動物観光をつうじた経済的な利益への期待を高めることに成功していた。また、もう一つの大きな違いとして、数年後に放棄されてしまったとはいうものの、生物多様性資源地域保全プロジェクト／キマナ・サンクチュアリにおいては、地域社会が所有する土地に保護区が設立されて住民が管理・経営を行い、「コミュニティ主体」の保全活動が経済活動とともに実際に取り組まれていたということがある。

二〇〇〇年代に入り、AWFの主導下で設立された《オスプコ・コンサーバンシー》は、生息地保護と観光開発の両立をめざしている点や、「招かれた空間」が設けられていた点、また、そこにおいては野生動物の観光資源としての価値が強調されていた点などで、サンクチュアリと同様のアプローチを採っていたことになる。ただし、共有地が私的分割されたあとということで、「便益基盤のアプローチ」を基軸としつつも「権利基盤のアプローチ」の要素も備えており、土地の私的所有者である個々人の意思決定権を強調するようにもなっていた。実際のところとしては、A

WFは個々のメンバーへの充分な説明も意思の確認も行わず、委員長の賛同を得ることで合意形成ができたものとして話を進めていた。その結果、委員長も含めて多くのメンバーが内容を正確に理解しないままに契約をしており、その後にも問題が起きていた。この点で「権利基盤のアプローチ」を徹底できていなかったことになるが、そのいっぽうで、個人の権利の裏返しとして個人の責任ということがいわれるようになり、住民自身も責任を果たさないメンバーをコンサーバンシーの輪から排除することを認めるようになっていた。(2)

《アンボセリ危機》は人命が失われる事故を発端とする一連の出来事であって、特定のプロジェクトなどではない。しかし、そのなかでKWSをはじめとする保全主義者がどのような態度・対応を取ってきたかを見ることで、第4章で見たAWFの住民にたいする説明や第5章の後半で取り上げたKWSや保全NGOの説得からうかがえる保全主義者のアプローチというものがよりはっきりと見えてくる。つまり、そこで第一に強調されるのは野生動物が持つ経済的な価値であり、野生動物が生み出す便益を地域社会が享受できるようになることがめざされていた。それと同時に、問題が起きれば／要望があればコミュニティと対話の機会を持つことも行われており、便益や権利に加えて対話も重要視されているかのようであった。しかし、実際には、保全主義者はコミュニティが適切に代表＝表象されているか否かに注意を払わないだけでなく、住民が被害者として訴えてくる問題を否定したり、政治家による有志としてのアピールを無視したりと、実質的なコミュニケーションを図っていなかった。そうして実質的な対話を行わないいっぽうで、この事例で明らかになったこととしては、野生動物の命を奪うことがタブー視されているケニアでそれを犯す人間にたいしては、国家はその暴力装置を用いて「強制的で威圧的」に対処するということがあった。

以上を踏まえて、「ケニアのCBCはどうやって共存を実現しようとしているのか?」という問いを考えてみたい。まず、保全主義者という言葉でひとくくりにしているが、KWSとAWFあるいはBLFやATEとのあいだで住民にたいするアプローチは少しずつ違っている。それでも、およそ一九六〇年代から現在まで、地域社会に接近するなかでは「便益基盤のアプローチ」が中心的に採られてきたことは間違いない。また、保全主義者の側も地域社会と対話をすることをとくには否定しておらず、より積極的になってきているともいえる。そして、地域の土地所有のあり方が変わるなかでは、一部の保全主義者は「権利基盤のアプローチ」を踏襲するようにもなっていた。ただし、対話の機会が増えたといっても、保全主義者がコミュニティの声を「きちんと『聴いて』」自分たちの認識を「反省」[cf. 田村 2010a:167]している様子は見られなかった。そこでは自分たちの理解・価値観を疑うことはなく、それに反するようなコミュニティの言動を捨象して「偽りの表象」を行っていた。また、「便益基盤のアプローチ」を進める政府が暴力を用いて地域社会に共存を迫るいっぽうで、「権利基盤のアプローチ」を援用するNGOは個人の責任を強調することで住民の選別と排除を行おうとしていた。つまり、住民が問題とする野生動物の害や危険性を問題化しない方向で、地域社会にたいしては規律的、新自由主義的、主権的な環境統治がさまざまに試みられていることになる。

3 「CBCによって実現されている共存をどのように考えるべきなのか?」

つづけて、もう一つの大きな問いである「CBCによって実現されている共存をどのように考えるべきなのか?」を考えたい。まず、「マサイと野生動物の関係をどう考えるべきなのか?」ということで第6章の後半で行った議論を振り返ると、マサイと(危害を加える恐れのある)野生動物はたがいに攻撃し合い、避け合いながら、距離と緊張感あるいは恐怖心を保つなかで共存をしてきたと考えられる。そのなかでは、被害をもたらす野生動物であっても文化的・社会的に特別な意味が認められることで存在が受けいれられてもいた。そして、現在までにマサイと野生動物とのあいだで軋轢が高まってきたが、その要因としては地域社会における生計の多様化のみならず、周辺地域の開発にともなう野生動物の行動の変化と、国際社会の圧力と支援のもとで実施された保全政策の影響もあった。しかし、保全主義者が今、マサイと野生動物の共存を語るとき、そこではかつての共存を成り立たせていた具体的なかかわりの実践や意味、それに歴史的な変化の要因が考慮されていなかった。

ただし、経済的な被害や命がけの危険をともなう野生動物との共存が意に反して押しつけられているとはいえ、いくつものCBCプロジェクトを経験するなかで住民が一方的に環境統治に服従してきたわけではない。この点を確認するために、「コミュニティの主体性をどう考えるべきなのか?」ということで、各時代・各事例における保全の取り組みにたいする地域社会の対応を整理してみたい。そのなかでは、二〇一〇年と二〇一二年に行った質問票調査の結果も踏まえてキマナ集団ランチにおける「内在する開発」の方向性も検討したい。

《アンボセリ国立公園》および《アンボセリ開発計画》における住民にとっての最大の争点は、「公園」の建設にともなう放牧地の喪失であった。どちらにおいても土地を失う代わりに便益や権利を保障することが約束されていたが、地域社会は断固として「公園」を拒否していた。そのさい、外部の提案者が抱くマサイのイメージは前者(過放牧による環境破壊者)と後者(野生動物の保護者)とで正反対であったが、「公園」に断固として反対するなかでは、そうした外部者の眼差しの違いを意識して住民が態度を選択している(=位置取りを決めている)様子はなかった。

その後、《ケニア野生動物管理プロジェクト》として経済的・社会的な便益が地域社会に提供されると、住民は歓喜し、彼ら彼女らを主導していた国会議員も保全への協力を約束した。しかし、プロジェクトが終了したあとに違法活動が増えた事実からすると、地域社会の野生動物保全への態度がこの時点で明確に肯定的な方向で変化したとはいえないだろう。この点は《キマナ・コミュニティ野生動物サンクチュアリ》のアイデアが提案されたとき、まず住民が土地を強奪されることを危惧していたことからもわかる。しかし、KWSの説明を受けるなかで、人びとの関心は土地（が奪われるのではないかという危惧）から便益（を獲得できるという期待）へと変化した。そして、少なからぬ住民はサンクチュアリが野生動物保全を目的に含んでいることを理解していたが、外部支援のもとで観光開発が進むことを期待はしても、自分たちの「完全な参加と関与」がCBCとして期待されていることはわかっていなかった。

AWFが《コンサーバンシー》のアイデアを持ち込んだとき、住民はそれがもたらす便益への期待もあって話し合いのなかでは提示される条件をほぼそのまま受けいれていた。また、運営会社のASCとのトラブルが起きたあとでも《サンクチュアリ》を外部資本のもとでつづけることに疑問の余地はなかった。ここにおいて住民にとっての関心事は外部者から便益を得られるかどうかではなく、どのような・どれほどの便益を引き出せるかという交渉の問題に移っていったと考えられる。また、外部者と話し合いを重ねて契約を結ぼうとするなかでは、（土地所有権の違いを反映して土地の所有者と被害者というかたちで異なっていたが）交渉相手にたいして自分たちを何かしらのかたちで位置づけて便益を引き出そうと試みていた。ただ、そのときに交渉相手の価値観や取り組みの目標まで意識していたわけではなかった。なお、サンクチュアリとコンサーバンシーとでは、そこで想定されていたコミュニティの範囲は違っていた。そして、サンクチュアリをめぐってコミュニティ（＝集団ランチ）内で紛争を解決できないでいるとき、その外部に位置する政治的権威によって少なからぬメンバーの意見を退けるかたちで事態の収拾が図られていた。

いっぽう、《アンボセリ危機》の場合はというと、同じマサイのあいだでも、（多くの）「地域」住民と「地方」議会（を中心とする政治家）とのあいだで明らかに意識のずれが存在していた。当初に地域が問題としていたのは野生動物と共存するなかで避けがたい命の危険性であり、国に求めていたのは人びととの対話であった。それにたいして地方が要求していたのは国立公園にかんする便益と権利であり、それを正当化する根拠として、「われわれ＝マサイ・コミュニティ」が有志であることを主張していた。この地方によるコミュニティの代表＝表象は現実のマサイと野生動物の関係を反映していない虚像であり、また、地域が争点化を試みていた問題とは異なるものであった。しかし、それは同時に、今日の野生動物保全政策として国が「コミュニティ主体」による「人間と野生動物の共存」をめざしていることをわかったうえでの戦略的な行為であった。この点で、それはまさにホジソンがいうところの「位置取り＝自分たちについての特定のイメージを企画し、宣伝し、売り込んでいく〔行為〕」［Hodgson 2011:5］であった。ただし、そうしたイメージやストーリーも保全主義者の「偽りの表象」のなかでは取り上げられておらず、争点化・正当化の試みとして成功していたとはいいがたいものであった。

このように、争点が土地から便益、契約（の具体的な内容）へと移るのと並行して、地域社会の態度も拒絶から受容、さらに交渉へと変化した。そして、契約をめぐって交渉をするなかでは、住民は自分たちの要求を正当化するために権利所有者や被害者として自らを強調するようになっていった。しかし、政治的リーダーがKWS長官に向けて、有志という「特定のイメージを企画し、宣伝し、売り込んでい」たのと比べると、住民による表象はCBCという「特定の観念……にたいして、自分の位置取りを定める」[Hodgson 2011:9]かたちで選択されていたわけではなかった。この点で、住民は自分たちと交渉相手との立場の違いを意識するようになってはいるが、今日のケニアでCBCがどのような意図のもとに取り組まれているのかを踏まえた位置取りまでは行えていないことになる。

とはいえ、「便益基盤のアプローチ」がおよそ過去半世紀にわたって取り組まれたり、さまざまなかたちの環境統治が試みられたりしてきたものの、住民が(アグラワルのいう「環境の主体」ならぬ)「共存の主体」とまではなっていないようである。それは一つには、水資源の豊富なキマナ集団ランチでは、牧畜や観光業以上に共存との両立が困難な農耕が「内在する開発」として実践されてきたからだと考えられる。そうしたとき、より最近に住民が野生動物保全や生計活動についてどう考えているのかを確認することで、今後の「内在する開発」の方向性を考えたい。

二〇一〇年の七月から八月にかけて行った質問票調査のなかで、「野生動物保全は重要と思うか?」と聞いたところ、「はい」が四六パーセント、「いいえ」が五四パーセントとなった(n=127)。これを第3章で取り上げた二〇〇八年の質問票調査の結果(「はい」八一パーセント、「いいえ」一六パーセント、n.a.=6, n=203）と比べると、保全に否定的な意見が増えていた。また、表7−1は、二〇〇八年と二〇一〇年にゾウ／野生動物の個体数についてどう思うかを聞いた結果である。この結果からは、野生動物の個体数を保護することに否定的な意見が増えていることがわかる。

表7−1　野生動物（ゾウ）の個体数にかんする意見

調査実施年	2008年（n=203）	2010年（n=127）
質問内容	ゾウの個体数についてどう思うか？（％）	野生動物の個体数についてどう思うか？（％）
増やしたい	9	0
増やしたい＊	7	0
現状を維持したい	3	0
減らしたくはない	0	3
減らしたい	73	97
絶滅させたい	4	0

＊　充分な獣害対策が行われるという条件のもとであれば増えてもよい．
出所：質問票調査より筆者作成．

二〇一二年に行った質問票調査のなかで、野生動物にかんしてマサイとKWSとのあいだで最も意見が対立している点は何だと思うかを聞いたところ、「野生動物の数を減らすこと」が五三パーセントで最多であり、以下、「ゾウの数を減らすこと」一五パーセント、「野生動物の被害を予防すること」一〇パーセント、「国立公園を電気柵で囲い込むこと」九パーセント、「補償金を支払うこと」九パーセント、「［KWSが］人間より野生動物の命を大切にしていること」二パーセント、「ハイエナの数を減らすこと」一パーセントとなった（n.a.=5, n=116）。住民が「野生動物」というとき、それがゾウだけを指すのかどうかはわからないが、ゾウがそこに含まれていることは確実だと思われる。そうだとすれば、それがKWSの意向に反するとわかったうえで少なくとも七割弱の人びとがゾウの個体数の

表7-2　生計にかんする考え

調査実施年	2008年(n=203)	2010年(n=127)	2012年(n=116)
質問内容	重要と考える生計は何か?(%)	重要と考える生計は何か?(%)	拡大させたい生計は何か?(%)
農耕	65	65	63
牧畜	53	35	41
ビジネス	13	26	41
正規雇用	n.a.	20	37
観光業	17	9	24

出所:質問票調査より筆者作成.

減少を望んでいることになり、一連のCBCプロジェクトにもかかわらず二〇〇八年の質問票調査でゾウの個体数について聞いた結果と大きくは変化していないことになる。また、便益の獲得でも被害への対策でもなく、個体数の削減をめぐって最も意見が対立しているというとき、それは住民が保全主義者のめざす牧歌的な共存関係を受けいれていないことになる。

そして表7-2は、おもな生計活動について二〇〇八年と二〇一〇年は「重要と考える生計は何か?」と聞いた結果を、二〇一二年は「将来的に拡大させたいと思う生計は何か?」と質問した結果を整理したものである(いずれも複数回答)。この結果からは、農耕が最も評価が高い生計活動であり、さらなる拡大を多くの住民が望んでいることがわかる(また、牧畜がそれにつづいているものの、ビジネスや正規雇用への期待も高まってきており、観光業への評価は最も低いこともわかる)。いいかえると、多くの住民が野生動物との軋轢のおもな原因となっている農耕を高く評価しており、将来に向けてそれをさらに拡大させたいと考えていることになる。

以上を踏まえて、「CBCによって実現されている共存をどのように考えるべきなのか？」という問いへの答えをまとめてみたい。現在、ロイトキトク地域でマサイと野生動物は物理的・空間的に分離されておらず、同じ大地のうえで共存している。しかし、そこで実現している両者の共存は保全主義者が思い描くように過去から現在まで変わらずにつづいてきた「伝統的」な関係ではない。そうしたとき、たしかに地域社会は便益が得られることを理由に外発的な保全プロジェクトを受けいれるようになり、最近では交渉をつうじてより多くの便益がもたらされるよう行動してもいた。しかし、かつての共存が狩猟のうえに成り立っていたことや、被害をもたらす種であっても存在が望まれる場合もあったことを理解しない保全主義者によって今日の共存が主導されているとき、多くの住民は被害や危険性を理由としてそれを批判していた。そして、そうした住民の受苦の想いや訴えは大規模な狩猟につながったが、野生動物の権益を狙う同じ民族の政治家によってフォーマルな集会の場で代表＝表象されもしなければ、保全主義者が各種のメディアをつうじて情報を発信するなかでは取り上げられてもいなかった。つまり、ローカルやナショナル、それにインターナショナル、グローバルなさまざまな人や組織がかかわるなかで共存が実現されているとき、そこに暮らす住民が何を訴えているのかがきちんと「聴か」れないという以前に、彼ら彼女らが声を発しているという事実それ自体が見捨てられていることになる。

おわりに

CBCが「コミュニティ主体」で「人間と野生動物の共存」を達成させるのと同時に、「開発と保全の両立」をめざすアプローチだとするならば、ロイトキトク地域（キマナ集団ランチ）で実現しているのは「人間と野生動物の共存」だけである。とはいえ、それは地域社会の主体性によって維持されているわけではないし、住民は共存を困難にするような生計活動により従事するようになってもいた。CBCがさまざまなアプローチのあいだをさまようなかで共存はたしかに実現してはいるものの、将来においても地域社会／住民と野生動物とのあいだに良好な関係が保障されているわけでは決してない。ただし、最近になって、これまでにない新しい動きが見られるとき、最後にそうした新たなる試みを踏まえて今後の展望を簡単ながらに考えてみたいと思う。

有志としての実践？

「アンボセリ危機」におけるKWS長官との集会の翌週の二〇一二年八月一五日、キマナ・サンクチュアリで肉食動物保全基金（PCF：Predators Conservation Fund）の創設記念式典が開かれた。PCFはオスプコ、キリトメ（Kilitome）、ナレポ（Nailepo）の三つのコンサーバンシーを基盤とする基金であり、メンバーは毎年一五〇〇ケニアシリング（二〇一二年の為替レートで約一八米ドル）を基金に拠

写真7-4　記念式典の様子.

出し、それをもとに野生動物に家畜を殺されたメンバーに補償金が支払われるという仕組みである。式典はその設立と最初の補償金の支払いを記念したもので、コンサーバンシーのメンバー以外に、それを支援するAWFとBSの白人オーナー(＝BLFの設立者)やOCC、KWSの人間も参加していた(写真7-4)。

式典のなかでコンサーバンシーの運営委員は、PCFが「野生動物のことが好きな」メンバーが「話し合いをつうじて野生動物を保全することに合意した」結果として始まった取り組みであると説明していた。また、PCFは外部からの資金援助を受けておらず、メンバーからの出資だけで運営されているが、それもすべてメンバーが野生動物の保全に熱心だからであると説明されていた。この取り組みにおいては、コンサーバンシー＝PCFのメンバーは野生動物保全の有志であるということが、具体的な活動をともなって示されていたことになる。そして、このように私費を投じてまで保全を行おうとしているメンバーにたいして、PCFが将来にわたって継続するよう支援が必要であるとして、コンサーバンシーの運営委員などは招待していた外部者に援助を訴えてもいた。

じつは、PCFが外部援助なしで開始された理由としては、コンサーバンシーの運営委員が、すでにBSからの補償金を受け取っているインビリカニ集団ランチの運営委員から五月に受けた助言が大きかった。つまり、ドナーに補償金などの援助を求めるときは、まずは自分たちだけで取り組みを開始してやる気を見せることが重要だといわれていたのである。[3] すなわち、記念式典で強調されていた有志(「私費を投じて野生動物を守るメンバー」)の表象は、CBCが「コミュニティの主体性」を重視していることを理解したうえでの位置取りということになる。「アンボセリ危機」の事例と比較すると、PCFでは有志としての表象が提示されただけでなく具体的な実践活動が開始されていた点が大きく違う。また、PCFのようなかたちで小金を出し合い、問題を抱える世帯への支援とする互助的な活動は、ロイトキトク地域で珍しくない。こうした点においても、PCFは外部支援者向けの中身のないパフォーマンスというわけではなく、在来の枠組みを活用して相互扶助と保全活動(ないし援助獲得)を意図した新たな試みということになる。

◎世界初のマサイ・オリンピック開催!

二〇一二年一二月二二日、依然として管理放棄されたままのキマナ・サンクチュアリでマサイ・オリンピック[4]が開かれた。それはBLFが中心となってAWFなどの支援を受けて開催したものである。クク、インビリカニ、オルグルルイ、ロンボーの四カ所につくられていた青年集落から選ばれた二五人の青年が、短距離走(二〇〇メートル)、長距離走(五キロメートル)、槍投げ、杖投げ、高跳びで競い合った。各競技の上位三人には賞金などが、総合優勝のチームにはウシが贈られた。

こうしたイベントが開催された経緯について、BLFのウェブ・サイトでは以下のように説明されている。つまり、一九九六年以降、新しい年齢組を組織するための割礼が行われるようになり、新しい青年階梯にたいしてマサイの青年(=戦士)としてどのように振る舞うかを教える「青年の父親」(*menye layiok*)が二〇〇八年に選出された。そのさい、この「青年の父親」からBLFの前身にあたる保全NGO(BSの白人オーナーが設立)に、青年たちの教育内容、とくにはライオン狩猟の存続の是非について相談が持ちかけられた。それを受けてBLFは、「ライオン狩猟はもはや文化的に受けいれられるものではなく、ゾウをはじめとするすべての野生動物を狩猟することと同様、今となってはきっぱりと止めなくてはいけない」ということ、「『保全の進む道』を外れてそれが生み出す経済的な便益を獲得し損ねるならば、マサイの未来は持続不可能なものになる」ということの二つを教育するためのプロジェクトとして、「青年の父親」プロジェクトを開始した。

そして、青年向けの教育動画(使用言語はマー語で英語の字幕入り)をつくるだけでなく、文化的・社会的な名誉欲しさにライオン狩猟を行うことを防ぐため、それとは違う価値(を獲得する機会)としてマサイ・オリンピックの開催を決定した(その会場では教育動画も上映された)。BLFはこのプロジェクトを説明するなかで、ライオンをはじめとする野生動物の狩猟をつづけるならばマサイは「持続不可能な未来」に陥り、「高貴な生活、伝統的な土地、そして古くからの文化は失われる」と主張している。また、マサイ・オリンピックのフライヤーには、「われわれは新しい時代に生きている。家畜を守るようにわれわれはわれわれの野生動物を守らなければならない」という預言者のメッセージ(とされるもの)が書かれてもいた(**写真7–5**)。

写真7–5 事前に作成・配布されたフライヤー.

これは「財産と人命の〝保護者〟」あるいは「家畜群の守護者」とみなされてきた青年に「野生動物の守護者」としての価値観を植えつける試みであるが、年齢体系というマサイ社会の根幹となる制度を基盤としている点に大きな特徴がある。

◎増えるコンサーバンシーと拡がる農地

PCFとマサイ・オリンピックとでは、そこで問題とされている内容が被害と狩猟とで異なっている。とはいえ、在来の制度と保全主義者の理想とが結びついている点でこれまでになく新しい試みであり、それらの結果として住民の被害感情が緩和されたり共存志向が強まったりするのか否かについてはさらなる調査が必要だろう。ただ、この二つの取り組みは、物理的な被害を直接に減らすことにはつながらないという点に加えて、対象としているのがライオンのような肉食動物であってキマナ集団ランチで問題とされているゾウではない点で共通している。つまり、こうした活動が実施者にとって満足できるような成果をあげたとしても、はたしてそれによって農作物被害をめぐる状況までもが改善されるのかは疑わしく思われる。

そのいっぽうで、二〇一三年の二月にオスプコを訪れたさい、オスプコ・コンサーバンシーのメンバーがそれに提供した土地のなかに畑をつくったという話を聞いた。このとき、当人に聞き取りをできなかったのだが、委員長をはじめとする複数のメンバーは、AWFが土地使用料を増やさないのであれば自分も将来的に同じようにするかもしれないと話していた。そして二〇一四年二月に再訪すると、委員長を含めて八人のメンバーがコンサーバンシー内に畑をつくっていた。とくに委員長は、コンサーバンシーに提供したはずの放牧地六〇エーカー(約二四ヘクタール)のうち五〇エーカーを畑にしていた(残りの一〇エーカーは住居および観光開発のために取り置き)。この五〇エーカーは四人の妻と一人の親戚がそれぞれ一〇エーカーずつ利用しているというのだが、実際にはそれぞれが別の農耕民(キクユ)に農地として貸し出していて、その農耕民によって畑が造成され、近くの泉や川からポンプで水が引かれて灌漑農耕が行われていた(写真7-6〜7-8)。

その後、AWFはコンサーバンシーの数を増やしており、二〇一四年二月の時点では、オスプコをはじめとする六つのコンサーバンシーを、合計四〇二人のキマナ集団ランチのメンバーとの契約のうえに設立していた(さらに七〇人を対象に七つ目の設立を議論中)。AWFのウェブ・サイトでは、

「土地の賃貸によって保全にかかわる人びとへと金銭的な便益が提供されている」としてコンサーバンシーの取り組みが宣伝されている。(5) しかし、そうしてコンサーバンシーが増設されるなかでも、各土地所有者にたいして支払われる土地使用料の金額は変わらず、それへの不満が高じてオスプコでは何人ものメンバーが農地を開拓していたわけである。この事実は、灌漑農耕という選択肢が考えられるキマナ集団ランチにおいては中途半端な「便益基盤のアプローチ」は受けいれられないことを示唆しているように思われる。

写真7–6　オスプコ・コンサーバンシーの委員長の土地に拓かれた畑（2014年2月）.

写真7–7　コンサーバンシー内に拓かれた農地.
ここも以前は第4章の扉写真のような景観であった.

写真7–8　畑まで水を引くためのポンプ.

ところで、二〇一三年九月にキマナ町を訪れたときに驚いたものとして、**写真7–9**のような看板を初めて見かけたことがあった。もともと個人ランチとして分割されたキマナ町の周囲では、以前から土地の売買は行われていた。しかし、写真のようなかたちで不特定多数を相手に（しかもおそらくは何世帯もが住めるような大面積の）土地の売買が宣伝されることはなかった。そうして売られた土地の多くは金網などで囲い込まれ、野生動物だけでなくマサイとその家畜も通行できなくなる。あるいは、オスプコ・コンサーバンシーの委員長などから土地を借りて放牧地を灌漑農地へとつくり替えているのは、そうして売られた土地に移り住んできた他民族の人間であることが多い。

写真7–9　ロイトキトクとエマリを結ぶ舗装道路脇の看板（2013年9月）.

そうだとすると、じつはこれからのキマナ集団ランチそしてロイトキトク地域において、野生動物がどのような道を進むことになるのか（あるいは文字どおりに進むべき道を見失い、さまようことになるのか）は、そうした他民族・移住者の存在を無視しては考えられないのかもしれない。

この本では、アフリカのサバンナでマサイと野生動物がどのように共存して（させられて）いるのか、そこにおいてどのような・どのようにCBCが取り組まれているのかを見てきた。もちろん、本書で充分に描けなかったと思うことはたくさんある。ただ、今後のロイトキトク地域における人間と野生動物の共存を見ていくうえでは、野生動物やマサイ、保全主義者に加えて、地域に暮らしながらコミュニティの一員とは考えられない人びとの役割に注意する必要があるのかもしれない。

註

第1章

（1）「保全」は「最終的には人間の将来の消費のために天然資源を保護するということ」を、「保存」は「生物の特定の種や原生自然を損傷や破壊から、人間のためというよりも、むしろ人間の活動を規制しても保護しようという考え」とも説明される［鬼頭 1996：40］。

（2）「要塞型保全」の典型である国立公園制度がアフリカの多くの国に導入されるのは二〇世紀も半ば以降なので、アダムスとヒュームがいうように、「要塞型保全」が植民地支配の開始から一九九〇年代まで一貫して支配的なパラダイムであったわけではない［Adams and Hulme 2001：10］。国や地域によって違いがあるものの、東アフリカについては岩井雪乃による「自然保護区導入の時代」（二〇世紀初頭〜一九七〇年代）、「原生自然保護の時代」（一九七〇〜八〇年代）、「住民参加型保全の時代」（一九九〇年代〜）の整理が適切に思われる［岩井 2008：511–515］。なお、「自然保護区導入の時代」や「原生自然保護の時代」にあってもアフリカの地域社会にたいして友好的・親和的な白人がいなかったわけではなく（「未開社会」への偏見が皆無だったわけではないが）、「保全の費用」を無視した「強制的で威圧的」なアプローチが無条件に支持されていたわけではない。

（3）ウェイルシューセンたちは以下の四冊の書籍を分析対象としている。ジョン・テルボルフによる『自然へのレクイエム』［Terborgh 1999］、ジョン・オーツによる『熱帯雨林における神話と現実——保全の戦略はいかに西アフリカで失敗しているのか』（邦題は『自然保護の神話と現実——アフリカ熱帯降雨林からの報告』）［Oates 1999＝2006］、ランドール・クレイマーたちが編集した『最後の砦——保護区と熱帯の生物多様性の保護』［Kramer et al. eds. 1997］、そして、カトリーナ・ブランドンたちが編集した『危機に瀕する公園——人間、ポリティクス、保護区』［Brandon et al. eds. 1998］である。

（4）ヒュームとマーシャル・マーフリーは、一九九九年の論文「アフリカのコミュニティと野生動物、『新しい保全』」［Hulme and Murphree 1999］のなかで、「新しい保全」（new conservation）と呼ばれるものを議論していた。CCはその発展形といえる。

(5) ただし、CCとしての達成度を計るための視点として、ヒュームとマーフリーは環境、効率、貧困削減、制度発展の四つを挙げている[Hulme and Murphree 2001b:286–291]。とはいえ、これらはいわばプロジェクトの結果を評価するための基準であって、計画設計の段階において特定の事項を遵守することが求められているわけではなかった。また、集合行為の組織化における要点として、アイデンティティの一致・利害関心の結合、組織の明確な境界、組織への内外からのレジティマシー(正統性/正当性)の三つがいわれているが、そうして組織されたものが効果をあげるために必要な意志と能力は、外部から移植できないものであると説明されてもいた[Barrow and Murphree 2001:35]。

(6) 開発学のなかでも、人権を重視したアプローチという意味で「権利基盤のアプローチ」という表現が使われるが、チャイルドはそうした議論をとくに参照しておらず、そうした議論とここでいうCBNRMは基本的に別物である。また、アフリカの野生動物保全にかぎらず、自然資源管理における「コミュニティ主体」のアプローチということでCBNRMの名称が使われることもあるが、そうした多様なCBNRMの定義までは本書では取り扱えていない。あくまで、この本でいう「CBNRM＝権利基盤のアプローチ」は南部アフリカの事例を中心として、新自由主義者が野生動物保全の新パラダイムとして提起している考えを指す。

(7) スポーツ・ハンティングの歴史および今日のアフリカにおける取り組まれ方については、カメルーン北部をフィールドとする安田章人の研究を参照のこと[安田 2013]。

(8) 一つ目の「野生動物の比較優位のためのモデル」と二つ目の「価格連鎖と野生動物経済」は、どちらもマクロ的・定量的な経済分析のための枠組みである。前者は野生動物保全と畜産業のような複数の土地利用が生み出すはずの経済的な利益と、補助金や規制といった政策がそれにおよぼしている影響を分析するためのモデルである。また後者は、野生動物を基盤とする経済活動の全体を示したうえで、そのなかで住民も含めた各利害関係者がどの程度の経済的利益を獲得しているのかを分析するためのモデルである。

（9）これまでのローカル・コモンズ研究の流れについては、全米研究評議会編『コモンズのドラマ――持続可能な資源管理論の一五年』［National Research Council ed. 2002＝2012］および井上真編『コモンズ論の挑戦――新たな資源管理を求めて』［井上編 2008］と三俣学・菅豊・井上真編『ローカル・コモンズの可能性――自治と環境の新たな関係』（とくに「資料編」）［三俣ほか編 2010］が参考になる。

（10）複雑系あるいは複雑適応系（complex adaptive system）と呼ばれるものの「鍵となる要素」として、サイモン・レヴィンは不均一性（heterogeneity, 同一でない型から構成されること）、非線形性（nonlinearity, 因果関係が比例していない関係性）、階層的組織化（hierarchical organization, 階層別に分類された組織形態）、流れ（flow, ある場所から別の場所への流れ）の四つを挙げている［Levin 1999＝2003：32, 各語の意味は巻末「用語集」にもとづく］。

（11）政治学における熟議（民主主義）をめぐる議論についてはあとでくわしく述べるが、ローカル・コモンズ研究の文脈で熟議が重要視される理由の一つとして、複雑系である生態系を人間が一方的に・完全に管理することは不可能であり、不確実性のもとで意思決定や合意形成を行ううえでは熟議をつうじて問題にたいするたがいの認識や意見を理解しすり合わせていくことが必要であると考えられてもきた。

（12）ポリティカル・エコロジー論の系譜については島田周平の整理が参考になる［島田 2007］。ポリティカル・エコロジー論にはネオ・マルサス学派を批判したラディカル地理学者の流れ、生態系を閉鎖系として捉える従来の生態人類学を批判する議論、ネオ・マルクス主義の影響を受けた議論の三つの系譜があるが［島田 2007：12–14］、その重要な研究視点としては、①さまざまなレベルにおける歴史的な人間と環境との関係の分析、②グローバル経済に取り込まれるなかでの資源利用システムの変容についての歴史学的分析、③土地利用パターンにたいする国家の干渉の分析、④生産や交換にかかわる社会関係の変化に住民が示す対応の分析、⑤地域の特殊性にたいする注意の五つがあるという［島田 2007：16 における Bassett 1988 の引用］。また、ゴールドマンとマシュー・ターナーは、ポリティカル・エコロジー論の主要な関心対象として、自然資源の利用と統御をめぐるポリティクスと環境の変化と表象をめぐるポリティクスの二つがあるとしている。そのうえで、それをほかの環境ポリティクスを扱う学問領域から区別する特徴として、生物物理的なプロセスの理解のうえに自然資源の利用可能性を議論しようとすること、環境をめぐるポリティクスを地理的・歴史的な文脈のなかに位置づけて理解しようとすること、社会正義の観点を強く持っていることの三つを挙げている[Goldman and Turner 2011:5–9]。

(13) 一般的に新自由主義がもたらすことが期待されている事象として、開発途上国にたいする生物多様性保全に必要な資源や能力の提供、民主主義と市民参加の拡大、地域コミュニティの所有権の保障、グリーン・ビジネスの増加、エコツーリズムをつうじた環境意識の向上などが挙げられている[Igoe and Brockington 2007:433–434]。

(14) ロバート・フレッチャーは「新自由主義的な保全」へのおもな批判として、①地域住民よりも企業や国際的な組織に地域資源にたいする大きな影響力が与えられる可能性があること、②地域資源が市場に取り込まれることで、周辺的な地域社会がますます資源から疎外される危険性があること、③商品化にともなって資源の価値や意味が変質し、地域社会において何よりも大切な文化などに影響がおよぶ恐れがあること、④商品化によって資源の利用(収奪)が加速する可能性があること、⑤一部で保全が進展したとしても資源の過剰利用が他地域に移転するだけで全体的な状況は改善されない可能性があること、⑥強制移住など住民の人権が損なわれる危険性があること、⑦利己主義的な個人という人間観の想定に問題があることを挙げている[Fletcher 2010:172]。

(15) このほかにも、住民が保全に否定的な態度をとる理由として、意思決定への不参加[Songorwa 1999]、慣習的な利用の禁止[Gibson and Marks 1995; Infield 1988]、国際援助に頼りきった取り組み[Barrett and Arcese 1995]があることが明らかになってきた。こうした態度研究のこれまでの結果については、アフリカ以外の事例も含まれるがホームズの作成した表が参考になる[Holmes 2003:

306–307]。

(16) たしかに、野生動物が生息さえしていれば観光開発が可能なわけではないが[Hackel 1999:730]、充分な量の便益が適切なかたちで分配され、その便益が保全活動の結果であることが理解されたときには、「コミュニティ主体の観光業」(community-based tourism)は経済と生態の両面で成功をおさめるともいわれる[Walpole and Thouless 2005:137]。

(17) これまで、新パラダイムの議論のなかで野生動物の文化的・社会的な価値や便益が完全に無視されてきたわけではない。ただ、「便益基盤のアプローチ」の説明からもわかるように、そうした非経済的な価値／便益が「コミュニティ主体」の取り組みの中核的な動機となるとは考えられてこなかった。笹岡正俊はインドネシア、セラム島を事例に「超自然」が資源管理に果たす役割を論じているが[笹岡 2012]、本書においては、住民と野生動物のかかわりを後述するように多面的に分析することをつうじて非経済的な側面も議論しようと思う。

(18) こうした立場の違いは、責任感と実行能力を持たない住民の権利を認めることに否定的なCBCと[Western and Wright 1994:10]、完全な所有権を認めずに責任を要求することに反対するCBNRMの主張の違いに反映されている[Jones and Murphree 2004:65]。

(19) ただし、都市部のレストランに肉を提供することを目的として、完全な人為的コントロールのもとで野生動物が飼育・販売されてはいる[小林 2008]。

(20) こうした議論のいっぽうで、例えば「討論型世論調査」(deliberative polling)の考案者の一人であるジェイムズ・S・フィシュキンは、熟議(=「市民のひとりひとりが議論において対立する意見を真剣に吟味すること」)の質を計るための五項目として、情報(充分に正確な情報)、実質的バランス(反対意見にたいする真剣な考慮)、多様性(社会の主要な立場の表明)、誠実性(異なる意見の真摯な吟味)、考慮の平等(発言者によらない論点の検討)を挙げている[Fishkin 2009=2011:60]。

(21) 田村哲樹はこの点を表現するのに「反省性」(reflexivity／reflection)という語を用いている。彼によれば、「反省性」には「諸個人が自らの選考や見解についてよく考え問い直すという意味」と「諸個人の言動がその言動を生み出す環境・文脈を変化させるという意味」の二つが含まれる。ただし、ここで引用している論文「熟議民主主義における『理性と情念』の位置」［田村 2010a］では、熟議民主主義をめぐる議論がしばしば理性と情念を二項対立的に捉えたうえで展開されている点を批判する意図から、「反省性」の第一の側面が重点的に論じられている。

(22) 環境社会学における「公論形成の場」にかんする議論としては、「公論形成の場」で住民を目の前にした行政が『科学的』データを提示しながら、議論の『公開性』や発話権と発話時間の『平等性』という『対話の原則』を遵守しているかどうかさえ関心を払えば、あとは自分たちの一方的な『説明』をくりかえす」というかたちで「パターナリスティックなレトリック」を駆使している事実を描いた足立重和の分析や［足立 2001:167］、「公論形成の場」が設置されたにもかかわらず話し合いが建設的に進まない理由として、異なる「社会的コンテクスト」のもとで「公論形成の場」に集まっている人びとのあいだに「状況の定義のズレ」があることを明らかにした脇田健一の研究などがある［脇田 2001:177］。それ以降、廃棄物処理施設を事例として、話し合いの場が設けられたものの行政によって専門的な議論ばかりが行われることで地元の人びとがこうむってきた「受苦の来歴」や「思い」が対話のなかから排除される構造を明らかにした土屋雄一郎の研究［土屋 2004］をはじめとして、住民が自分たちの生活実感・環境認識にもとづく「オルタナティブ・ストーリー」を語ることで合意形成が進む可能性や［平川 2004:139–140］、対話の結果が具体的な合意にいたらなくても、利害関係者のあいだの認識の差異が明確に理解されることでローカルな「実践」が生じる可能性［武中 2008:150］、また、「『合意』できないという『不合意』」を利害関係者が共通認識として持つことで、対話が将来に向けて継続される場合もあることなどが［黒田 2007:168］、先行研究において議論されている。

(23) ガヴェンタは、「権力は空間や場において境界線を引くように作用し、その舞台から特定のアクターや考え方を最初から排除してしまうこともある」と述べている［Gaventa 2004＝2008:67］。この考えは、「公論形成の場」においては論点の「強調・選択と排除・ズレ」[脇田 2009:11]が生じるとの指摘と似ている。ただし、「公論形成の場」の事例研究が、おもには具体的に対話が進んでいくプロセスを追うなかで参加者のコミュニケーションのあり方や論点が浮沈する様子を描いているのと比べて、「参加の空間」の議論では対話が行われる場/空間がどのような・どのように権力が働くなかで設けられていて、その場/空間をめぐってどのような選択・排除が起きているのかを分析している点に特徴がある。

(24) ヒトと動物の関係学においては、人間と野生動物の関係を考える第一歩として、野生動物、人、社会という三つの側面に分けて考えることが提案されている[池谷ほか 2008:9–10]。そのさい、それら三つの側面を中心的に扱ってきた学問領域ということで、野生動物については動物生態学、保全生態学、哺乳類学、獣医学、野生動物保護学、野生動物医学、生物地理学を、人については生態人類学、民族動物学、動物考古学、環境民俗学、環境倫理学、文化地理学、歴史学、美術史、そして社会については政治学、経済学、環境社会学が挙げられてもいる。ただし、池谷によれば、それらのなかでも人類学において人間と野生動物の関係については多くの研究が蓄積されてきたという。

(25) 「人間―自然系共進化モデル」とは、経済的価値、文化的価値、知識、環境、技術、制度の六項目の相互作用をつうじて人間と自然の「共進化」プロセスを分析するモデルである。それはリチャード・ノーガードが『裏切られた発展――進歩の終わりと未来への共進化ビジョン』[Norgaard 1994=2003]のなかで提示したモデルをもとに、鬼頭秀一の社会的リンク論[鬼頭 1996]なども踏まえて丸山が案出したものである。

(26) 例えば、アルン・アグラワルとクラーク・ギブソンは、新パラダイムを掲げて実施されるプロジェクトの多くが、コミュニティを空間的に小規模で外部の世界にたいしては閉鎖的なうえに、均質的な構成員が共通の規範に従っているような集団と想定してきたとして批判しており、コミュニティの外部への開放性や内部の非均質性、時や状況に応じて変化していく動態性を持つものとして理解することの重要性を強調している[Agrawal and Gibson 1999]。また、エディ・コックは、プロジェクト実施者や外部ドナーがコミュニティの内情を理解しないままにCBNRMが南部アフリカで実施されることで生じている軋轢として、生計戦略が異なる人びとのあいだの競合、伝統的な権威と新しく生まれた権威とのあいだの緊張関係、起業家精神に富む個人と集団との軋轢、地方政府と住民組織の対立、コミュニティ(を構成する人びと)の流動性とコミュニティの地理的な境界の固定性とのずれ、超自然的/宗教的なリーダーの隠れた影響力を無視することで生じる問題、男性と女性のあいだの軋轢を挙げている[Koch 2004:80–88]。

(27) アグラワルは、「環境統治性」の結果としてつくりあげられた重層性として、「環境の主体」(environmental subjects)、「規制するコミュニティ」(regulatory communities)、「統治されるローカリティ」(governmentalized localities)」の三つを挙げている[Agrawal 2005:6–7]。「環境の主体」とは思考や活動において環境というものが致命的に重要な領域をかたちづくっているような人を、「規制するコミュニティ」とはその内部において意思決定を行う人間とそれ以外の普通の居住者とのあいだに強い結びつきがあるのと同時に、中央政府とのあいだに厳格な「中央—周辺」関係が形成されているような地域社会を、また、「統治されるローカリティ」は中央政府の専制的な支配の手先とは見えないものの、新たに創出される中央と地域、個人との政治経済的なレジームの網の目の一部として自己制御をするような地域社会を意味している[Agrawal 2005:15–16]。

(28) アグラワルの“environmentality”とは別に、“eco-governmentality”という語が使われることもある。イゴーとブロッキントンは、ミカエル・ゴールドマンが「環境国家の建設——環境統治性(eco-governmentality)と『緑』の世界銀行による超国家的な活動」[Goldman 2001]のなかで提示している「エコ合理的な主体」(eco-rational subjects)という概念を紹介している[Igoe and Brockington 2007:442]。ここでいう「エコ」には、経済(economy)と生態(ecology)の両方の意味が含まれているのだが、現代の環境保全の現場で住民に求められる「エコ合理的な主体」とは、具体的には以下の特徴を持つ存在であると説明されている。すなわち、①法的に保障された所有権を持っている(その所有権は、「環境利害関係者」として自然資源を保護するための権威と誘因になっているのと同時に、保全志向のベンチャー・ビジネスに参入するための資本・担保ともなっている)。②現在および将来に予測される自然の市場価値を実現させる能力がある。③一連の変化を監視する超国家的なコミュニティの指示どおりに自然を保護するために必要な技能や科学技術、説明責任の倫理を獲得できる。④観光業で職を得るために必要な技能を習得している。

(29) イゴーとブロッキントンは、「新自由主義的な保全」を好機と捉えて民間企業に土地を販売し、それによって獲得した観光開発の利益を村として適切に管理しているタンザニアの事例[Nelson and Makko 2003; Nelson 2004]に言及するさいにも、それはあくまで「もし、地域住民が彼ら彼女らの土地にたいする排他的な権利と、潜在的な投資家と直接的かつ効果的に交渉する能力を本当に獲得したならば」[Igoe and Brockington 2007:446]成功をおさめられるかもしれないことを示す例外的な事例としている。またフレッチャーは、エリナー・オストロームをはじめとするローカル・コモンズ研究が提示してきた一定の条件下で外的な権威がなくても協調行動を自己組織する人間像を踏まえて、「解放的な環境統治性」(liberation environmentality)を構想できるのではないかと述べている。ただし、その試みが大胆すぎるかもしれないと自ら書いてもいる[Fletcher 2010:179]。

(30) ホジソンはこの「位置取り」を複数形の"positionings"と表記している。それは、個人であれ集団であれ、同時に複数のスケールと異なる関係性のなかでそれぞれに違った対象に向けて異なった表象・イメージを見せていると考えたからである[Hodgson 2011:9]。実際、『マサイであること、先住民になること』のなかでは、「先住民」として国際社会で活動しても権利を獲得することができない状況下で、国家主導の経済・社会開発の恩恵を受けるために、マサイNGOが「牧畜民」という自己表象をタンザニア政府に向けて強調するようになっていくプロセスを描き出してもいる。なお、ホジソン自身はタニア・リーの二〇〇〇年の論文「インドネシアにおける先住民アイデンティティのアーティキュレーション――資源ポリティクスと先住民受け口」[Li 2000]を参照するなかから、位置取りという分析視点を採用しているが、(ホジソンは言及していないが)リーも二〇〇七年に刊行された『改良する意志――統治性、開発、ポリティクスの実践』のなかで“positionings”という複数形を用いている[Li 2007]。

第2章

(1) ロイトキトク地域内のインビリカニ集団ランチと、その北に位置するオルカラカラ(Olkarkar)、メルエシ(Merueshi)両集団ランチにおける一九八〇年の近隣集団の構成は以下のとおりである。インビリカニでは一近隣集団に平均約七・八集落、約二〇・七世帯、二四八人が含まれており、オルカラカラでは平均約三・〇集落、約七・八世帯、八六人、メルエシでは平均約二・五集落、約四世帯、五三人であった[Grandin et al. 1991a:62]。

(2) “*en-kutoto*”については、それはもともと特定の地形の牧草地を指す単語であって社会空間の編成にかかわるような意味はないとの指摘もある[Rutten 1992:271]。

(3) このほかに青年のみに認められる特権としては、女性と踊りを踊ることや狩猟を模した踊りを踊ること、特定のやり方で槍を飾りたてることなどがある[Spencer 2004:68, 84]。いっぽう、青年のみに課せられるタブー(taboo, *en-turuj*)のなかでも重要なものとして、ミルクを一人で飲んではいけない(ミルクを飲むときには仲間の青年がいなければならない)ということと、女性のまえで肉を食べてはいけない(女性の手が触れた肉は食べてはいけない)というものがあった[Sankan 1971=1989:103–104; Spencer 2004:79, 84]。一連の通過儀礼との関連で、どのような特権やタブーが男性に課せられるのかについては、『時間、空間、未知――マサイ社会における権力と摂理の配置』のなかでポール・スペンサーが整理しており参考になる[Spencer 2003:162–163]。

(4) 割礼を中心とするマサイ社会の儀礼については、スペンサーが『マタパトのマサイ――挑戦としての儀礼の研究』において詳細に記録している[Spencer 2004]。二〇近い地域集団があるなかでは儀礼の細かい内容には地域差が存在しているが、より簡潔ではあるもののウシ牧畜を主たる生業とする地域社会全体に共通する慣習をまとめたものとして、S・S・オレ・サンカンの『我ら、マサイ族』[Sankan 1971=1989]も参考になる。

(5) これは伝説上の第一夫人ナドモンゲと第二夫人ナロクイルモンギが、それぞれ集落の門を入って右側と左側に住居を建てたことに由来する。

(6) 新しい年齢組(年齢集団)をつくるために割礼をいつからいつまで行うのかは、そこで新しくつくられる年齢組の二代うえの年齢組の長老が決定する。この年齢組は新しい割礼を開始するさいに火を灯す儀礼を行うことから、新しくできる年齢組の「火起こし棒(*olpiron*)」のパトロンと呼ばれる[Spencer 2004:66]。

(7) 戦士の勇敢さとこのリーダーの智恵と冷静さとは社会の繁栄に不可欠なものであり、その死亡はほかに代えがたい大きな損失であると考えられてきた。そのため、戦争が起きたときに「代弁者」が戦闘に加わることは認められなかった[Spencer 2004:104]。

(8) マサイ社会における青年と長老との境目は少年と青年のそれほどに判然とはしていない。青年が長老になるまでに経験するおもな儀礼として「樹立式」(*eunoto*)、「乳飲式」、「結合式」があるとき、サンカンによれば[Sankan 1971=1989:54–58]、「樹立式」を経ることでそれまでオルキリア(*ol-kilia*/*il-kiliani*)と呼ばれていた青年たちはオルモリジョイ(*ol-morijoi*/*il-morijo*)と呼ばれる身分になる。また、この儀礼の最後の段階で、「樹立式」の儀礼長である「樹立する人」(*ol-aunno*)とその補佐役である「革紐を切り出す人」(*ol-oboru en-keene*)は妻となる女性を選ぶ。これ以降、年齢集団の青年は結婚することが可能となる。そして、「樹立式」を終えて親の集落に各自が戻ったあとで「乳飲式」を行うことで制度上は長老となるという(ただし、青年が「実質的な長老」となるためには、さらに二つの儀礼を行うことが求められるとも書かれている)。いっぽう、マタパト地域集団を調査したスペンサーの説明によれば[Spencer 2004:97]、「右手派」の年齢集団が「樹立式」を終えて集落を解散し、そのあとに「乳飲式」を行うのとあわせて、「左手派」の年齢集団を組織するための割礼が開始される。ただし、そうして「左手派」の青年が現れてくるなかでも、「右手派」の青年たちは「肉食式」を行うまで戦士としての特権は保持しており、「右手派」が「肉食式」を行うのと軌を一にして「左手派」は集落を結成して青年＝戦士としての特権を行使するようになるという。

(9) 松井健によれば、言葉の「厳密」な意味で「遊牧民」と呼べる民族は現実にはいないという。なぜなら、「厳密」には「遊動」とは「一定の生活圏のなかで一年中移動を続けていて、とくに長い時間定着する場所をもたず、かつ、もち運びのきくテントのような住居しか用いない生活の仕方」を、また「牧畜民」は「家畜の飼養だけをおこなっていて、それによる生産物からのみ生計を維持している人たち」のことを意味するからである[松井 2001:12–13]。

(10) ここで挙げている数値はいずれも地域ごと・全地域の平均値であり、地域内にはかなりの格差が存在している。この点については、所有する家畜頭数と現金収入のそれぞれの多寡にもとづいて、各地域の世帯を五つの階層に分けて整理した図が『マサイでありつづけるのか?』の終章には示されている[Homewood et al. 2009:375–378]。

(11) 本節におけるケニアの野生動物保全の歴史については、出典をすべて記載していくと煩雑になるため本文中での文献参照は割愛した。わたしが最も中心的に依拠したのはパトリシア・カメリ＝ムボテの著作『ケニアにおける所有権と生物多様性管理』[Kameri-Mbote 2002]であるが、そこに記載されておらず重要と思われるものについてだけ、本文中では参照箇所を記載している。なお、『ケニアにおける所有権と生物多様性管理』は法制度についての記述が充実しているが、それぞれの時代の保全についてあわせて参考にしたおもな文献は、以下のとおりである。植民地期＝Kabiri 2010; Smith 2008; Steinhart 2006、独立後＝Barrow et al. 2001; Gibson 1999; Western 1994a、KWS設立以降＝Barrow et al. 2001; Kabiri 2010; Kameri-Mbote 2008; Leakey and Morell 2002＝2005; Western 2002。

(12) この国際会議における国立公園の定義は以下のとおりである。①公的管理のもとに置かれる場所であり、管轄庁によらずに境界が変更されたり用地が譲渡されたりすることは認められない。②それは動物相や植物相を保存したり、審美的・地質学的・歴史学的・考古学的な価値を有するものを保護したり、あるいは、一般市民の便益・利益・享楽として科学的な関心を普及させるために設置されるものである。③公園当局の指示・統制がないかぎり、そのなかで動物を狩猟・殺害・捕獲することも植物を破壊・収集することも禁止される。ただし、一般市民が動物相や植物相を観察できるように、可能なかぎりの設備を整備することが条件である[Kameri-Mbote 2002:94]。

(13) 一九〇四年の段階では、マサイ居留地はライキピア地域の北部マサイ居留地(一万二三五〇平方キロメートル)とカジアド地域に位置する南部マサイ居留地(一万一二五〇平方キロメートル)の二つがあった。しかし、一九一一年のイギリス―マサイ条約によって、農耕適地であることが新たに判明した北部居留地から南部居留地へと武力による強制移住が図られた[Hughes 2006; 松田 2005]。このさいに南部居留地の面積が拡大されて現在のカジアド・カウンティからナロック・カウンティに広がる範囲になったが、南部猟獣リザーブの面積も同時に拡大された[Lindsay 1987:152; Rutten 1992:176]。なお、南部猟獣リザーブ自体は一九五二年に廃止された。

(14) リーキーの就任が決まるとすぐに、KWSへの一億五〇〇〇万米ドルもの国際援助が約束された[Gibson 1999:74]。また、政治家の介入によって成果をあげられずに終わった野生動物保全管理局の反省から、KWSでは独立採算制がとられ、中央政府・省庁の直接の管轄下には置かれず大統領にのみ応答責任を有する組織として設立された[Gibson 1999]。

(15) このプログラムの契約は、一九九二年にKWSとUSAIDのあいだで交わされた。その目的は、ケニアの自然資源の保全と持続的管理をつうじて社会経済開発を促進することであり、具体的にプロジェクトを構成する取り組みとしては、KWSの管理能力の開発、人的資本の開発、コミュニティ開発・起業開発に向けた資金拠出、研究調査・政策分析の四つがあった[Watson 1999:4, 10]。

(16) ウェスタンの方針は国立公園の管理として密猟取り締まりを重視したリーキーとは対照的であり、長官職を辞したリーキーから強く批判されもした［Leakey and Morell 2002＝2005; Western 2002］。ウェスタンがCBCの必要性を主張するときの根底には、人間と野生動物の軋轢を解消して協力関係を築くこと、保全活動に向けたインセンティブ（動機づけ）を地域社会に提供すること、人びととその財産を野生動物から守ることなどがあった［Rutten 2004:9］。この点でウェスタンはあくまで、『自然なつながり』で説明されているCBCを実践していたことになる。それにたいして、リーキーが考えるCBCとは「観光業をつうじて地域コミュニティに資金を提供すること」であり、中身としてはICDPsであった［Leakey and Morell 2002:206］。実際、リーキーは長官に就任した当初にケニアのすべての国立公園を柵で囲い込んで人間と野生動物を分断することを宣言していたし［Western 1994:42］、二〇〇三年に南アフリカのダーバンで開かれた世界公園会議に参加したさいには、先住民の土地への権利よりも自然保護を優先する発言をして、先住民団体から批判を浴びてもいた［松田 2005:85における *The Guardian*, Sep. 13, 2003 の引用］。

(17) 二〇一三年六月二二日に公表されて国会で審議されている野生動物保全管理法案について、環境水自然資源省は八月二二日に声明をプレス・リリースした。そのなかでは、法案の一般的な目的は野生動物セクターへの投資を増やすことをつうじてケニア人の生計を支援することが説明されていた。また、法案では密猟者への罰則が厳しくなっており、密猟防止に効果が期待できることが強調されてもいた。法案が新聞で取り上げられるなかでは、この点が中心的な話題になることが多かった［*Daily Nation*, Jun. 6, Aug. 10, Nov. 7, 2013］。そのいっぽうで、読者投稿欄で法案が話題になるなかでは、法案が野生動物の消費的利用の再開を認めている点が問題にされていた［*Daily Nation*, Sep. 18, Oct. 10, 2013］。そうした読者投稿のなかでいわれることとしては、「［野生動物の］消費的利用は、ケニアがこれまで何年にもわたって保持してきた保全の原理原則に矛盾するものである」［*Daily Nation*, Sep. 18, 2013］、「ケニアの歴史的遺産である野生動物は今、歴史上最も深刻な脅威にさらされている。

それは密猟や獣肉の交易、生息地の囲い込みや〔土地利用の〕転換が原因であるわけではない。それは、〔ケニアに〕残っている数少ない野生動物をすべて殺すことを認める法律をわたしたちが実施するよう、裕福なゲーム・ランチ経営者や国際NGOの人間、国家公務員である取り巻き連中、保全活動を資金援助する外国人など特定の人間たちがしていることが原因である」[*Daily Nation*, Oct. 10, 2013]といったことがある。そうした投稿者のくわしい情報はわからないが、その名前からするとアフリカ系の人のようである。

(18) アンボセリ国立公園内のオル・トゥカイ(Ol Tukai)を観測点として、一九七六年から二〇〇〇年までの二五年間の降水量を記録したアルトマンたちによれば、同地における年間平均降水量は三四六・五ミリメートルである。ただし、年間降雨量には一三二・〇ミリメートルから五五三・四ミリメートルまでの幅があり、乾燥・半乾燥地の習いとして降雨が不安定なことがわかる[Altmann et al. 2002]。

(19) ウェスタンによれば、一九六〇年代にもマサイは野生動物を狩猟しており、独立後にアンボセリの野生動物保全がヨーロッパの関心を集めるなかではマサイは狩猟と過放牧の両面から非難の対象となったとしている[Western 1994a:18]。それにたいして、アンボセリ国立リザーブで働いていたディヴィッド・ロバート・スミスは、この時期のアンボセリでは密猟の問題はなかったと書いている[Smith 2008:40–41]。

(20) 二〇一〇年に行われた調査では、一二六六頭と推計されている[KWS 2010]。

(21) 一九六〇年代の大干ばつと飢餓のあとでは、アフリカの乾燥・半乾燥地に暮らす牧畜民の「近代化」をめざす開発援助プロジェクトが環境保全という目的と結びついて取り組まれるようになった。当時、開発援助プロジェクトを計画・推進する先進国の人間は、「牧畜民は環境保全にかんして無責任であり、伝統的な牧畜経済は環境破壊的である」[太田 1998:294]といった誤った牧畜民像を抱いていた。そうした牧畜と環境の関係についての議論の中核には環境収容力(carrying capacity)という概念があったが、アフリカの乾燥地域にたいしては限定的な効力しかもたなかった。その理由として太田至は、気候変動が大きいこと、家畜種間の食性の違い、家畜飼養の目的と家畜の摂取量、人間の消費方法の違い、土地利用の政治的・社会的条件の五つを挙げている［太田 1998：297–300］。またディヴィッド・アンダーソンは、牧草管理、水管理、持続可能性、マーケティング、間引き、繁殖、病気、経済合理性の各観点で、ヨーロッパ人が抱いていた考えとアフリカの現場で求められるやり方がまったく異なっていた事実を整理している［Anderson 2002：154–155］。

(22) 太田は先行研究のレビューから、個人／集団ランチの設立によってマサイが土地所有権を確保した点が肯定的に評価されてきたことを説明しつつ、その負の側面として、政治的・経済的な階層分化（貧富の格差の拡大）に加えて、年齢体系のもとで認められてきた権威と新たに設立された（集団ランチ）運営委員会とのあいだで対立が生じ、地域社会に備わっていた紛争解決の機能が不全に陥ったことを指摘している［太田 1998：306–309］。

(23) 独立後にロイトキトクに農地を求めて移住してきた農耕民によれば、そのころはまだ個人・集団ランチの土地の境界や所有意識も曖昧だったようで、地域の長老と知人になりその許可をもらうことで放牧地として利用されていない土地で農耕を開始できたという。当時は灌漑を整備するのも容易ではなく、一世帯が拓ける農地の広さにも限界があったため、耕作面積について何かしらの制限が課されたり、土地の境界などをめぐって争いが起きたりすることもなかったという。

第3章

(1) KWSは一九九五年に環境影響アセスメントを実施しており、そのなかでは土地利用として野生動物保全（をもとにした観光業）が農耕や牧畜に比べて優位にあるといえるのかが検討されるはずであった。しかし、結局、その報告書では明確な答えは出されていない。そのいっぽうで、キマナにおける野生動物保全をめぐる状況として、灌漑農耕が拡大することでキマナ沼が干上がることが最も危惧すべき事態であること、土地をめぐって野生動物保全と牧畜、農耕のあいだで競合が起きる可能性が高いこと、ゾウによる農作物被害・人身被害が生じていることなどが言及されていた[Rutten 2004:12]。

(2) マルセル・ルテンは、先行研究[Knegt 1998]を引用するかたちで、一九九六年の収入が一〇〇万ケニアシリング(一万七〇〇〇米ドル)であったとしているが、どのようにその金額が計算されたかまでは示していない[Rutten 2004:15 における Knegt 1998:92 の引用]。たしかに、八五〇人の外国人(一人あたり一〇米ドル)が二日間サンクチュアリを訪れていれば一〇〇万ケニアシリング(一万七〇〇〇米ドル)の入場料収入となる。しかし、たとえサンクチュアリの入場料が国立公園の入園料(二〇米ドル)より安かったとはいえ、サンクチュアリではキリマンジャロ山を背景に野生動物を眺めることは難しいし、八〇〇人以上の観光客がサンクチュアリを二日にわたって訪れていたとは考えにくい。

(3) キマナ集団ランチでは一九九九年に委員長が交代し、新しい委員長のもとでサンクチュアリをASCに賃貸することが決定された。これは、もともとの委員長が死亡したために新しい人物が選ばれたということなのだが、この人選および新しい委員長のもとで賃貸が決定される過程において、集団ランチ内で軋轢が生じたようである。

(4) キマナ集団ランチとASCとが契約を結んださいには、土地賃貸料は毎年一〇パーセントずつ増額させるという項目があったとされる[Rutten 2004:16]。それにもとづけば、二〇〇五年の賃貸料は約三二万二〇〇〇ケニアシリングとなっていなければおかしいのだが、ここでは会計の挙げた数値にもとづいて計算をしている。当初の契約どおりに土地使用料が支払われていた場合、それは約三八六万ケニアシリング(約四万九〇〇〇米ドル)となる。

(5) この一〇七人のなかにキマナ集団ランチのメンバー以外が含まれている可能性はある。ただし、集団ランチのメンバーの家族がメンバーであるかのように便益を受け取ることは珍しくなく、その点で厳密にメンバー数を問うことにはあまり意味がない。

(6) 観光集落で暮らしたり、歌・踊りのパフォーマンスや土産物の販売を行ったりするためには、そのメンバーとして集団ランチと観光集落の運営委員会に認められることが必要である。観光集落の委員長によれば、二〇〇八年一一月の時点でメンバーとして登録されている人間は三〇〇人ほどとのことであった。ただし、委員長がキマナ町に暮らしており観光集落に行くのは週に一回かそれ以下であるというように、登録者全員が頻繁に観光集落で活動しているわけではない。

(7) 裕福なメンバーばかりが共有地を利用して便益を得ている状況を改善するために、平等に分割したと説明する者もいた。つまり、共有地分割のまえであれば、そこに農地を拓いたり多くの家畜を連れてきて放牧をしていたのは裕福なメンバーであったが、共有地を平等に分割すれば、自分では農耕をやらないし家畜も多くなくて放牧地もあまり必要でないメンバーも、その土地を裕福なメンバーに貸し出したりすることで経済的な利益を上げられるようになるという説明である。

(8) この考えを補強する事実としては、例えば、二〇〇八年一一月一〇日に開かれた集会で、集団ランチの委員長が(野生動物ではなく)サンクチュアリの利点について人びとの意見を募集したさいの回答がある。最初に発言した年長者が、「サンクチュアリの利点の第一は、共有地分割のための金を入手できたこと。これはとてもよいことだ」と称賛していた。そして、「ASCの利点はわからない。問題点としては女性がサンクチュアリで働いていないことが挙げられる」、「ASCについては何の利点も見つけられない。雇用〔の状況〕は最悪だ」とか、「ASCにかんして不都合な点はたくさんありすぎてとても解決は不可能だ。いまさら、それら〔ASCのサンクチュアリ管理に関する問題点〕を挙げることに時間を費やすべきではない」など、ASCへの否定的な発言が相次いだ。ここで、サンクチュアリへの評価とASCへの評価とがかならずしも一致しておらず、ASCという特定の民間企業の問題点とサンクチュアリという仕組みそれ自体に便益の可能性があることが意識されている点が興味深い。それと同時に明らかな点として、サンクチュアリが議論されるときに住民がまず言及するのは便益であって保全ではないということがある。

第4章

(1) 本章でこれから説明するアンボセリ国立公園の周辺だけでなく、マサイ・マラ国立リザーブの周辺やサンブル国立リザーブを中心とするライキピア地域においても、二〇〇〇年代以降にコンサーバンシーが急増している。このうち、マサイ・マラでは集団ランチが分割されており権利所有者が明確になっているが、ライキピアの場合は複数の民族が利用し合ってきた土地にコンサーバンシーが設立されており、土地の帰属はアンボセリやマサイ・マラのように明確ではない[Greiner 2012]。それとは別に、ケニアのなかでもライキピアの高地にはコンサーバンシーと呼ばれる保護区がつくられてきた。ホワイト・ハイランドとも呼ばれるこの地域は、植民地時代にマサイを強制移住させて白人入植者のために広大な農耕適地が用意された場所であり、現在まで白人による大土地所有が存続している[松田 2000, 2005]。野生動物保全に関心のある白人が所有する大土地で、絶滅危惧種のサイなどの保護および繁殖が取り組まれている。それらは南部アフリカでいわれるコンサーバンシーにより近いが、ただし、その規模はナミビアと比べるとだいぶ小さくなっている。例えば、地域を代表するレワ野生動物コンサーバンシー(Lewa Wildlife Conservancy)が一六〇平方キロメートル、オル・ペジェタ・コンサーバンシー(Ol Pejeta Conservancy)で三五〇平方キロメートルの面積である。

(2) AWFは、一九六一年にアメリカのワシントンで設立されたアフリカ野生動物リーダーシップ基金(African Wildlife Leadership Foundation)を前身とする組織である。AWFはその設立当初からアメリカの政治体制と密接な関係を持っており、一九九〇年代にはUSAIDから多額の資金援助を受けるようになった。そうした関係もあって、現在ではサブサハラ・アフリカで活動する保全NGOで四番目に巨大な組織となっている[Sachedina 2010]。そのAWFが、サブサハラ・アフリカの各地で一九九九年から開始した活動として、「アフリカ・ハートランド・プログラム」(Africa Heartland

Programme)がある。それはUSAIDをはじめ、アメリカ政府機関からの多額の資金援助を受けて開始されており、アンボセリも対象に含まれている。この章で見るコンサーバンシーもその活動に含まれている。

(3) AWFのウェブ・サイト(http://www.awf.org/section/heartlands[最終閲覧日:二〇一一年四月二九]では、「AWFの野生動物保全においては、土地の保全こそが最も重要である。なぜなら、生息地の消失と分断こそが多くのアフリカの野生動物にとって唯一最大の脅威であると信じているからである」と書かれている。また、AWFの職員はコンサーバンシーを指して「コリドー」という言葉を使っており、それがアンボセリ国立公園とキマナ・サンクチュアリ(さらに東に位置する西ツァボ国立公園)のあいだの移動路として重要なことを集会でくり返し説明している。

(4) 例えば、二〇〇八年二月九日にオル・テペシ(Ole Tepesi)で開かれた集会では、①コンサーバンシーのサイズ、②コンサーバンシーの運営委員の選出、③観光会社との契約年数、④(コンサーバンシーを管理・経営する)観光会社によるメンバーの雇用、⑤観光会社による被害の補償、⑥観光会社による電気柵の修理、⑦コンサーバンシー内の水場の利用、⑧コンサーバンシー内での家畜の放牧、⑨メンバー間での土地の売買の九つが議題として設定されていた。コンサーバンシーについての基本的な手続きにかかわることだけでなく(①・②)、土地所有者組合において大きな問題となっていた土地売却も議題として挙げられていた(⑨)。ただし、それ以外であれば、コンサーバンシーを管理・経営する観光会社とのあいだでどのような契約を結ぶか、どのような便益を期待できるのかといった点について議論がされていた。

(5) 委員長には一〇月一一日に聞き取りを行った。また、委員長以外の運営委員からもこの事実は確認できたし、一〇月一一日にメンバー間で開かれた集会の場では、前月の集会では委員長の指示に従ってAWFに強い態度で臨んだことが報告されていた。

(6) プロジェクト・マネージャーとの話し合いのあと、二〇〇八年一〇月一一日にオスプコのメンバー内で集会が持たれた。この日の集まりでは委員長から、プロジェクト・マネージャーとの話し合いを経て契約書の草案どおりに土地使用料は年二回に分けて支払われることが決定したと説明された。そのうえでメンバーに向けては、契約の草案を入手してその内容をよく理解しておくようにとの指示が出された。この席上で、委員長は、土地使用料の支払いが遅れているのはコンサーバンシーのメンバーが銀行口座を開設しないからだとして、メンバーに早急に口座を開くことを求めた。

(7) 契約が完了したあとに、二四人のメンバーが含まれる一〇世帯を対象に聞き取りをしたところ、土地使用料の金額と支払回数はすべての世帯で正しく理解されていたが、契約書の実物を読んでいたのは一世帯(四人)だけであった。一〇月一六日に契約を交わすために集まったその場で、メンバーはAWFに雇われている地元住民に契約書の内容をマー語で説明するよう求めていたし、プロジェクト・マネージャーにたいしても電気柵の設置と家畜用の水場の建設が契約書に書かれていないのはなぜなのかと質問していた。そうしたことが行われたあとでも、メンバーのなかには電気柵の建設や補償金の支払いをAWFが約束したと勘違いをしている者もいた。

(8) 以下の記述は、二〇〇九年四月二八日(http://www.awf.org/content/headline/detail/4241)、五月六日(http://www.awf.org/content/headline/detail/4246)に発表されたAWFのニュースと、五月五日の『デイリー・ネイション』の記事(http://www.nation.co.ke/News/-/1056/594518/-/view/printVersion/-/12ge 478z/-/index.html)にもとづく。いずれも二〇一一年五月二日に情報は取得した。

(9) NEMAは一九九九年の環境管理協調法(Environmental Management and Co-ordination Act)にもとづき設置された。それは「環境にかんする事柄について全般的な監督と調整を行うことで環境の持続的管理を確保すること」を目的として、「環境に関係するすべての政策を政府が実施するさいに第一の実行主体であるべき」組織とされている[Angwenyi 2008:145–146]。

(10) 二〇一〇年七月一一日にAWFのオフィスで聞き取りをしたさいの発言。

(11) これ以外の回答としては、メルーとルオ、サンバが三パーセント、マサイとカレンジンが二パーセント、ギリアマが一パーセントであった(n.a.=3)。

(12) キャンプ場のスタッフとしては、普段の植物への水やりや観光客が宿泊中の警備、食料調達などは家族や親戚がそのときどきで協力して行っている。ただし、キャンプ場全体を統括するマネージャー兼料理人を務めるのは、観光関係の専門学校を卒業し、ナイロビのフェア・ヴュー・ホテル(Fair View Hotel)およびアンボセリ国立公園内のオル・トゥカイ・ロッジ(Ole Tukai Lodge)で合計一〇年間働いていた経験を持つチャガの男性(二〇〇五年にキマナ町近郊に土地を購入し定着)である。

第5章

(1) 現在のケニアでは、各国会議員には自らが属する選挙区(コンスティテューエンシー)の地域開発を進めるための資金として、選挙区開発基金(Constituency Development Fund)が配分される。これは、基本的には国会議員の自由裁量で使える資金であり、現職の国会議員がその選挙区における開発事業を決定することをつうじて影響力を強める結果となっている[cf. 内藤 2012]。

(2) 騒動のおよそ一年後、二〇〇八年九月二〇日に、追い出された当のマネージャーに聞き取りをした。その結果、ここで挙げた問題がいずれも実際に起きており、話し合いもこのとおりに行われてきたことを確認できた。ただし、給料や土地使用料の支払いはサンクチュアリのマネージャーの仕事ではなく、モンバサの本社の業務であると説明された。そのため、それらの問題は自分の責任ではないし、住民からいわれるまで知らなかったという(これらの点については、その後にサンクチュアリにマネージャーとして赴任した人物への聞き取りからも確認できた)。ただ、観光集落の問題については、マネージャーは原因が集団ランチ側にあると指摘していた。つまり、二〇〇五年にその観光集落の人間がサンクチュアリの運転手に金を与え、よその観光集落に観光客を連れていかないよう働きかけたというのである。しかし、いくつもの観光集落が国立公園の周囲にもあるとき、特定の一カ所にしか観光客を連れていかないということはできないということで、マネージャーは運転手にほかの観光集落も利用するよう指示をした。この結果、集団ランチとの関係が悪化したという。

(3) 会計は、それまでに共有地分割に九五〇万ケニアシリング、奨学金として二六五万ケニアシリング、医療費として一三〇万ケニアシリング、そして、運営委員会の諸経費として三八七万ケニアシリングが使われたと説明していた。参加者からは、集団ランチがこれまでにASCからいくらもらっているのかが質問されたが、それについては記録を見なければわからないと会計は述べ、具体的な受け取り金額の回答は避けていた。

(4) 書記が二〇〇〜三〇〇万ケニアシリング(二〇〇八年の為替レートで約二万九〇〇〇〜四万三〇〇〇米ドル)をほかの「オフィシャル」への説明抜きに使ったことが問題となった。書記は、それは土地を売却して得た金だと説明したが、その土地の区画番号と売却した相手の名前を説明できなかった。国会議員も、きちんとした説明が行われないならば法的手段に訴えるといった。すると書記は、これ以上は集団ランチが共有地分割のために雇用した土地測量の専門家がいなければ説明できないといい張った。それにたいしては、会計がその場で専門家に電話をして、書記が土地を売った事実は知らないという言質をとった。書記がそれ以上の説明を拒むと、国会議員は、調査を行い事実関係が明らかになるまで書記の銀行口座と自動車を差し押さえるよう手配すると述べた。

(5) 翌月にはキマナ集団ランチとASCの契約は終了するはずであったが、この時点でASCの訴えを受けた裁判所が契約を二週間延長するよう指示していた。

(6) 二〇一一年五月にはASCのウェブ・サイトは閉鎖されており、いっさいの情報は今では確認することができない。ただ、閉鎖前にASCのウェブ・サイトに掲載されていたそのビジネス活動停止を伝える画像については、英字ガイド・ブック『ラフガイド・トゥ・ケニア』(*The Rough Guide to Kenya*)の著者のブログ・サイトに残されていたものを確認した(http://theroughguidetokenya.blogspot.com/2011/03/african-safari-club-has-finally-ceased.html)。なお、航空保険を扱ったウェブ・サイトでは、三月一六日にASCの破産が報告されている(http://www.caa.co.uk/default.aspx?catid=1052&pagetype

=87［最終確認日：二〇一一年五月四日］）。

（7）　この補償プロジェクトの正式名称は肉食動物補償基金（Predator Compensation Fund）である。その開始から約三年（一〇九四日）のあいだには、一六九四件の被害届が出された（届け出された家畜種ごとの総数は、ウシが七五四頭、ヤギ・ヒツジが一八四四頭、そして、ロバが八〇頭であった）。そのうち、管理がきちんと行われていなかったと判断されたものについては、補償金が減額される仕組みである。年間平均としては、三万三一六六米ドルが支払われてきたという［Hazzah et al. 2009; Maclennan et al. 2009］。

（8）　BSの事例としては、二〇〇八年一一月三日に開かれたBSの説明会におけるやりとりがある。委員長などがBSを支持する理由として、インビリカニ集団ランチにおいて透明性が高く雇用者への待遇も良いロッジ経営をしていることや家畜被害を補償していることを説明すると、参加者から「サンクチュアリを新たに管理・経営する会社の話が出てきているが、農作物への被害についてはどうなっているのか？　わたしの農地はサンクチュアリに接しているけれども、農作物被害について誰も説明も質問もしていない状況だったから質問したい」と質問が出された。また、一一月六〜七日に開かれたBSの説明会の内容を報告する集会（二〇〇八年一一月一〇日）では、BSが家畜被害への補償と奨学金の支援を約束してくれたことが説明された直後に、「BSは農作物の被害も補償してくれるのか？　電気柵について何か約束をしてくれたのか？」との質問が参加者から出され（これまでに農作物被害への補償は話題になっていなかった）、委員長が、「BSが約束したことは今までに聞いたとおりで、これらによってASCのもとで起きている問題は解決できる。……電気柵については（莫大なお金がかかるので）NGOや政府と協力しなければ解決不可能である」と答える一幕もあった。トゥイガの説明会（一一月一四日）におけるやりとりとしては、土地使用料や雇用人数についての説明のあとに、住民から、「会計には、なぜ、トゥイガが補償について何も話をしていないのかを説明してもらいたい。キマナの人びとは農耕に依存して暮らしているのに、なぜ、農作物被害への補償についての言及がないのか?」と質問されて、会計が「補償については〔集団ランチの〕年次総会で話し合う。そのあとで、トゥイガとは補償を契約内容に含めることができるかどうかを話し合うつもりだ」と答えていた。

(9) そうした認識のずれの一端が垣間見える点として、KWS職員が「マサイは野生動物と家畜の土地を充分に持っている」というのにたいして、住民が「野生動物がわれわれの土地に出てこないようにするべき」と述べていた点である。野生動物は「われわれの土地」にいるべきではないというとき、それはつまり、野生動物は「野生動物の(ための)土地」である保護区(国立公園、サンクチュアリ、コンサーバンシーなど)のなかで暮らすべきであるということが示唆されるわけであるが、それにたいして、KWSの職員は野生動物が住民(マサイ)の土地にいることに何の疑問も持っていないことになる。

第6章

(1) このときの体験については、所属するNPO法人のアフリック・アフリカに寄稿した体験記を参照のこと(http://afric-africa.vis.ne.jp/essay/flee01.htm)。記事(「野良ゾウには気をつけろ!」)には、ウェブ・サイトのホーム・ページからグローバル・メニューの「アフリカ便り」を選び、その後、サイドメニューから「ケニア」を選ぶと辿りつける。

(2) わたしが聞き取りをするなかでは、国立公園の周辺の集落が襲われたときに、ゲーム・レンジャーやGSUによって女性が暴行を受けたという話も聞かれた。なお、「アンボセリ危機」を報道したテレビのニュース番組のいくつかは、動画共有サイト「youtube」にアップされている。その一つで、二〇一二年七月二一日にアップされたシティズンTV(Citizen TV)のニュース動画では、七月二〇日にゲーム・レンジャーとGSUがマサイの青年と衝突し、その結果として三〇人の青年が逮捕され二九人が病院で治療を受ける事態になったと報道されていた(http://www.youtube.com/watch?v=wtEiDu7sCiQ[最終閲覧日:二〇一三年一二月一九日])。

(3) この問題ついての詳細は拙稿「アンボセリ国立公園『格下げ』騒動に見るケニア野生生物保全の現在」[目黒 2007]を参照のこと。

(4) 月刊新聞『カジアド・カウンティ・プレス』(*Kajiado County Press*)が八月六日の集会を報道したさい、KWS長官が指摘する法制度の不備(現行の法制度のもとでは、国立公園の管理権や観光収入を地方議会や地域社会が受け取ることは不可能)を理解しないままに要求を突きつけている「選ばれたリーダーたち」の問題が強調されていた。

(5) 歴史的には、OCCは一九六一〜七三年のあいだ、アンボセリ国立リザーブの管理主体であったため、まったく無関係なわけではない。ただし、アンボセリ国立公園が設立されたあとであれば、それは二〇〇五年の大統領令が出されるまで特段の関係も持ってこなかったし、大統領令が出された当初もアンボセリの管理権と観光収入を要求はしても、具体的な管理・保全はKWSに任せていた。

(6) とはいうものの、八月六日の集会において、ロイトキトク地域の住民の多くが、地域外から当日に参加していたリーダーの演説に積極的に反応していたのも事実である。そこには、政治的な文脈で民族アイデンティティが過剰にかつ固定的に強調され、「敵」である異民族にたいして自民族として一致団結し、それを代表する政治的リーダーを支持するよう強い動員がかかる最近のケニアの傾向があることが関係していると思われる[松田 2000, 2009; 内藤 2012; 曽我 2002; 津田 2000, 2009]。この点のさらなる検討については、今後の課題としたい。

(7) 先行研究によると、ライオン狩猟にかんしても地域によって慣習が異なるようである。主要な地域集団の長老との情報交換を行ったサンカンは、殺したライオンは一番槍を入れた青年とその直後に尻尾を最初につかんだ青年の二人のものになると記している[Sankan 1979＝1989:79]。いっぽう、マタパト地域集団を調査したスペンサーは、そこでは生きたライオンの尻尾を最初につかんだ者にトロフィーが与えられるという先行研究の記述があるが、その話を彼の調査地のマサイに話したところ信じてもらえなかったという[Spencer 2004:116]。キマナ集団ランチの長老に話を聞くなかでは、一番槍を入れた青年が鬣を持ち帰るという点については意見が一致していたが、尻尾については、鬣と一緒に一番槍を刺した青年が持ち帰ったという者もいれば、それが狩猟の成果としては意味を持たなかったという者もいた。なお、ライオン狩猟に参加したものの鬣(や尻尾)を獲得できなかった青年が、仕留めたライオンの毛皮を切り取って槍に飾りつけて集落に帰ることもしていたという。

(8) 過去の経験談を聞いていると、いかにそれが戦士であるところの青年階梯にとって重要であったかがうかがえる。例えば、友人がライオン狩猟に成功したと聞いて悔しくなり、すぐにも自分も狩猟に出かけようとしたという話や、家畜の世話を手伝わなくてもよい雨季には、仲間と一緒に毎日のようにライオンを探しに叢林に分け入ったという逸話が聞かれた。

(9) そうはいっても、過去において狩猟を怖がる青年もいたし、現在のキマナ集団ランチの二〇代の男性ともなると、学校に通っていたために青年の集落における共同生活を送ってこなかった者も多く、狩猟に関心を示さなかったりそれを危険として嫌がったりする者が多数派といえそうである。

(10) なお、年齢体系にもとづくマサイ社会では、基本的にすべての男性が一生のなかで一定期間、一度だけではあるがかならず青年階梯を経験する。したがって、ある時点で長老階梯に属している男性であっても過去には青年であったわけであり、たとえ長老という身分からするとライオンが問題であったとしても、それだからといって青年の立場を無視してその絶滅が望まれたりしたわけではなかったと考えられる。

(11) ゾウは追い払いや間引きが行われる地域を避けて行動する習性があることが明らかにされており[Tchamba et al. 1995:344–345; Thouless 1995:332; Whyte 1993:75–77]、殺すことにはゾウの行動を管理する効果が存在することになる。

(12) 『アンボセリ』のなかにはほかにも、「一九六〇年代まで、とても多様性に富んだ野生動物がアンボセリの平原をうろついていた。サイはどこに行っても見かけられたし、キリンもそこらじゅうでアカシアの葉を食べているのを見ることができた。エランド、オリックス、キタハーテビースト、ヌー、シマウマなどの群れはあちこちで見かけたし、その脇では小型のガゼルが草を食んでいたりした。肉食動物も数多く、いくつものライオンの群れがいた。ただし、当時、最も多かったのはハイエナであった」[Smith 2008:106]といった文章もあるのだが、こうした一九六〇年前後のアンボセリの描写にはゾウが出てこない。

終章

(1) 国立公園の設立にたいする抗議活動としてだけでなく、それとは別に従来同様ロイトキトク地域のマサイは一九六〇年代であっても狩猟をしていたとウェスタンは書いている[Western 1994a:18]。キマナ集団ランチの長老に聞き取りをしたかぎりでも、マサイが本格的に狩猟を行わなくなったのはKWSが取り締まりを行うようになったころのようである。ただし、マサイが狩猟を行わなくなった理由としては、KWSが厳しい取り締まりのいっぽうで国立公園の周辺集団ランチに奨学金を支払うようになり、学校教育が広まったという事情も関係していたようである。

(2) 当初は集団ランチの全メンバーを対象として土地所有者組合を設立することを提案していたAWFであったが、途中からより少人数のメンバーを相手にコンサーバンシーの設立を提案するようになった。このAWFの方針転換の理由について聞き取りから明確な答えは得られていないが、一つの理由として、予算が足りないために対象を選択・限定した可能性が考えられる[cf. Sachedina 2010]。AWFのプロジェクト・マネージャーはオスプコ・コンサーバンシーの契約が交わされたあとに聞き取りをしたさい、野生動物がコンサーバンシーのそとに出て、その周囲の住民の土地に侵入して被害をもたらす可能性はあると思うが、それについては何もしないと話していた。そもそも誰の土地までがコンサーバンシーに含まれるのかはAWFがあらかじめ決めており、その都合にもとづいて誰がコンサーバンシーに参加できて誰は参加できないのかが選別されていたことになるが、メンバーからすればそうして引かれた境界線にどれだけの説得力があるのかは疑問である。

(3) オスプコの委員長によれば、外部資金の獲得後もメンバーからの資金拠出はつづけるつもりだという。その理由としては、外部援助があっても充分な額の補償金がすべての被害に支払えるかどうかはわからないということと、可能であれば基金の対象を教育や医療などにまで拡張したいということがあった。ただ、保全基金を開始するにあたっては、家畜の数が少ないメンバーのなかには参加をためらう者もいたという。また、じつは、その後にコンサーバンシーの運営委員は、BSがキマナ集団ランチでも補償金の支払いを始める計画だとの情報を得ていた。つまり、保全基金を主導したリーダーたちは、近い将来に外部資金を得られるものと期待していたことになる。

(4) マサイ・オリンピックについての情報はBLF(https://biglife.org/helping-the-community/maasai-olympics)、AWF(http://www.awf.org/projects/maasai-olympics)、『スタンダード』(*Standard*)(http://www.standardmedia.co.ke/lifestyle/article/2000075395/maasai-olympics-breathes-its-first)の各ウェブ・サイトより情報を得ている(最終閲覧日:二〇一四年一月二日)。

(5) http://www.awf.org/projects/amboseli-chyulu-wildlife-corridor(最終閲覧日:二〇一四年三月六日)。

あとがき

本書は、二〇一一年九月に東京大学大学院農学生命科学研究科へ提出した博士論文『コミュニティ主体の保全』を通じた地元住民と野生動物の共存可能性——ケニア南部アンボセリ生態系に暮らすマサイの事例から」に、大幅な修正を施したものである。学位を取得したあとも、フィールドで起きてきた出来事をどう整理して記述するのがよいのか迷っていた。それでもフィールドに通いつづけるなかで、第6章で取り上げた「アンボセリ危機」や、終章の「おわりに」で記した出来事を見聞きするなかで、こうして考えをまとめることがどうにかできるまでになった。

今年(二〇一四年)は、わたしのはじめてのケニア滞在から一〇年というだけでなく、CBCを体系化した『自然なつながり』の刊行から二〇年、そして、地域社会の意向を無視してアンボセリ国立公園が設立されてから四〇年の年にあたる。今では、CBCという言葉も共存という理念も目新しくはないかもしれない。しかし、そうした理念を掲げる実践活動について、これまでの研究が充分に整理されてきたかというと疑わしいと思う。その点を明らかにすることに挑んだのが、本書である。
わたしが調査をできたのは、ケニア南部に暮らす一マサイ社会のなかの、一部の人たちにすぎない。それでも、彼ら彼女らの経験から、わたしたちは「コミュニティ主体」や「人間と野生動物の共存」といった理念を声高に叫ぶグローバルな環境主義が地域社会にもたらす正負両面の影響を学ばなければいけないはずである。

こうして一冊の本を著せるほどに研究を積み重ねるなかでは、多くの人のお世話になってきた。指導教員であり博士論文の主査でもある井上真先生(東京大学)からは、自分の興味関心にしたがって自由に調査・研究を進めることの楽しさとやりがいを教わった。学部四年から修士課程まで在籍した東京大学・林政学研究室の永田信先生、古井戸宏通先生、柴崎茂光先生(現・国立歴史民俗博物館)、竹本太郎さん、大地俊介さん(現・宮崎大学)が示してくれた、親身に相談に乗りつつも研究にたいしては甘えを許さない態度は、わたしにとって一つの模範でありつづけている。また、フィールド研究者としての自分のあり方を考え始めたわたしにとって、博士課程で在籍した東京大学・国際森林環境学研究室で、田中求さん(現・九州大学)、椙本歩美さん(現・国際教養大学)、大橋麻里子さんのようなフィールドとのかかわり方を真剣かつ真摯に考える人と出会えたことはかけがえのないものであった。つくづく自分は、研究室にめぐまれた人間だと思う。

　そのいっぽうで、伝手がまったくといっていいほどになかったケニアで調査をつづけてこられたのは、多くの研究者・学生が集う日本学術振興会ナイロビ研究連絡センターの存在抜きには考えられない。とくに、わたしが調査を始めた当初に所長であった波佐間逸博さん（現・長崎大学）には、昼夜の別なく調査・研究の相談に乗ってもらった。牧畜社会の魅力も含めてフィールド研究の醍醐味を教えてくれた恩人である。また、タンザニアのフィールドに何度も一緒に行かせてもらった岩井雪乃さん（早稲田大学）からは、フィールドの人びととのつきあい方を学ばせてもらった。ほかにも、わたしのフィールドを訪れてくれただけでなく、指導委託や博士論文の審査を引き受けてくれた太田至先生（京都大学）をはじめ、曽我亨先生（弘前大学）や山越言先生（京都大学）、椎野若菜先生（東京外国語大学）、白石壮一郎さん（弘前大学）、村尾るみこさん（立教大学）には、アフリカで日本で、何度も調査・研究への助言をいただいた。魅力的な先輩研究者が自分の研究を面白がってくれることは、何よりも大きな励みとなった。

　そして、ポスドクの受入教員である鬼頭秀一先生（当時は東京大学、現在は星槎大学）から学んだことも多かった。問題の全体像を把握しつつ要点を的確に押さえたそのコメントがあればこそ、今こうして本を完成させることができたと思う。また、太田先生、鬼頭先生とともに博士論文の審査員（副査）を務めてくださった池谷和信先生（国立民族学博物館）と遠藤秀紀先生（東京大学）の評は、環境保全をめぐるさまざまな学問領域のなかで自分の研究が占める位置を考えるうえで、とても参考になった。

研究を進めるうえで多くの人のお世話になってきたが、こうして学術論文を本に生まれ変わらせることができたのは、新泉社編集部の安喜健人さんとブックデザイナーの藤田美咲さんのおかげである。お二人の手を経た校正原稿を見たとき、「こんな人たちに手伝ってもらえてありがたい」と素直に思えた。心よりの感謝を申し上げたい。

なお、本書を刊行するうえでは、東京大学学術成果刊行助成制度の助成を受けている。また、調査にさいして、日本学術振興会特別研究員奨励費、文部科学省科学研究費補助金特定領域研究「持続可能な発展の重層的環境ガバナンス」、公益信託四方記念地球環境保全研究助成基金の助成も受けてきた。記して謝意を示したい。

お礼の言葉は尽きないが、大きな問題もなくフィールドで調査をできたのは、くり返しの訪問を歓迎してくれたキマナの人びと、そして、調査助手であるまえにかけがえのない友人であるディヴィッド・サルバビさんとジェレミア・ライトさんのおかげである。日がな一日サバンナを歩きまわり、熱いチャイを何度となく飲んだ日々の先に、この本がある。*Ashe oleng!*

最後に、アフリカで調査をすることに内心心配しながらも応援し続けてくれた父・道夫、母・三津枝にもお礼をいいたい。ありがとう。

二〇一四年八月三一日

目黒紀夫

文　献　一　覧

足立重和［2001］「公共事業をめぐる対話のメカニズム――長良川河口堰問題を事例として」，船橋晴俊編『加害・被害と解決過程』講座環境社会学2，有斐閣，145–176頁.

Adams, William and David Hulme［2001］"Conservation and Community: Changing Narratives, Policies and Practices in African Conservation,"［Hulme and Murphree eds. 2001：9–23］.

Adams, William M. and Mark Infield［2003］"Who is on the Gorilla's Payroll? Claims on Tourist Revenue from a Ugandan National Park," *World Development*, 31(1): 177–190.

Agrawal, Arun［2002］"Common Resources and Institutional Sustainability,"［National Research Council ed. 2002：41–85］.（＝2012，田村典江訳「共有資源と制度の持続可能性」，茂木愛一郎・三俣学・泉留維監訳『コモンズのドラマ――持続可能な資源管理論の15年』知泉書館，55–109頁.）

――――［2005］*Environmentality: Technologies of Government and the Making of Subjects*, Durham NC: Duke University Press.

Agrawal, Arun and Clark C. Gibson［1999］"Enchantment and Disenchantment: The Role of Community in Natural Resource Conservation," *World Development*, 27(4): 629–649.

Altmann, Jeanne, Susan C. Alberts, Stuart A. Altmann and S. B. Roy［2002］"Dramatic Change in Local Climate Patterns in the Amboseli Basin, Kenya," *African Journal of Ecology*, 40(3): 248–251.

Anderson, David［2002］*Eroding the Commons: The Politics of Ecology in Baringo, Kenya 1890–1963*, Oxford: James Currey.

Angwenyi, Anne N.［2008］"An Overview of the Environmental Management and Co-ordination Act," in Charles O. Okidi, Patricia Kameri-Mbote and Migai Akech eds., *Environmental Governance in Kenya: Implementing the Framework Law*, Nairobi: East African Educational Publishers, pp. 142–182.

Archabald, Karen and Lisa Naughton-Treves［2001］"Tourism Revenue-Sharing around National Parks in Western Uganda: Early Efforts to Identify and Reward Local

Communities," *Environmental Conservation*, 28(2): 135–149.

Barnes, Jon and Brian Jones [2009] "Game Ranching in Namibia," [Suich et al. eds. 2009: 113–126].

Barrett, Christopher B. and Peter Arcese [1995] "Are Integrated Conservation-Development Projects (ICDPs) Sustainable? On the Conservation of Large Mammals in Sub-Saharan Africa," *World Development*, 23(7): 1073–1084.

Barrow, Edmund, Helen Gichohi and Mark Infield [2001] "The Evolution of Community Conservation Policy and Practice in East Africa," [Hulme and Murphree eds. 2001: 59–73].

Barrow, Edmund and Marshall Murphree [2001] "Community Conservation: From Concept to Practice," [Hulme and Murphree eds. 2001: 24–37].

Bassett, Thomas J. [1988] "The Political Ecology of Peasant-Herder Conflicts in the Northern Ivory Coast," *Annals of the Association of American Geographers*, 78(3): 453–472.

Bekure, Solomon, P. N. de Leeuw, Barbar E. Grandin and P. J. H. Neate eds. [1991] *Maasai Herding: An Analysis of the Livestock Production System of Maasai Pastoralists in Eastern Kajiado District, Kenya*, Addis Ababa: International Livestock Centre for Africa.

Berkes, Fikret [2007] "Community-Based Conservation in a Globalized World," *Proceedings of the National Academy of Sciences*, 104(39): 15188–15193.

Boone, Randall B., Kathleen A. Galvin, Philip K. Thornton, David M. Swift and Michael B. Coughenour [2006] "Cultivation and Conservation in Ngorongoro Conservation Area, Tanzania," *Human Ecology*, 34(6): 809–828.

Bothma, J. du P., Helen Suich and Anna Spenceley [2009] "Extensive Wildlife Production on Private Land in South Africa," [Suich et al. eds. 2009: 147–161].

Brandon, Katrina, Kent H. Redford and Steven E. Sanderson eds. [1998] *Parks in Peril: People, Politics, and Protected Areas*, Washington DC: Island Press.

Brockington, Dan, Rosaleen Duffy and Jim Igoe [2008] *Nature Unbound: Conservation, Capitalism and the Future of Protected Areas*, London: Earthscan.

Brosius, J. Peter, Anna Lowenhaupt Tsing and Charles Zerner eds. [2005] *Community and Conservation: Histories and Politics of Community-Based Natural Resource Management*, Lanham: Altamira Press.

Brown, Katrina [2003] "Three Challenges for a Real People-Centred Conservation,"

Global Ecology and Biogeography, 12(2):89–92.

Brown, Perry J. [2009] "Introduction: Perspectives on the Past and Future of Human Dimensions of Fish and Wildlife," in Michael J. Manfredo, Jerry J. Vaske, Perry J. Brown, Daniel J. Decker and Esther A. Duke eds., *Wildlife and Society: The Science of Human Dimensions*, Washington DC: Island Press, pp. 1–13.

BurnSilver, Shauna B. [2009] "Pathways of Continuity and Change: Maasai Livelihoods in Amboseli, Kajiado District, Kenya," [Homewood et al. eds. 2009:161–207].

Büscher, Bram [2010] "Derivative Nature: Interrogating the Value of Conservation in 'Boundless Southern Africa'," *Third World Quarterly*, 31(2): 259–276.

Büscher, Bram., Sian Sullivan, Katja Neves, Jim Igoe and Dan Brockington [2012] "Towards a Synthesized Critique of Neoliberal Biodiversity Conservation," *Capitalism Nature Socialism*, 23(2): 4–30.

Butler, Judith [1997] *The Psychic Life of Power: Theories in Subjection*, California: Stanford University. (＝2012，佐藤嘉幸・清水知子訳『権力の心的な生――主体化＝服従化に関する諸理論』暴力論叢書6，月曜社.)

Campbell, David J. [1993] "Land as Ours, Land as Mine: Economic, Political and Ecological Marginalization in Kajiado," [Spear and Waller eds. 1993:258–272].

Campbell, David J., David P. Lusch, Thomas A. Smucker and Edna E. Wangui [2005] "Multiple Methods in the Study of Driving Forces of Land Use and Land Cover Change: A Case Study of SE Kajiado District, Kenya," *Human Ecology*, 33(6): 763–794.

Child, Brian [2004] "Parks in Transition: Biodiversity, Rural Development and the Bottom Line," [Child ed. 2004:233–256].

―――― [2009a] "Game Ranching in Zimbabwe," [Suich et al. eds. 2009:127–145].

―――― [2009b] "Community Conservation in Southern Africa: Rights-Based Natural Resource Management," [Suich et al. eds. 2009:187–200].

―――― [2009c] "Innovation in State, Private and Communal Conservation," [Suich et al. eds. 2009:427–440].

Child, Brian ed. [2004] *Parks in Transition: Biodiversity, Rural Development and the Bottom Line*, London: Earthscan.

Child, Brian, Steve McKean, Agnes Kiss, Simon Munthali, Brian Jones, Morris Mtsambiwa, Guy Castley, Chris Patton, Hector Magome, George Pangeti, Peter Fearnhead, Steve Johnson and Gersham Chilikusha [2004] "Park Agencies, Performance and Society in

Southern Africa," [Child ed. 2004:125–163].
Child, Graham [2009] "The Growth of Park Conservation in Botswana," [Suich et al. eds. 2009:51–66].
Cornwall, Andrea [2004] "Spaces for Transformation? Reflections on Issues of Power and Difference in Participation in Development," in Samuel Hickey and Giles Mohan eds., *Participation: From Tyranny to Transformation?: Exploring New Approaches to Participation in Development*, London: Zed Books, pp. 75–91.（＝2008，真崎克彦監訳「変容のための空間?――開発への参加における権力と差異」，『変容する参加型開発――「専制」を超えて』明石書店，97–120頁.）
Cowen, M. P. and R. W. Shenton [1996] *Doctrines of Development*, London: Routledge.
Decker, Daniel J., William F. Siemer, Kirsten M. Leong, Shawn J. Riley, Brent A. Rudolph and Len H. Carpenter [2009] "Conclusion: What is Wildlife Management?," in Michael J. Manfredo, Jerry J. Vaske, Perry J. Brown, Daniel J. Decker and Esther A. Duke eds., *Wildlife and Society: The Science of Human Dimensions*, Washington DC: Island Press, pp. 315–324.
Dove, Michael R. and Carol Carpenter eds. [2008] *Environmental Anthropology: A Historical Reader*, Malden MA: Blackwell Publishhing.
Ferguson, James [2006] *Global Shadows: Africa in the Neoliberal World Order*, Durham: Duke University Press.
Fishkin, James [2009] *When the People Speak: Deliberative Democracy and Public Consultation*, Oxford: Oxford University Press.（＝2011，曽根泰教監修，岩木貴子訳『人々の声が響き合うとき――熟議空間と民主主義』早川書房.）
Fletcher, Robert [2010] "Neoliberal Environmentality: Towards a Poststructuralist Political Ecology of the Conservation Debate," *Conservation and Society*, 8(3): 171–181.
Folke, Carl, Thomas Hahn, Per Olsson and John Norberg [2005] "Adaptive Governance of Social-Ecological Systems," *Annual Review of Environment and Resources*, 30: 441–473.
フーコー，ミシェル[2000]『ミシェル・フーコー思考集成6――セクシュアリティ・真理』筑摩書房.
舩橋晴俊[1995]「環境問題への社会学的視座――『社会的ジレンマ論』と『社会制御システム論』」，『環境社会学研究』1: 5–20.
――――[2011]「環境問題の解決のための社会変革の方向」，舩橋晴俊編『環境社

会学』弘文堂，235–253頁．

Gadd, Michelle E. [2005] "Conservation Outside of Parks: Attitudes of Local People in Laikipia, Kenya," *Environmental Conservation*, 32(1): 50–63.

Galaty, John G. [1980] "The Maasai Group-Ranch: Politics and Development in an African Pastoral Society," in Philip Salzman ed., *When Nomads Settle: Processes of Sedentarization as Adaptation and Response*, New York: Praeger, pp. 157–172.

——— [1982] "Being 'Maasai'; Being 'People-of-Cattle': Ethnic Shifters in East Africa," *American Ethnologist*, 9(1): 1–20.

——— [1992] "'The Land is Yours': Social and Economic Factors in the Privatization, Sub-division and Sale of Maasai Ranches," *Nomadic Peoples*, 30: 26–40.

Gaventa, John [2004] "Towards Participatory Governance: Assessing the Transformative Possibilities," in Samuel Hickey and Giles Mohan eds., *Participation: From Tyranny to Transformation?: Exploring New Approaches to Participation in Development*, London: Zed Books, pp. 25–41.（＝2008，真崎克彦監訳「参加型ガバナンスの実現にむけて——社会変容をもたらす可能性」，『変容する参加型開発——「専制」を超えて』明石書店，45–71頁．）

Gibson, Clark C. [1999] *Politicians and Poachers: The Political Economy of Wildlife Policy in Africa*, Cambridge: Cambridge University Press.

Gibson, Clark C. and Stuart A. Marks [1995] "Transforming Rural Hunters into Conservationists: An Assessment of Community-Based Wildlife Management Programs in Africa," *World Development*, 23(6): 941–957.

Gillingham, Sarah and Phyllis C. Lee [1999] "The Impact of Wildlife-Related Benefits on the Conservation Attitudes of Local People around the Selous Game Reserve, Tanzania," *Environmental Conservation*, 26(3): 218–228.

Goldman, Mara [2003] "Partitioned Nature, Privileged Knowledge: Community-Based Conservation in Tanzania," *Development and Change*, 34(5): 833–862.

Goldman, Mara J. and Matthew D. Turner [2011] "Introduction," in Mara J. Goldman, Paul Nadasdy and Matthew D. Turner eds., *Knowing Nature: Conservations at the Intersection of Political Ecology and Science Studies*, Chicago: The University of Chicago Press, pp. 1–23.

Goldman, Michael [2001] "Constructing an Environmental State: Eco-governmentality and Other Transnational Practices of a 'Green' World Bank," *Social Problems*, 48(4): 499–523.

Grandin, Barbar E. [1991] "The Maasai: Socio-Historical Context and Group Ranches," [Bekure et al. eds. 1991 : 21–39].

Grandin, Barbar E., P. N. de Leeuw and I. ole Pasha [1991a] "The Study Area: Socio-Spatial Organisation and Land Use," [Bekure et al. eds. 1991 : 57–70].

Grandin, Barbar, P. N. de Leeuw and M de Souza [1991b] "Labour and Livestock Management," [Bekure et al. eds. 1991 : 71–82].

Greiner, Clemens [2012] "Unexpected Consequences: Wildlife Conservation and Territorial Conflict in Northern Kenya," *Human Ecology*, 40(3): 415–425.

Hackel, Jeffrey D. [1999] "Community Conservation and the Future of Africa's Wildlife," *Conservation Biology*, 13(4): 726–734.

箱田徹［2013］『フーコーの闘争――〈統治する主体〉の誕生』慶應義塾大学出版会.

服部志帆［2010］「森の民バカを取り巻く現代的問題――変わりゆく生活と揺れる民族関係」，木村大治・北西功一編『森棲みの社会誌――アフリカ熱帯林の人・自然・歴史II』京都大学学術出版会，179–205頁.

林良博・森祐司・秋篠宮文仁・池谷和信・奥野卓司編集委員［2008–2009］『ヒトと動物の関係学』全4巻，岩波書店.

Hazzah, Leela, Monique Borgerhoff Mulder and Laurence Frank [2009] "Lions and Warriors: Social Factors Underlying Declining African Lion Populations and the Effect of Incentive-Based Management in Kenya," *Biological Conservation*, 142(11): 2428–2437.

平井京之介編［2012］『実践としてのコミュニティ――移動・国家・運動』京都大学学術出版会.

平川全機［2004］「合意形成における環境認識と『オルタナティブ・ストーリー』――札幌市真駒内川の改修計画から」，『環境社会学研究』10: 103–116.

廣瀬浩司［2011］『後期フーコー――権力から主体へ』青土社.

Hoare, Richard E. and Johan T. Du Toit [1999] "Coexistence between People and Elephants in African Savannas," *Conservation Biology*, 13(3): 633–639.

Hodgson, Dorothy L. [2001] *Once Intrepid Warriors: Gender, Ethnicity, and the Cultural Politics of Maasai Development*, Bloomington: Indiana University Press.

——— [2011] *Being Maasai Becoming Indigenous: Postcolonial Politics in a Neoliberal World*, Bloomington: Indiana University Press.

Holmes, Christopher M. [2003] "The Influence of Protected Area Outreach on Conservation Attitudes and Resource Use Patterns: A Case Study from Western Tanzania,"

Oryx, 37(3): 305–315.
Homewood, Katherine, Patti Kristjanson and Pippa Chenevix Trench [2009] "Staying Maasai? Pastoral Livelihoods, Diversification and the Role of Wildlife in Development," [Homewood et al. eds. 2009:369–408].
Homewood, Katherine, Patti Kristjanson and Pippa Chenevix Trench eds. [2009] *Staying Maasai? Livelihoods, Conservation and Development in East African Rangelands*, New York: Springer.
Homewood, Katherine M. and W. A. Rodgers [1991] *Maasailand Ecology: Pastoralist Development and Wildlife Conservation in Ngorongoro, Tanzania*, Cambridge: Cambridge University Press.
Hughes, Lotte [2006] *Moving the Maasai: A Colonial Misadventure*, Hampshire: Palgrave Macmillan.
Hulme, David and Marshall Murphree [1999] "Communities, Wildlife and the 'New Conservation' in Africa," *Journal of International Development*, 11(2): 277–285.
——[2001a] "Community Conservation in Africa: Introduction," [Hulme and Murphree eds. 2001:1–8].
——[2001b] "Community Conservation as Policy: Promise and Performance," [Hulme and Murphree eds. 2001:280–297].
Hulme, David and Marshall Murphree eds. [2001] *African Wildlife and Livelihoods: The Promise and Performance of Community Conservation*, Oxford: James Currey.
市川光雄［2003］「環境問題に対する三つの生態学」，池谷和信編『地球環境問題の人類学――自然資源へのヒューマンインパクト』世界思想社，44–64頁．
Igoe, Jim [2004] *Conservation and Globalization: A Study of National Parks and Indigenous Communities from East Africa to South Dakota*, Belmont: Wadsworth.
——[2010] "The Spectacle of Nature in the Global Economy of Appearances: Anthropological Engagements with the Spectacular Mediations of Transnational Conservation," *Critique of Anthropology*, 30(4): 375–397.
Igoe, Jim and Dan Brockington [2007] "Neoliberal Conservation: A Brief Introduction," *Conservation and Society*, 5(4): 432–449.
池田寛二［2005］「環境社会学における正義論の基本問題――環境正義の四類型」，『環境社会学研究』11: 5–21.
池田寛二・堀川三郎・長谷部俊治編［2012］『環境をめぐる公共圏のダイナミズム』現代社会研究叢書8，法政大学出版局．

池谷和信［2006］『現代の牧畜民——乾燥地域の暮らし』日本地理学会海外研究叢書4，古今書院．
————［2008］「排除の論理から共存の論理へ——動物保護区をめぐる新たな関係」，池谷和信・林良博編『野生と環境』ヒトと動物の関係学4，岩波書店，296–319頁．
————［2010］「日本列島における野生生物と人」，池谷和信編『日本列島の野生生物と人』世界思想社，1–21頁．
池谷和信・林良博・奥野卓司［2008］「地球の野生動物と人類」，池谷和信・林良博編『野生と環境』ヒトと動物の関係学4，岩波書店，1–19頁．
Infield, Mark［1988］"Attitudes of a Rural Community towards Conservation and a Local Conservation Area in Natal, South Africa," *Biological Conservation*, 45(1): 21–46.
Infield, Mark and Agrippinah Namara［2001］"Community Attitudes and Behaviour towards Conservation: An Assessment of a Community Conservation Programme around Lake Mburo National Park, Uganda," *Oryx*, 35(1): 48–60.
井上真編［2008］『コモンズ論の挑戦——新たな資源管理を求めて』新曜社．
井上真［2009］「自然資源『協治』の設計指針——ローカルからグローバルへ」，室田武編『グローバル時代のローカル・コモンズ』環境ガバナンス叢書3，ミネルヴァ書房，3–25頁．
岩井雪乃［2008］「住民参加型保全の発展型としての土地権利運動——タンザニアとケニアの野生動物保全の歴史と現状」，池谷和信・武内進一・佐藤廉也編『アフリカII』朝倉世界地理講座12，朝倉書店，510–521頁．
Jones, Brian T. B. and Marshall W. Murphree［2004］"Community-Based Natural Resource Management as a Conservation Mechanism: Lessons and Directions,"［Child ed. 2004：63–103］.
Kabiri, Ngeta［2010］"Historic and Contemporary Struggles for a Local Wildlife Governance Regime in Kenya,"［Nelson ed. 2010：121–144］.
Kameri-Mbote, Patricia［2002］*Property Rights and Biodiversity Management in Kenya: The Case of Lana Tenure and Wildlife*, Nairobi: ACTS Press.
————［2008］"Aligning Sectoral Wildlife Law to the Framework Environmental Law," in Charles O. Okidi, Patricia Kameri-Mbote and Migai Akech eds., *Environmental Governance in Kenya: Implementing the Framework Law*, Nairobi: East African Educational Publishers, pp. 281–304.
Kantai, B. K. ole［1971］"Foreword,"［Sankan 1971：vii–xxix］.（＝1989，佐藤俊訳「解

説」,『我ら，マサイ族』どうぶつ社，173–204頁.）
河合香吏［2000］「マーサイ」，綾部恒雄監修『世界民族事典』弘文堂，635頁.
河合雅雄・林良博編［2009］『動物たちの反乱――増えすぎるシカ，人里へ出るクマ』PHPサイエンス・ワールド新書6，PHP研究所.
慶田勝彦［2012］「キベラ・レッスン――ケニアにおける土着性とヌビのアイデンティティ」，太田好信編『政治的アイデンティティの人類学――21世紀の権力変容と民主化にむけて』昭和堂，78–103頁.
Kelly, Nora [1978] "In Wildest Africa: The Preservation of Game in Kenya, 1895–1933," PhD Thesis, Burnaby: Simon Fraser University.
Kenya National Bureau of Statistics (KNBS) [2010] *2009 Population and Housing Census Report*, Nairobi: KNBS.
——— [2011] *Kenya Economic Survey 2011*, Nairobi: KNBS.
——— [2012] *Kenya Economic Survey 2012*, Nairobi: KNBS.
——— [2013] *Kenya Economic Survey 2013*, Nairobi: KNBS.
Kenya Wildlife Service (KWS) [1991] *A Policy Framework and Development Programme: 1991–1996*, Nairobi: KWS.
——— [1997] *National Parks of Kenya 1946–1996: 50 Years of Challenge and Achievement "Parks beyond Parks"*, Nairobi: KWS.
——— [2010] "Aerial Total Count: Amboseli-West Kilimanjaro and Magadi-Natron Cross Border Landscape, Wet Season, March 2010," Nairobi: KWS.
Kideghesho, Jafari R., Eivin Røskaft and Bjørn P. Katlenborn [2007] "Factors Influencing Conservation Attitudes of Local People in Western Serengeti, Tanzania," *Biodiversity and Conservation*, 16(7): 2213–2230.
菊地直樹［2006］『蘇るコウノトリ――野生復帰から地域再生へ』東京大学出版会.
鬼頭秀一［1996］『自然保護を問いなおす――環境倫理とネットワーク』ちくま新書68，筑摩書房.
Knegt, H. P. [1998] "Whose (Wild) life? Local Participation in Wildlife-Based Tourism Related Activities under the Kenya Wildlife Service's Partnership Programme: A Case-Study of the Four (Maasai) Group Ranches Surrounding the Amboseli National Park in Kenya," MA Thesis, Nijmegen: Catholic University of Nijmegen.
小林聡史［2008］「野生動物保護および利用と地域住民――アフリカ南部地域および東部地域」，池谷和信・武内進一・佐藤廉也編『アフリカII』朝倉世界地理講座12，朝倉書店，523–535頁.

Koch, Eddie [2004] "Putting out Fires: Does the 'C' in CBNRM Stand for Community or Centrifuge," in Christo Fabricius and Eddie Koch eds., *Rights, Resources and Rural Development: Community-Based Natural Resource Management in Southern Africa*, London: Earthscan, pp. 78–92.

Kramer, Randall A., Carel P. van Schaik and Julie Johnson eds. [1997] *Last Stand: Protected Areas and the Defense of Tropical Biodiversity*, New York: Oxford University Press.

黒田暁［2007］「河川改修をめぐる不合意からの合意形成——札幌市西野川環境整備事業にかかわるコミュニケーションから」,『環境社会学研究』13: 158–172.

Lamprey, Richard H. and Robin S Reid [2004] "Expansion of Human Settlement in Kenya's Maasai Mara: What Future for Pastoralism and Wildlife?," *Journal of Biogeography*, 31(6): 997–1032.

Leakey, Richard and Virginia Morell [2002] *Wildlife Wars: My Battle to Save Kenya's Elephants*, paperback edition, Oxford: Pan Books.（＝2005，ケニアの大地を愛する会訳『アフリカゾウを護る闘い——ケニア野生生物公社総裁日記』コモンズ.）

Levin, Simon [1999] *Fragile Dominion: Complexity and the Commons*, Cambridge: Perseus Publishing.（＝2003，重定南奈子・高須夫悟訳『持続不可能性——環境保全のための複雑系理論入門』文一総合出版.）

Li, Tania Murray [2000] "Articulating Indigenous Identity in Indonesia: Resource Politics and the Tribal Slot," *Comparative Studies in Society and History*, 42(1): 149–179.

——— [2007] *The Will to Improve: Governmentality, Development, and the Practice of Politics*, Durham NC: Duke University Press.

Lindsay, W. Keith [1987] "Integrating Parks and Pastoralists: Some Lessons from Amboseli," in David Anderson and Richard Grove eds., *Conservation in Africa: People, Policies and Practice*, New York: Cambridge University Press, pp. 149–167.

Maclennan, Seamus D., Rosemary J. Groom, David W. Macdonald and Laurence G. Frank [2009] "Evaluation of a Compensation Scheme to Bring about Pastoralist Tolerance of Lions," *Biological Conservation*, 142(11): 2419–2427.

牧野厚史［2010a］「はじめに」,『鳥獣被害——〈むらの文化〉からのアプローチ』年報村落社会研究46，農山漁村文化協会，7–13頁.

———［2010b］「農山村の鳥獣被害に対する文化論的分析——村落研究からの提言」,『鳥獣被害——〈むらの文化〉からのアプローチ』年報村落社会研究46，農山漁村文化協会，187–213頁.

Martin, Glen [2012] *Game Changer: Animal Rights and the Fate of Africa's Wildlife*,

Berkeley: University of California Press.
丸山康司［1997］「『自然保護』再考――青森県脇野沢村における『北限のサル』と『山猿』」，『環境社会学研究』3: 149–164.
――――［2006］『サルと人間の環境問題――ニホンザルをめぐる自然保護と獣害のはざまから』昭和堂.
――――［2008］「『野生生物』との共存を考える」，『環境社会学研究』14: 5–20.
真崎克彦［2010］『支援，発想転換，NGO――国際協力の「裏舞台」から』新評論.
松田素二［2000］「日常的民族紛争と超民族化現象――ケニアにおける1997～98年の民族間抗争事件から」，武内進一編『現代アフリカの紛争――歴史と主体』研究双書500，アジア経済研究所，55–100頁.
――――［2009］『日常人類学宣言！――生活世界の深層へ／から』世界思想社.
松井健［2001］『遊牧という文化――移動の生活戦略』歴史文化ライブラリー109，吉川弘文館.
McCay, Bonnie J. [2002] “Emergence of Institutions for the Commons: Contexts, Situations, and Events,” [National Research Council ed. 2002：361–402].（＝2012，山本早苗訳「コモンズにおける制度生成――コンテクスト，状況，イベント」，茂木愛一郎・三俣学・泉留維監訳『コモンズのドラマ――持続可能な資源管理論の15年』知泉書館，475–531頁.）
目黒紀夫［2007］「アンボセリ国立公園『格下げ』騒動に見るケニア野生生物保全の現在」，『アフリカ研究』70: 15–25.
Ministry of Tourism Kenya (MTK) [n.d.] “Tourism Statistics,” Nairobi: MTK.（http://www.tourism.go.ke/ministry.nsf/pages/download_centre［2012年10月29日取得］）
三俣学・菅豊・井上真編［2010］『ローカル・コモンズの可能性――自治と環境の新たな関係』ミネルヴァ書房.
三尾裕子・床呂郁哉編［2012］『グローバリゼーションズ――人類学，歴史学，地域研究の現場から』弘文堂.
宮内泰介［2001］「環境自治のしくみづくり――正統性を組みなおす」，『環境社会学研究』7: 56–71.
――――［2013］「なぜ環境保全はうまくいかないのか――順応的ガバナンスの可能性」，宮内泰介編『なぜ環境保全はうまくいかないのか――現場から考える「順応的ガバナンス」の可能性』新泉社，14–28頁.
水野祥子［2009］「イギリス帝国における保全思想」，池谷和信編『地球環境史からの問い――ヒトと自然の共生とは何か』岩波書店，314–327頁.

Mol, Frans [1996] *Maasai Language and Culture: Dictionary*, Narok: Mill Hill Missionary.

室山泰之 [2009]「ワイルドライフ・マネジメント」, [河合・林編 2009：55–78].

Murphree, Marshall [1994] "The Role of Institutions in Community-Based Conservation," [Western and Wright eds. 1994：403–427].

Mwangi, Esther [2007a] "Subdividing the Commons: Distributional Conflict in the Transition from Collective to Individual Property Rights in Kenya's Maasailand," *World Development*, 35(5): 815–834.

——— [2007b] "The Puzzle of Group Ranch Subdivision in Kenya's Maasailand," *Development and Change*, 38(5): 889–910.

内藤直樹 [2012]「国家のなかで民族を生きる——2007年ケニア総選挙後の牧畜社会におけるアイデンティティの出現と消滅」, [太田編 2012：104–135].

中山元 [2010]『フーコー　生権力と統治性』河出書房新社.

National Research Council ed. [2002] *The Drama of the Commons*, Washington DC: National Academy Press. (＝2012, 茂木愛一郎・三俣学・泉留維監訳『コモンズのドラマ——持続可能な資源管理論の15年』知泉書館.)

Nelson, Fred. [2004] "The Evolution and Impacts of Community-Based Ecotourism in Northern Tanzania," IIED Drylands Programme Issue Paper, 131, London: IIED.

Nelson, Fred. ed. [2010] *Community Rights, Conservation and Contested Land: The Politics of Natural Resource Governance in Africa*, London: Earthscan.

Nelson, Fred and Arun Agrawal [2008] "Patronage or Participation? Community-Based Natural Resource Management Reform in Sub-Saharan Africa," *Development and Change*, 39(4): 557–585.

Nelson, Fred and S. O. Makko [2003] "Communities, Conservation and Conflicts in the Tanzanian Serengeti," Paper presented at Third Annual Community-Based Conservation Network Seminar: Turning Natural Resources into Assets, Georgia.

Neumann, Roderick P. [2002] *Imposing Wilderness: Struggles over Livelihood and Nature Preservation in Africa*, paperback edition, Berkeley: University of California Press.

——— [2005] "Model, Panacea, or Exception? Contextualizing CAMPFIRE and Related Programs in Africa," [Brosius et al. eds. 2005：177–193].

西崎伸子 [2006]「国立公園周辺における在来の獣害対策とその変容——エチオピア南西部マゴ国立公園と農耕民アリの事例」,『アジア・アフリカ地域研究』6(2): 236–256.

Norgaard, Richard B. [1994] *Development Betrayed: The End of Progress and a Coevolu-*

tionary Revisioning of the Future, London: Routledge.（＝2003，竹内憲司訳『裏切られた発展——進歩の終わりと未来への共進化ビジョン』勁草書房.）
Nyhus, Philip J., Steven A. Osofsky, Paul Ferraro, Francine Madden and Hank Fischer［2005］"Bearing the Costs of Human-Wildlife Conflict: The Challenges of Compensation Schemes,"［Woodroffe et al. eds. 2005：107–121］.
Oates, John F.［1999］*Myth and Reality in the Rain Forest: How Conservation Strategies are Failing in West Africa*, Berkeley: The University of California Press.（＝2006，杉本昌紀訳『自然保護の神話と現実——アフリカの熱帯降雨林からの報告』緑風出版.）
O'Connell-Rodwell, Caitlin E. Timothy Rodwell, Matthew Ricec and Lynette A. Hart［2000］"Living with the Modern Conservation Paradigm: Can Agricultural Communities Co-exist with Elephants? A Five-Year Case Study in East Caprivi, Namibia," *Biological Conservation*, 93(3): 381–391.
太田至［1998］「アフリカの牧畜民社会における開発援助と社会変容」，高村泰雄・重田眞義編『アフリカ農業の諸問題』京都大学学術出版会，287–318頁.
太田好信編［2012］『政治的アイデンティティの人類学——21世紀の権力変容と民主化にむけて』昭和堂.
Okello, Moses M.［2005］"Land Use Changes and Human-Wildlife Conflicts in the Amboseli Area, Kenya," *Human Dimensions of Wildlife*, 10(1): 19–28.
Okello, Moses M. and D. E. D'Amour［2008］"Agricultural Expansion within Kimana Electric Fences and Implications for Natural Resource Conservation around Amboseli National Park, Kenya," *Journal of Arid Environments*, 72(12): 2179–2192.
奥野克巳編［2011］『人と動物，駆け引きの民族誌』はる書房.
奥野克巳・山口未花子・近藤祉秋編［2012］『人と動物の人類学』シリーズ来たるべき人類学5，春風社.
Osborn, Ferrel V. and Catherine M. Hill［2005］"Techniques to Reduce Crop Loss: Human and Technical Dimensions in Africa,"［Woodroffe et al. eds. 2005：72–85］.
Ostrom, Elinor［1990］*Governing the Commons: The Evolution of Institutions for Collective Action*, Cambridge: Cambridge University Press.
Oxby, Clare［1981］"Group Ranches in Africa," *Development Policy Review*, A14(2): 45–56.
Peluso, Nancy Lee［1993］"Coercing Conservation? The Politics of State Resource Control," *Global Environmental Change*, 3(2): 199–217.

Prins, Herbert H. T., Jan. Geu Grootenhuis and Thomas T. Dolan eds. [2000] *Wildlife Conservation by Sustainable Use*, Massachusetts: Kluwer Academic Publishers.

Redford, Kent H. [1991] "The Ecologically Noble Savage," *Cultural Survival Quarterly*, 15(1): 46–48.

Rutten, Marinus (Marcel) Mattheus Eduard Maria [1992] *Selling Wealth to Buy Poverty: The Process of Individualization of Landownership among the Maasai Pastoralists of Kajiado District, Kenya, 1890–1990*, Saarbrücken: Verlag Breitenbach Publishers.

——— [2004] "Partnerships in Community-Based Ecotourism Projects: Experiences from the Maasai Region, Kenya Volume 1," ASC Working Paper, 57, Leiden: African Studies Centre.

——— [2008] "Why De Soto's Ideas Might Triumph Everywhere but in Kenya: A Review of Land-Tenure Policies among Maasai Pastoralists," in Marcel Rutten, André Liliveld and Dick Foeken eds., *Inside Poverty and Development in Africa: Critical Reflections on Pro-Poor Policies*, Leiden: Brill Academic Publishers, pp. 83–118.

Sachedina, Hassanali T. [2010] "Disconnected Nature: The Scaling Up of African Wildlife Foundation and its Impacts on Biodiversity Conservation and Local Livelihoods," *Antipode*, 42(3): 603–623.

齋藤純一 [2010]「政治的空間における理由と情念」,『思想』1033: 14–34.

Saitoti, Tepilit ole [1988] *The Worlds of A Maasai Warrior: An Autobiography*, paperback edition, Berkeley: University of California Press.

Sankan, S. S. ole [1971] *The Maasai*, Nairobi: Kenya Literature Bureau. (＝1989, 佐藤俊訳『我ら, マサイ族』どうぶつ社.)

桜井良・江成広斗 [2010]「ヒューマン・ディメンションとは何か――野生動物管理における社会科学的アプローチの芽生えとその発展について」,『ワイルドライフ・フォーラム』14(3, 4): 16–21.

笹岡正俊 [2012]『資源保全の環境人類学――インドネシア山村の野生動物利用・管理の民族誌』コモンズ.

佐藤峰 [2011]「『人々のことば』と『開発のことば』をつなぐ試み――開発援助におけるコミュニケーションを再考する」, 佐藤寛・藤掛洋子編『開発援助と人類学――冷戦・蜜月・パートナーシップ』明石書店, 154–176頁.

佐藤俊 [1984]「東アフリカ牧畜民の生態と社会」,『アフリカ研究』24: 54–79.

——— [2002]「序――東アフリカ遊牧民の現況」, 佐藤俊編『遊牧民の世界』講座生態人類学4, 京都大学学術出版会, 3–16頁.

佐藤嘉幸［2009］『新自由主義と権力――フーコーから現在性の哲学へ』人文書院.
Seno, Simon K. and W. W. Shaw [2002] "Land Tenure Policies, Maasai Traditions, and Wildlife Conservation in Kenya," *Society and Natural Resurces*, 15(1): 79–88.
Sibanda, Backson [2004] "Community Wildlife Management in Zimbabwe: The Case of CAMPFIRE in the Zambezi Valley," in Christo Fabricius and Eddie Koch eds., *Rights, Resources and Rural Development: Community-Based Natural Resource Management in Southern Africa*, London: Earthscan, pp. 248–258.
島田周平［2007］『アフリカ　可能性を生きる農民――環境―国家―村の比較生態研究』京都大学学術出版会.
篠原一［2004］『市民の政治学――討議デモクラシーとは何か』岩波新書（新赤版）872，岩波書店.
Smith, David L. [2008] *Amboseli: A Miracle too Far?*, East Sussex: Mawenzi Books.
曽我亨［2002］「国家の外から内側へ――ラクダ牧畜民ガブラが経験した選挙」，佐藤俊編『遊牧民の世界』講座生態人類学4，京都大学学術出版会，127–174頁.
Songorwa, Alexander N. [1999] "Community-Based Wildlife Management (CWM) in Tanzania: Are the Communities Interested?," *World Development*, 27(12): 2061–2079.
Southgate, Christopher and David Hulme [2000] "Uncommon Property: The Scramble for Wetland in Southern Kenya," in Philip Woodhouse, Henry Bernstein and David Hulme eds., *African Enclosures? The Social Dynamics of Wetlands in Drylands*, Oxford: James Currey, pp. 73–117.
Spear, Thomas and Richard Waller eds. [1993] *Being Maasai: Ethnicity and Identity in East Africa*, Oxford: James Currey.
Spencer, Paul [1993] "Becoming Maasai, Being in Time," [Spear and Waller eds. 1993: 140–156].
――――[2003] *Time, Space and the Unknown: Maasai Configurations of Power and Providence*, London: Routledge.
――――[2004] *The Maasai of Matapato: A Study of Rituals of Rebellion*, second edition, London: Routledge.
Steinhart, Edward I. [2006] *Black Poachers, White Hunters: A Social History of Hunting in Colonial Kenya*, Oxford: James Currey.
Stern, Paul C., Thomas Dietz, Nives Dolšak, Elinor Ostrom and Susan Stonich [2002] "Knowledge and Questions after 15 Years of Research," [National Research Council

ed. 2002：445–486］.（＝2012, 茂木愛一郎訳「15年間の研究を経て得られた知見と残された課題」, 茂木愛一郎・三俣学・泉留維監訳『コモンズのドラマ――持続可能な資源管理論の15年』知泉書館, 591–648頁.）
菅豊編［2009］『動物と現代社会』人と動物の日本史3, 吉川弘文館.
Suich, Helen, Brian Child and Anna Spenceley eds. ［2009］ *Evolution and Innovation in Wildlife Conservation: Parks and Game Ranches to Transfrontier Conservation Areas*, London: Earthscan.
鈴木克哉［2007］「下北半島の猿害問題における農家の複雑な被害認識とその可変性――多義的農業における獣害対策のジレンマ」,『環境社会学研究』13: 184–193.
――――［2008］「野生動物との軋轢はどのように解消できるか?――地域住民の被害認識と獣害の問題化プロセス」,『環境社会学研究』14: 55–69.
武中桂［2008］「『実践』としての環境保全政策――ラムサール条約登録湿地・蕪栗沼周辺水田における『ふゆみずたんぼ』を事例として」,『環境社会学研究』14: 139–154.
田村哲樹［2008］『熟議の理由――民主主義の政治理論』勁草書房.
――――［2010a］「熟議民主主義における『理性と情念』の位置」,『思想』1033: 152–171.
――――［2010b］「序文」, 田村哲樹編『語る――熟議／対話の政治学』政治の発見5, 風行社, 7–14頁.
Tchamba, Martin N., H. Bauer and H. H. De Iongh ［1995］ "Applications of VHF-Radio and Satellite Telemetry Techniques on Elephants in Northern Cameroon," *African Journal of Ecology*, 33(4): 335–346.
Terborgh, John ［1999］ *Requiem for Nature*, Washington DC: Island Press.
Thompson, Michael and Katherine M. Homewood ［2002］ "Entrepreneurs, Elites, and Exclusion in Maasailand: Trends in Wildlife Conservation and Pastoralist Development," *Human Ecology*, 30(1): 107–138.
Thomson, Joseph ［1885］ *Through Masai Land: A Journey of Exploration among the Snowclad Volcanic Mountains and Strange Tribes*, reprinted 1968, London: Sampson Law, Marston, Searle and Rivington.
Thouless, Chris R. ［1995］ "Long-Distance Movements of Elephants in Northern Kenya," *African Journal of Ecology*, 33(4): 321–334.
土屋雄一郎［2004］「公論形成の場における手続きと結果の相互承認――長野県中

信地区廃棄物処理施設検討委員会を事例に」,『環境社会学研究』10: 131–144.
津田みわ［2000］「複数政党制移行後のケニアにおける住民襲撃事件——92年選挙を画期とする変化」, 武内進一編『現代アフリカの紛争——歴史と主体』研究双書500, アジア経済研究所, 101–182頁.
———［2009］「暴力化した『キクユ嫌い』——ケニア2007年総選挙後の混乱と複数政党制政治」,『地域研究』9(1): 90–107.
Vandergeest, Peter and Nancy Lee Peluso［1995］“Territorialization and State Power in Thailand,” *Theory and Society*, 24(3): 385–426.
脇田健一［2001］「地域環境問題をめぐる“状況の定義のズレ”と“社会的コンテクスト”——滋賀県における石けん運動をもとに」, 舩橋晴俊編『加害・被害と解決過程』講座環境社会学2, 有斐閣, 177–206頁.
———［2009］「『環境ガバナンスの社会学』の可能性——環境制御システム論と生活環境主義の狭間から考える」,『環境社会学研究』15: 5–24.
Waller, Richard［1993］“Acceptees and Aliens: Kikuyu Settlement in Maasailand,”［Spear and Waller eds. 1993 : 226–257］.
Walpole, Matthew J. and Chris R. Thouless［2005］“Increasing the Value of Wildlife through Non-Consumptive Use? Deconstructing the Myths of Ecotourism and Community-Based Tourism in the Tropics,”［Woodroffe et al. eds. 2005 : 122–139］.
Watson, A.［1999］*Conservation of Biodiverse Resource Areas (COBRA) Project: Kenya (1992–1998)*, Washington DC: Development Alternatives Incorporated.
Wells, Michael, Katrina Brandon and Lee Hannah［1992］*People and Parks: Linking Protected Area Management with Local Communities*, Washington DC: World Bank.
Western, David［1994a］“Ecosystem Conservation and Rural Development: The Case of Amboseli,”［Western and Wright eds. 1994 : 15–52］.
———［1994b］“Linking Conservation and Community Aspirations,”［Western and Wright eds. 1994 : 499–511］.
———［1994c］“Vision of the Future: The New Focus of Conservation,”［Western and Wright eds. 1994 : 548–556］.
———［2002］*In the Dust of Kilimanjaro*, paperback edition, Washington DC: Island Press.
Western, David and Thomas Dunne［1979］“Environmental Aspects of Settlement Site Decisions among Pastoral Maasai,” *Human Ecology*, 7(1): 75–98.
Western, David and David Maitumo［2004］“Woodland Loss and Restoration in a

Savanna Park: A 20-Year Experiment," *African Journal of Ecology*, 42(2): 111–121.

Western, David and P. Thresher [1973] *Development Plans for Amboseli*, Nairobi: International Bank for Reconstruction and Development.

Western, David and R. Michael Wright [1994] "The Background to Community-Based Conservation," [Western and Wright eds. 1994:1–13].

Western, David and R. Michael Wright eds. [1994] *Natural Connections: Perspectives in Community-Based Conservation*, Washington DC: Island Press.

Whyte, Ian [1993] "The Movement Patterns of Elephant in the Kruger National Park in Response to Culling and Environmental Stimuli," *Pachyderm*, 16: 72–80.

Wilshusen, Peter R., Steven R. Brechin, Crystal L. Fortwangler and Patrick C. West [2002] "Reinventing a Square Wheel: Critique of a Resurgent 'Protection Paradigm' in International Biodiversity Conservation," *Society and Natural Resources*, 15(1): 17–40.

Woodhouse, P. [2003] "African Enclosures: A Default Mode of Development," *World Development*, 31(10): 1705–1720.

Woodroffe, Rosie, Simon Thirgood and Alan Rabinowitz [2005a] "The Impact of Human-Wildlife Conflict on Natural Systems," [Woodroffe et al. eds. 2005:1–12].

――――[2005b] "The Future of Coexistence: Resolving Human-Wildlife Conflicts in a Changing World," [Woodroffe et al. eds. 2005:388–405].

Woodroffe, Rosie, Simon Thirgood and Alan Rabinowitz eds. [2005] *People and Wildlife: Conflict or Coexistence?*, Cambridge: Cambridge University Press.

山田竜作 [2010]「現代社会における熟議/対話の重要性」, 田村哲樹編『語る――熟議/対話の政治学』政治の発見5, 風行社, 17–46頁.

安田章人 [2013]『護るために殺す?――アフリカにおけるスポーツハンティングの「持続可能性」と地域社会』勁草書房.

著者紹介

目黒紀夫（めぐろ・としお）

1982年，東京都生まれ.
2011年，東京大学大学院農学生命科学研究科博士課程単位取得退学.
博士（農学）.
現在，東京外国語大学アジア・アフリカ言語文化研究所研究機関研究員.
専門は環境社会学，アフリカ地域研究.

主要業績

「『共存』再考——東アフリカ二地域社会における人間—野生動物関係の分析から」（岩井雪乃との共著，『環境社会学研究』第19号，2013年）.

「共存を可能にする〈境界〉の再生産——マサイ社会におけるライオン狩猟とゾウの追い払い」（奥野克巳・山口未花子・近藤祉秋編『人と動物の人類学』春風社，2012年）.

"Conservation Goals Betrayed by the Uses of Wildlife Benefits in Community-based Conservation: The Case of Kimana Sanctuary in Southern Kenya," Co-authored by Makoto Inoue, *Human Dimensions of Wildlife*, Vol. 16(1), 2011.

さまよえる「共存」とマサイ
——ケニアの野生動物保全の現場から

2014年10月10日　初版第1刷発行©

著　者＝目黒紀夫
発行所＝株式会社 新 泉 社
東京都文京区本郷2−5−12
振替・00170－4－160936番　TEL 03(3815)1662　FAX 03(3815)1422
印刷・製本　萩原印刷

ISBN978-4-7877-1410-7　C1036